社会应急力量培训教材之二

山 地 搜 救

应急管理部救援协调和预案管理局　编

应急管理出版社

·北　京·

图书在版编目（CIP）数据

山地搜救/应急管理部救援协调和预案管理局编．－－北京：应急管理出版社，2022

社会应急力量培训教材

ISBN 978－7－5020－9504－8

Ⅰ．①山… Ⅱ．①应… Ⅲ．①山地—事故—救援—技术培训—教材 Ⅳ．①X928.04

中国版本图书馆 CIP 数据核字（2022）第 158884 号

山地搜救（社会应急力量培训教材之二）

编　者	应急管理部救援协调和预案管理局
责任编辑	闫　非
编　辑	胡　畔
责任校对	孔青青
封面设计	王东旭

出版发行	应急管理出版社（北京市朝阳区芍药居 35 号　100029）
电　话	010－84657898（总编室）　010－84657880（读者服务部）
网　址	www.cciph.com.cn
印　刷	天津嘉恒印务有限公司
经　销	全国新华书店

开　本　710mm×1000mm $^1/_{16}$　印张 $19^1/_4$　字数　356 千字
版　次　2022 年 8 月第 1 版　2022 年 8 月第 1 次印刷
社内编号　20221211　　　　　　　　定价　68.00 元

版权所有　违者必究

本书如有缺页、倒页、脱页等质量问题，本社负责调换，电话:010－84657880

前　言

　　党的十八大以来，习近平总书记高度重视应急管理和应急救援队伍建设，强调"要建设国家应急救援关键力量，引导社会救援力量发展，提升综合救援能力"。社会应急力量作为中国特色应急救援力量体系的重要组成部分，近年来，发挥覆盖面广、贴近群众、组织灵活等优势，积极协助政府有关部门开展风险排查、灾情报送、生命救援、灾民救助、疫情防控等工作，主动投身到山地、水上、航空、潜水、医疗辅助等抢险救援和应急处置工作。特别是汶川地震、芦山地震、鲁甸地震、河南郑州"7·20"特大暴雨等灾害发生后，社会应急力量闻灾而动、千里驰援，于百姓危难之时、灾区急需之处无私奉献，用凡人星火点亮人间真爱，被誉为为社会贡献力量的前行者、引领者，受到了党和政府的表彰、人民群众的赞扬。

　　应急管理部党委认真贯彻总书记重要指示批示精神，采取加强队伍管理、搭建信息平台、开展技能竞赛、强化服务保障等一系列措施，积极推动社会应急力量建设发展，引导其有序参与抢险救援活动。立足于提高社会应急力量救援能力，有效防范应对重大安全风险，应急管理部救援协调和预案管理局组织有关单位借鉴国内外先进救援理念，坚持理论和实操相结合，编写了这套难度适中的专业培训教材。教材全面介绍了建筑物倒塌搜救、山地搜救、水上搜救等领域应急救援理论知识，系统阐述了重点领域应急救援实用技能技法，对社会应急力量完善应急准备、规范救援行动、科学组织施救有借鉴指导意义。

希望广大社会应急力量立足职责定位和专业特长，潜心研学教材内容，结合经典救援案例不断总结经验、创新战法，在实践中锤炼救援技能，有效防范应对各类安全风险，真正成为群众身边的安全守护者。

应急管理部救援协调和预案管理局
2022 年 8 月

目 录

第一章 山地搜救基础知识 ... 1
- 第一节 山地搜救概述 ... 1
- 第二节 山地搜救事故等级、类型与人员基本素质 ... 6
- 第三节 山地搜救的风险管理 ... 12
- 第四节 山地搜救行动现场管理 ... 19
- 第五节 心理救援基础知识 ... 32
- 第六节 体能训练 ... 43

第二章 山地搜救技术装备 ... 46
- 第一节 个人基础装备 ... 46
- 第二节 营地装备 ... 52
- 第三节 绳索技术装备 ... 54
- 第四节 伤患类装备 ... 108
- 第五节 辅助装备 ... 115

第三章 山地搜救现场作业 ... 118
- 第一节 搜索技术基本知识 ... 118
- 第二节 搜索目标与搜索范围 ... 120
- 第三节 搜索方式与搜索管理 ... 125
- 第四节 搜索定位与导航 ... 129

第四章 山地搜救绳索技术 ... 148
- 第一节 常用绳结 ... 148
- 第二节 保护站技术 ... 162
- 第三节 个人绳索操作技术 ... 170
- 第四节 复杂地形通过技术 ... 183

第五节　团队绳索救援技术……………………………………… 189
　　第六节　担架搬运技术…………………………………………… 197
　　第七节　现场医疗急救技术……………………………………… 203

第五章　山地搜救演练组织与实施……………………………………… 236
　　第一节　山地搜救应急演练概述………………………………… 236
　　第二节　山地搜救演练的准备…………………………………… 242
　　第三节　山地搜救演练的实施…………………………………… 252
　　第四节　山地搜救演练的评估与总结…………………………… 257

附录　社会应急力量训练与考核大纲（山地搜救）…………………… 260
参考文献……………………………………………………………………… 298
后记…………………………………………………………………………… 299

第一章 山地搜救基础知识

第一节 山地搜救概述

随着登山户外运动的快速发展，山地搜救发挥着越来越重要的作用，在每年发生的 300 起左右登山户外事故中，大部分都得到了政府和社会应急力量的成功救援，保障了人民群众的生命和财产的安全，贯彻了"人民至上，生命至上"的救援理念。在山地搜救现代化建设的过程中，如何"轻量、高效、安全"地完成救援工作，是当前山地搜救工作的重要目标和方向。本节重点介绍山地搜救的定义、特点、起源与发展、任务等。

一、山地搜救的定义

"山地"在学术界有很多定义，本教材结合山地搜救中的山地范围，认为《中国的山地》[①] 给出的定义更加契合，书中指出山地是具有一定海拔和坡度的地面。山地有广义和狭义之分，广义的山地包括高原、盆地和丘陵；狭义的山地仅指山地及其分支。广义山地的定义更符合实施山地搜救的环境范围。

搜救是搜索和救援两个词语的简称。搜索一般是指试图找到某人或某物的动作；救援是指个人或团体在遭遇灾难或其他非常情况[②]时，对其实施解救行动的整个过程。

在欧美等国，搜救（Search and Rescue，SAR）也由搜索和救援两部分组成。2010 年野外医学协会（WMS）年会上，WMS 创始人之一保罗·奥尔巴克对 SAR 给出了定义，他指出，搜救是指帮助和寻找遇险人员，为他们第一时间提供医疗及其他需求，并将他们送到安全的地方。

山地搜救是指个人或团体在山地环境活动中，因意外、自然灾害等造成人员死亡、疾病、伤害或者其他损失情况而无法脱离险境时，施救者找到目标并实施

---

① 王明业，朱国金，贺振东，等. 中国的山地. 成都：四川科学技术出版社，1988.
② 非常情况包括自然灾害、意外事故、突发危险事件等。

解救行动的整个过程。

二、山地搜救的特点

山地户外事故通常由自然灾害如地震、滑坡、山洪、台风、雪崩等引发，发生环境通常是复杂危险地形如悬崖、洞穴、深谷、密林等，也常由极端天气如暴雨、酷热、严寒等和个人技术不精、经验不足、操作不当等引发，使得山地搜救工作具有难度大、搜救时间长、事故现场不可预知等特点。

山地搜救特点形成的主要因素：一是山地搜救作业环境主要集中在山地，一般都是陡坡、悬崖、溪谷等复杂地形；二是山地环境因风速变化剧烈，云雾变化较快，使得山地的天气变化无常，温差相对较大，进而影响搜救的效率；三是事故现场一般都在徒步路线、野路线或者健身步道，车辆很难通行，事故发生时多以人工徒步搜救为主，无法保证山地搜救的及时和高效；四是目前山地环境相对城市，通信基站覆盖率仍然较低，很多城市周边的山区和偏远无人山区尚未覆盖，沟通难度较大；五是山地搜救一般需要使用很多的搜救技术和装备，即使最简单的扭伤、摔伤等事故都需要伤员的固定技术、担架的搬运技术等。

三、山地搜救的起源与发展

（一）山地搜救的起源

山地搜救从人们从事户外作业或者活动时就已存在，但那时山地搜救的概念并没有形成。从山地搜救概念的提出和行业的形成来看，现代意义上的山地搜救起源于欧洲，它是伴随登山运动的兴起和发展而来。登山运动最早在阿尔卑斯山脉兴起，阿尔卑斯是西欧最大的山脉，横跨法国、意大利、瑞士、奥地利等国家。16—18世纪，法国、意大利、瑞士及奥地利等位于阿尔卑斯山脉附近的国家是欧洲文化和政治的中心，随着人们精神文明程度的提高，阿尔卑斯山脉成了人们向往的旅游场所，这也是登山运动最早能在欧洲产生并发展的重要原因。

在登山运动不断发展的过程中，参与人群越来越多，随之而来的登山事故也源源不断，有些事故能够通过自救或者互救处理，如崴脚、摔伤等，但有些事故很难依靠自救和互救应对，比如雪崩、滑坠、迷路、被困、失踪等，需要外界救援力量的介入，即政府和社会救援力量的参与。随着事故愈加频发以及山地搜救的不断发展，山地搜救作为一种救援行业，渐渐进入大众视野。

（二）世界山地搜救的发展

山地搜救从欧洲各国产生，经过100多年的发展，目前已普及至山地资源丰富的世界各国，这是一个救援专业化、高效化、科技化的发展过程。从山地搜救发展路径来看，可以分为以下三个阶段。

1. 起步阶段

18世纪末至20世纪40年代，伴随登山运动的发展，高山救援（山地搜救的早期名称）在阿尔卑斯山脉附近的欧洲各国兴起。起初法国、瑞士、奥地利等国家组织登山爱好者参与高山救援工作，但是随着事故种类和程度的不断变化，以及山地环境的复杂性，当时的救援方式和技术无法满足事故救援需求，救援成功率亟待提高。面对这种情况，山地搜救工作成为保障登山人员安全的最后屏障。阿尔卑斯山脉周边的各个国家以登山爱好者为主，建立了专业的山地搜救组织，提高了山地搜救技术的专业化水平，满足了各种登山事故的处置能力和救援技术需求，加强登山安全知识宣传、普及的同时为广大登山爱好者提供了专业的山地搜救服务。

此阶段，尽管山地搜救在欧洲各国兴起，但从整体来看，山地搜救队伍的专业化水平仍有待提高，具有救援装备落后、救援方式以人工为主、救援效率低等特点。

2. 快速发展阶段

20世纪40年代起，山地搜救快速发展，除了欧洲各国，美洲的发达国家也相继成立了各自的山地搜救组织，山地搜救范围不断拓宽，不再仅仅是高山救援，而是把所有山地环境中的救援都纳入其中，此时山地搜救的大概念正式形成。

此阶段标志性的事件是国际高山救援委员会的成立。1948年，奥地利登山协会在威尔顿凯撒（Wilden Kaiser）召集会议，来自奥地利、法国、德国、瑞士等国的高山救援者，成立了国际高山救援委员会（International Commission for Alpine Rescue, ICAR）。该委员会成立之初，吸纳欧洲各国经验丰富的高山救援者加入，共同致力于推动高山救援事业发展。但当时山地搜救覆盖面较窄，高山救援是主要的组成部分。随着山地搜救的不断发展，如今，国际高山救援委员会下设空中救援委员会、雪崩救援委员会、高山紧急医疗救援委员会、陆地救援委员会、搜救犬委员会等5个委员会，覆盖山地搜救的所有方面。

国际高山救援委员会的成立，使山地搜救得到广泛传播和快速发展。1950年，英国急救委员会下属的登山俱乐部人员成立了英国山地搜救委员会，成为英国第一支社会山地搜救队伍。

1958年，山地搜救协会（MRA）在美国俄勒冈州成立，MRA第一次会议在俄勒冈州胡德雪山召开，俄勒冈州、加利福尼亚州、科罗拉多的州国际公园、空军单位及其他组织加入了MRA，其他州和国家紧随加拿大后加入。MRA主要由美国来组织和实施行动，从成立到现在救援工作范围从高山扩大到所有山地地形。

20世纪80年代，韩国、日本等亚洲国家的山地搜救迅速崛起。此阶段，山地搜救队伍已经非常专业和规范，救援技术有了质的飞跃，救援装备更加先进，技术人员逐渐增多，全面推动了山地搜救的快速发展，基本取代了完全人工的模式，救援效率也大幅提高。

3. 全面发展阶段

21世纪初期到现在，世界上大部分国家已经形成了国家和社会共同参与的山地搜救体系。为了保证山地搜救行动的实施，很多国家建立了相关法律、行政法规、技术标准、培训体系等。

全球有41个国家的123个救援组织加入了国际高山救援委员会，救援内容覆盖山地搜救的各个环节，成为山地搜救领域最大的国际性组织。世界各国山地搜救力量的组成经历了从军队、消防等部门主管，到现在的以政府力量为主、志愿者为辅的演变过程。

如今，山地搜救在世界各国全面发展，救援队伍更加专业化、规范化、现代化，救援、培训和管理体系更加科学和完善，在先进装备、技术、经验和科技产品的支持下，救援效率更加高效，救援成功率明显提高。

（三）中国山地搜救的发展

严格来讲，我国山地搜救也是伴随高山探险的引入而起步的。20世纪50年代，中国百废待兴，经济比较落后，为维护国家领土完整，以攀登珠穆朗玛峰为目标，中国登山队从苏联引入登山运动，攀登5000 m以上的山峰，积累登山经验、培养登山人才、发展登山运动。1960年，中国登山队从我国境内的珠穆朗玛峰北坡登顶，登山运动由此被全国人民所熟悉并逐渐发展。然而随着登山运动的兴起，登山事故偶有发生，但因山地搜救队伍尚未成立，山地搜救体系也未建立，山地搜救任务主要依靠政府力量和专业的登山人员完成，使用进口装备，山地搜救经验和技术比较落后。

进入21世纪后，随着人民生活水平的提高，登山户外运动迎来了大发展，参与人群快速扩大，登山户外事故也频频发生。为了应对登山户外事故，2002年，中国登山协会首次提出了山地搜救概念，并要求各地方登山协会、俱乐部等机构设立山地搜救机构，此时山地搜救概念才被大众所了解和熟悉。

2007年，为了整体分析和总结登山户外运动事故的类型、原因等，全国第一本纸质版《中国大陆登山户外运动事故报告》出版，为开展山地搜救提供了指导。

2008年汶川地震后，社会救援力量快速发展，以深圳山地搜救队为代表的山地搜救队伍在全国亮相，为人民群众提供安全保障服务。

2009年，中国登山协会在全国召开首届山地搜救研讨会，提出了"以政府主导、救援组织为骨干、社会参与"的山地搜救指导思想，并为救援人员在山地搜救理论和技术层面提供交流和学习的平台。

2012年，中国登山协会会同相关专家共同研讨，制定了全国初级山地搜救技术培训大纲。

2013年，山地搜救培训正式面向全国展开，不断普及和推广山地搜救技术，加强山地搜救人才培养，推进装备、技术的不断创新和应用。同年举办了首届全国山地搜救交流演练活动，邀请国内外山地搜救专家参与活动，分享技术、交流经验，为社会山地搜救力量提供交流学习的重要平台。

2015年，为加强与国外山地搜救组织和专家的交流学习，中国登山协会加入国际山地搜救委员会，每年派人参加研讨会，学习先进经验，了解山地搜救动态，为发展我国山地搜救提供创新思路。

如今，我国山地搜救初具规模，但在装备研发、技术创新等方面与国际相比仍存在一些差距，中国的山地搜救发展还有很长的路要走。

四、山地搜救的基本任务

随着救援事业的快速发展，救援种类更加细化，逐渐细分为水上救援、有害物体泄漏救援、丛林火灾救援、山地搜救、地震救援、建筑物倒塌救援（或称重型救援）等。山地搜救作为其中一类，其任务与其他救援相比有所不同。

山地搜救总目标是通过有效的应急救援行动，尽可能地减轻事故后果，包括人员伤亡、财产损失等。山地搜救的基本任务包括下述三个方面。

（1）营救伤亡、被困人员，这是山地搜救的首要任务。在山地搜救行动中，快速、有序、高效地找到事故伤亡人员或者被困人员，实施现场急救与安全转送是降低伤亡率、事故严重程度的关键。由于事故环境的复杂性和不确定性，在事故人员能动的前提下，山地搜救人员应及时远程指导和组织现场人员采取各种措施进行自身防护，并给予心理安慰，条件允许时应积极指导现场人员开展自救和互救工作。只有尽快脱离危险环境，防止事故继续扩大，才能及时有效地进行救援。根据事故环境和成因不同，山地搜救的对象大致分为山地户外运动参与人员、山地环境生活或从事农林牧业人员、大型自然灾害如地震、泥石流、山洪等被困人员、因航空飞行事故坠落被困山地环境人员、其他原因被困山地环境或走失人员等几大类型，救援任务根据事故特点有所侧重和差异。

（2）查清事故原因，撰写救援报告。救援完成后应及时调查事故发生原因和认定事故性质，评估事故危险程度，查明人员伤亡情况，及时撰写山地搜救报告，并总结山地搜救工作中的经验和教训。

（3）加强安全知识普及，预防同类事故发生。山地搜救知识普及要走进社区，走进校园，为全民普及山地户外安全知识，提高山地户外风险识别、规避能力，推广自救、互救技术，推动山地搜救事业健康发展。

第二节　山地搜救事故等级、类型与人员基本素质

一、山地搜救事故等级

为规范接处警调度指挥程序，确保救援力量调度工作准确及时，根据山地搜救环境，结合事故发生类型、规模、时间，将山地搜救事故等级由低到高分为 1~5 级，事故等级与事故环境相组合称为救援等级，如图 1-1 所示。设定救援等级旨在便于调度指挥救援工作，达到缩短救援出动时间、提高救援效率的目的。

等级	定义
1	轻伤、迷路被困
2	重伤 多人被困
3	昏迷、死亡 多人受伤
4	死亡2人以上 多人受伤
5	灾难性事件 群死、群伤

代号	定义	环境
A	高海拔地区(Alpine)	冰坡、雪坡、裂缝悬崖、碎石坡
C	峭壁(Cliff)	悬崖、陡坡
V	溪谷(Valley)	悬崖、陡坡、河流
J	丛林(Jungle)	密林、坡地
D	洞穴(Doline)	洞穴、天坑、井
I	海岛(Island)	悬崖、陡坡、密林
G	戈壁(Gobi)	戈壁、沙漠
B	楼宇(Building)	楼宇、天井铁塔、吊塔
T	缆车(Tram)	缆车、摩天轮
F	水灾(Flood)	城市、乡村
E	地震(Earthquake)	城市、乡村
S	风暴(Storm)	城市、乡村

R 跨区域救援 (Remotely)

图 1-1　山地搜救等级图表

（1）1级事故。1级事故是指山区失踪、迷路、轻伤被困事件。救援队员随身携带个人、小组技术装备参与救援，随行救援车辆需装载团体技术装备存放于山下待命，以备随时调用。

(2) 2级事故。2级事故是指山区和城市复杂地形的重伤及被困事件。救援队员随身携带个人、小组技术装备参与救援，随行救援车辆需装载团体技术装备存放于山下待命，以备随时调用。

(3) 3级事故。3级事故是指山区和城市复杂地形的坠落、昏迷、重伤或死亡事件，以及由山洪、水浸、山体滑坡造成的人员被困事件。救援队员携带个人、小组技术装备参与救援，随行救援车辆需装载团体技术装备存放于山下待命，以备随时调用。

(4) 4级事故。4级事故是指多人受伤昏迷或死亡的事件。因事故规模较大，无法应对，救援力量到达现场后应立即向指挥中心报告，将救援等级调整为4级（一般由3级升级为4级），指挥中心立即派救援队增援。也可在接警时评估事故等级，直接发布4级救援警报。救援队按3级事故携带救援装备。

(5) 5级事故。5级事故是指造成群死群伤、影响公众利益的恶性事故，如地震、大范围洪水灾害等灾难性事件导致大量人员被困或受伤。

在事故等级后加英文字母代表事故周边环境，可使救援队员先期大致了解事故严重性及事故周边环境，及时做好救援前期准备，依据已知信息评定并发布救援等级。

现场指挥员有权根据现场情况随时调整救援等级并发布通知，可以提醒救援人员牢记时间紧迫性和事故严重性，指挥员须根据救援等级变化考虑调整救援计划、评估增援需求。救援预警通知发出后，接到预警通知的队员要做好随时出动救援的准备，信息指挥中心启动信息收集程序，特勤部启动后勤保障程序。

二、山地活动中常见事故类型

熟悉山地事故类型、了解事故发生原因、找出同类事故共性，对于山地搜救人员实施救援和安全知识普及是至关重要的。

近年来，根据中国登山协会的统计分析，山地户外事故类型越来越多，从迷路、被困、滑坠、高空坠落、疾病等类型上升到十几种事故类型，如图1-2所示。迷路事故高居榜首，滑坠、高空坠落类事故中死亡和受伤比例较高，山洪引发的事故后果仍较严重，疾病类事故明显增加。

（一）迷路

迷路事故在山地户外事故中数量最多，迷路类型以天黑迷路、落单迷路、大雾迷路、挑战新线路迷路为主。迷路后如果无法及时找到出路，可能会造成严重后果。根据救援成功案例，迷路事故可能会导致人员受伤，也会出现体能透支、心理崩溃、饥饿过度等情况。

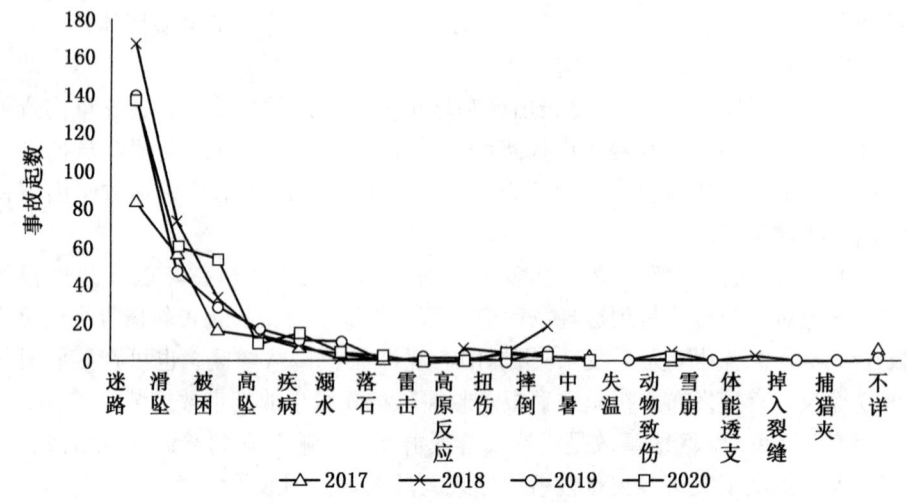

图1-2 近年不同类型事故发生的起数

山地搜救人员如果了解迷路者的心理阶段，就能够在一定程度上缩短搜索时间，提高救援效率。救援队与迷路者进行电话沟通和群体性迷路（根据事故统计情况，群体性迷路未曾出现严重后果）的内容在此不进行赘述，下面主要介绍单独迷路者和失踪者迷路时会经历的五个阶段。

（1）第一阶段是拒绝接受现实。根据登山户外事故统计情况，有些事故并不是迷路后就无法找到路，而是拒绝接受迷路现实，不走回头路，继续寻路。在连续寻路过程中，迷路人员会害怕、惊慌、大声喊叫，体能出现不足，甚至会发生受伤、滑坠等情况，等体能恢复后再继续寻路，直至最后不得不放弃。

（2）第二阶段是接受迷路现实。当迷路人员完全确定迷路后，会出现复杂的心理斗争，产生恐惧、惊慌失措等情绪。

（3）第三阶段是归于平息状态。心情归于平息后，有些人会直接放弃求生的希望，有经验者会开始实施最后一条求生计划：在寻找水、食物的同时，通过运用可用的物资点火升烟、在开阔地书写SOS等手段进行求救，解决计划中存在的难题，如果没有得到救援，就会进入下一阶段。

（4）第四阶段是完全陷入绝境。"叫天不应、叫地不灵"，迷路人员身体和心理状况持续恶化，此阶段也是最后的救援时间，如果还未找到迷路者，后果会非常严重。

（5）第五阶段是死亡。人一旦死亡，找到的机会就更加渺茫，就会成为失踪者。

如果发现迷路了，应牢记国内外通用的 STOP 原则：第一，待在原地，禁止随意走动；第二，时刻保持冷静和清醒，准确做出判断；第三，观察周围地形地貌，寻找可以走出去的办法；第四，综合分析现状，制定切实有效的计划，最后按照计划有条不紊地实施。

（二）被困

被困主要有悬崖被困、洪水被困、天黑被困等，目前未曾出现过严重的死亡事故。被困相比迷路事故，一般路线不会出现偏差，搜救人员沿路搜索即可，救援时效性较高。救援人员可根据不同被困类型，及时制定有效救援方式。

（三）滑坠和高空坠落

高空坠落即垂直坠落，滑坠指沿着具有一定坡度的地形滑落。高空坠落和滑坠是死亡率和受伤率占比最高的事故类型，救援队需快速找到伤员，尽快营救，避免事故进一步恶化。

避免高空坠落和滑坠的措施有：第一，各省、市、县（区）相关机构应在比较陡峭的地形或者接近悬崖的地形处贴出警示牌，或做好相关安全措施，如安装护栏、架设绳索等；第二，参与者在无保护措施下禁止靠近悬崖或者陡峭处，尤其是在下雨或者下雪时更不能大意。

（四）疾病

从事故统计来看，疾病致死的主要原因是猝死。一类是体能消耗过大，另一类是心脏本身有问题。参与者要进行体检，根据自身情况，量力参与登山户外运动。

针对不同事故类型，预防措施、解决和救援方法都有所不同。随着装备和技术的不断更新、科技应用越来越广泛，除了需要参与者和救援人员全面了解户外知识，识别风险类型，掌握预防、解决和救援措施之外，更要与时俱进，了解先进装备、技术和创新科技手段，避免同类事故反复发生，提高山地搜救时效性。

（五）溺水

溺水，是人淹没于水或其他液体介质中并受到伤害的状况。根据近十年的登山户外事故报告，山地户外活动中溺水发生的情况主要以山洪为主，伤害性也极大，一般都是以群体性伤亡形式出现，因而规避山洪风险是防止溺水的重要措施。山洪是指山区溪沟中发生的暴涨洪水。山洪具有突发性，水量集中、流速大、冲刷破坏力强，水流中挟带泥沙甚至石块等，常造成局部性洪灾，一般分为暴雨山洪、融雪山洪、冰川山洪等。根据山洪特点，山地救援中避免遭遇山洪的主要措施有：一是提前了解目的地的天气情况；二是山间行走时尽量避开沟壑；三是采取相关技术手段（如绳索技术）通过河流、溪谷等危险水域。

三、山地搜救人员的基本素质

山地搜救是一个艰难而复杂的过程，需要救援人员具有全面、良好的综合素质，包括身体素质、专业素质、心理素质、团队意识等，以提高山地搜救的科学性、时效性和针对性。

（一）身体素质

身体素质一般是指人体在活动中所表现出来的力量、速度、耐力、灵敏、柔韧等机能。身体素质是救援人员体质的外在表现，也是完成搜救任务的基本条件。因天气多变、地形复杂等，救援人员的工作与一般人相比，有多样性、复杂性、持久性、艰苦性等特点，这就要求其必须具备超越常人的特殊体能。无论是在搜索过程还是在救援过程中，山地搜救人员的体能将直接影响搜索进程和救援速度。因此，身体素质是山地搜救人员最基本的素质，是掌握山地搜救技能的基础。山地搜救人员要掌握各项业务技能，特别是搜索、绳索技术、搬运等，都应以具备良好的身体素质为前提。

（1）力量。运动生理学中，力量是指人体在运动过程中，肌肉紧张或收缩时表现出来克服阻力的能力。力量不仅是人体进行运动的基本素质，而且是其他身体素质发展的重要因素。如耐力、速度等，如果没有力量素质做基础，根本不可能得到发展和提高。搜救人员在进行提吊、搬运等过程中要完全依赖力量的大小，当力量不足时，完成相关操作的难度就会加大。

（2）耐力。耐力是人体在长时间活动中克服疲劳的能力，即持久力。耐力对山地搜救人员至关重要，如果没有耐力，就不能长期进行体能训练，更不能长时间在山地环境中进行搜索，勉强为之也不会取得好的效果。山地搜救人员在长时间、高强度的搜救任务中，面对复杂的天气、地形等因素，要保持旺盛的精力、高昂的斗志和充沛的体力，就必须具备良好的耐力。否则，就不能出色地完成任务。

（3）速度。物理学中用速度来表示物体运动的快慢和方向，即在单位时间内完成某项动作，或通过某段距离的能力。对于山地搜救来说，时间就是生命，越快找到伤员，救援成功率就会越高，具备较高的速度能力对于山地搜救人员是非常重要的。如当锁定被救人员位置或者范围时，就要求山地搜救人员以最快的速度到达事故位置，快速完成救援工作。

当然，灵敏和柔韧度对于队员来说也很重要，日常训练中也需要加强。总之，力量、速度、耐力、灵敏、柔韧这五个方面，构成了人体的基本运动素质。山地搜救人员体能和技能的提高，必须依赖这些基本运动素质的提高。

(二) 专业素质

山地搜救人员的专业素质将决定救援任务的完成度。山地环境中发生的事故有很大的不确定性，针对不同环境、地形，需要采取不同的救援技术，同时要避免二次事故发生。山地搜救人员的专业素质主要包括专业理论知识和专业技能等。

(1) 专业理论知识。理论来源于实践，还要服务于实践。通过书本、实践经验等渠道习得的知识，经过研究分析形成新的理论成果后，如果将其束之高阁，就没有任何意义，理论归根结底还是要为实践服务的，科学的理论对实践具有积极的指导作用，反之则会阻碍实践。

山地搜救涉及装备、环境、气候、地形、风险、技术等方方面面，如果没有丰富的专业理论知识作支撑，就很难合理地应用技术和装备、正确地预判天气、准确地安全评估等，因此，对于救援人员来说，掌握扎实的专业理论知识，能够提高救援效率。

(2) 专业技能。不管是前线救援队员，还是指挥者，都应注重提升自身专业能力，充分发挥自身优势，提高救援行动时效性。实践是理论的基础。救援队员提高自身专业技能，除了学习理论之外，要多实践。经常参与日常训练、多参与一线救援任务，才能在实际训练和行动中发现自身不足，积累更多的经验。还要积极向他人请教和学习。

(三) 心理素质

山地搜救人员必须具有良好的心理素质，才能合理安排自身时间，有明确的工作重点，在复杂、恶劣的山地环境下保持心理平衡。这有利于积极有效地开展救援工作，同时把乐观的情绪和强烈的求生欲望带给伤员。面对艰苦、危险的工作环境，和身心受伤、心理脆弱的患者时，救援人员要很好地控制个人的喜怒哀乐，始终保持积极而稳定的情绪。只有以这样的情绪投入救援工作，才会使救援工作高效有序进行。

(四) 团队意识

山地搜救是一项团队合作的工作，任何一次救援行动都不可能在单兵作战的情况下完成，需要良好的团队配合才能实现救援目标。若个人主义泛滥，缺乏团队意识，则不利于救援工作开展。救援人员可以通过以下方式增强团队意识。

(1) 锻炼表达、沟通能力。不论身处何种岗位，表达和沟通能力在一定程度上会影响救援效率，如在恶劣的山地环境中执行救援任务时，由于时间非常紧迫，若不能清晰地表达出想法，无法进行有效的沟通，可能就会耽误救援的时效。表达和沟通能力并不是上一堂课、看一本书就能习得，而是需要长期的锻炼才能具备。日常生活中要积极表达对各种事物的看法和意见，提高与人交流和沟通的能力。

（2）培养主动做事的品格。每个救援人员都有明确的岗位和职责，但这些岗位和职责不是一成不变的，为保证目标一致，需要更好地协作和配合。救援的成功不是等来的，而是靠一个团队努力做出来的，每个救援队员不应该被动地等待分配任务，而应该主动去了解队伍需求，根据周密计划，全力以赴完成救援任务。

（3）培养敬业的品格。每一支山地搜救队都要求队员具有敬业的品质。山地搜救工作性质突出的是公益性，大部分队员以志愿者为主，这就更需要救援人员具有敬业精神。日常训练中救援人员要有意识地多参与集体训练，认真完成好每个训练科目，在救援行动中履行应有职责，配合团队完成救援任务。

（4）培养宽容与合作的品质。山地搜救并不是一个人或者一个队伍的单打独斗，更多依靠的是不同队伍和人员之间的紧密合作。队伍中每个人都有自身的长处和不足，不管是在日常训练生活中还是在救援行动中，应多发现其他队员的优点，不要过于挑剔、嫉妒他人，培养求同存异的素质，融入团队，才能发挥团队的最强能量。

（5）培养全局意识、大局观念。团队精神不反对个性张扬，但个性必须与团队的行动保持一致，要有整体意识、全局观念。每一次救援行动都要有统一的指挥和明确的分工。救援队员首先必须服从指挥，恪守纪律，同时要互相帮助、互相照顾、互相配合，为集体的目标共同努力。

第三节　山地搜救的风险管理

一、风险管理基本知识

风险管理是规避事故发生或控制事故严重程度的重要手段。对户外活动和救援过程中的各种风险进行有效管理，有利于做出安全的救援决策，保障救援队员和伤员的安全，实现营救目标。山地搜救既是户外活动的过程也是救援过程，所以山地搜救风险管理要两者兼顾。

（一）风险的概念

"风险"一词从字面意思理解起来简单，但从科学的角度给出一个严谨的定义却较难，国内外学者对风险概念的解释也不尽相同。

1895年，美国学者海恩斯（Haynes）在其所著的《作为经济因素的风险》一书中最早提出了风险的概念："风险一词在经济学中和其他学术领域中，并无任何技术上的内容，它意味着损害或损失的可能性。"1921年，美国经济学家弗兰克奈特提出的"风险"是"可测定的不确定性"。直到20世纪50年代，美国学者莫布雷（A. H. Mowbray）等首次提出并使用"风险管理"一词，人们才开始系统地展开对企业风险管理的研究，并逐步形成一门学科。之后有学者尝试从风险要素的交互角度去解释风险的本质，美国学者Chicken和Posner在1988年提出，风险是损害（Hazard）和损害暴露度（Exposure）两种因素的综合，并给出表达式：风险＝损害×暴露度。在该公式中，暴露度是指风险承受者对风险的暴露程度，它包含风险的频率和可能性。

在户外领域中，新西兰登山理事会对户外风险给出了比较明确的定义，即失去或者获得某种有价值事物的可能性。如果风险发生的可能性可以用概率进行衡量，风险的期望值即为风险发生的概率与损失的乘积。

全面地理解风险，应注意以下四点。

（1）风险与人们的决策有关。风险是与人们的行为相联系的，这种行为既包括个人行为，也包括群体或组织行为。不与行为联系的风险只是一种危险，而行为受决策左右。

（2）客观条件的变化是风险的重要成因，尽管人们无力控制客观状态，却可以认识并掌握客观状态变化的规律性，对相关的客观状态做出科学预测，这也是风险管理的重要前提。

（3）风险是指可能的后果与目标发生的负偏离，负偏离是多种多样的，且重要程度不同，而在复杂的现实生活中，"好"与"坏"有时很难分开，需要根据具体情况加以分析。

（4）尽管风险强调负偏离，但实际中也存在正偏离。由于正偏离是人们渴求的，属于风险收益的范畴，因此在风险管理中也应予以重视，它能激励人们勇于承担风险，获得高风险收益。

（二）风险的主要特征

理解风险的特征有助于更好地理解风险管理的相关原理，有利于正确认识风险、识别风险和降低风险。风险的特征主要表现在以下几个方面。

1. 客观性

风险是客观存在的，不是以人的意志为转移的，人是无法完全控制和排除风险的。

2. 不确定性

（1）空间上的不确定性。救援过程中，风险发生的具体地点是不确定的。

（2）时间上的不确定性。即便确定某种风险肯定要发生，但发生的确切时间往往是无法确定的。

（3）损失程度上的不确定性。每次事故发生所造成的损失是无法事先预知的。

3. 可预测性

大量登山户外事故案例的统计和分析数据为救援人员认识风险、评估风险、管理风险提供了数据基础，能够利用概率论和数理统计的原理及方法，对一定时期内特定风险发生的频率和损失情况给出基本的预测结论。

（三）山地搜救中的风险因素

在从事山地搜救活动时，产生风险的因素有很多，有时是单一因素，有时可能是多因素综合引起的。可以将风险因素分为三类，即不安全条件、不安全行为和错误判断，见表1-1。

表1-1 山地搜救中的风险因素

不安全条件	不安全行为	错误判断
坠落物（石头等）	指导不足	取悦他人的渴望
区域安全不足（物理、政治、文化）	监管不力	试图赶日程
不良天气	不安全的速度（过快或过慢）	错误认识
装备、服装	不足或不当的食品、饮品、药品	新的/意外情况（包括害怕、恐慌）
急流、寒水	不当姿势	疲劳
动、植物	非常规的或者不当的程序（未听从指挥、滥用技术等）	注意力不集中
参加者和组织者的身体和心理状态	不充足的保护	沟通不畅
—	—	忽视直觉

（1）不安全条件。在救援期间可能造成伤害或损失的情形，包括自然环境、社会环境以及队员的状态。

（2）不安全行为。救援期间行为上的不当，包括队长行为和队员行为。从行为角度，队长行为的影响更大。

（3）判断上的失误。既有客观层面的因素，也有主观层面的因素。

二、山地搜救风险管理的手段及过程

（一）风险管理的手段

面对山地搜救中的风险，需要从户外活动和救援两个角度去分析，针对不同的情况，采取不同的对策。虽然风险是客观存在的，但只要采取科学合理的风险管理方式，就能将损失最小化，或控制在可接受的范围内，并完成既定的救援计划。风险管理的手段主要包含以下4种。

（1）规避和防范风险。规避和防范风险是山地搜救人员设法阻止事故发生的行为，通过预见和发现风险点，对客观和主观存在的危险因素，给予及时的处理。

（2）降低风险。无法规避和防范时，对风险因素综合分析，采取必要防护和预处理，将风险指数降低，达到可接受程度。

（3）转移风险。转移风险就是允许风险因素继续存在，但是将损失的责任转移给保险公司或者第三者承担，也就是说自身无法承担其风险时，就采取分散风险、共担风险的形式，转移出风险，达到避免损失或者减少损失的目的。

（4）保留风险。山地搜救是为了挽救他人生命，即使存在风险，也会接受风险挑战，追求理想（最大）收益。

（二）风险管理的过程

风险管理是开展山地搜救行动的有机组成部分，贯穿于整个行动过程。风险管理过程由建立风险管理的背景资料库、风险评估、风险应对、风险监控和记录等四部分组成，其中，风险评估又包括风险识别、风险分析和风险评价等三个步骤，如图1-3所示。

1. 建立风险管理的背景资料库

1）掌握环境信息

通过掌握环境信息，组织可明确其风险管理目标，确定与风险相关的内部和外部参数，并设定风险管理的范围和有关风险准则。

环境信息包括外部环境信息和内部环境信息。外部环境信息是组织在实现目标过程中所面临的外界环境的历史、现在和未来的各种相关信息。内部环境是风险管理过程所有其他步骤的基础，为风险管理提供约束和结构。内部环境信息包括以下三种。

（1）组织活动的目标。

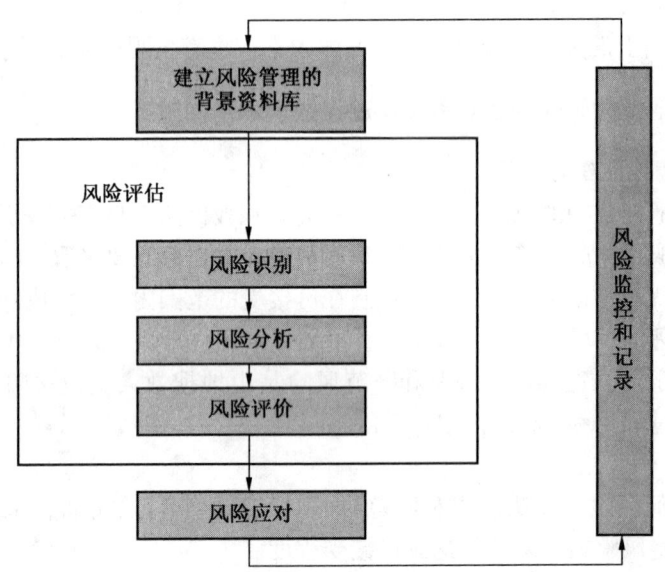

图 1-3 风险管理过程

(2) 组织结构，包括人员分工、任务和责任等。

(3) 与风险管理实施过程有关的环境信息等。

其中，风险管理过程的环境信息根据组织和活动的需要而改变，它包括但不限于：①所开展的风险管理活动的内容和目标，以及所需的资源；②风险管理过程的职责；③活动中应执行的风险管理的深度和广度；④风险管理活动与组织其他活动之间的关系；⑤风险评估的方法和使用的数据；⑥风险管理绩效的评价方法；⑦需要制定的决策；⑧风险准则。

2）确定风险准则

风险准则是组织用于评价风险重要程度的标准。它体现了组织对风险的承受能力，反映了组织的价值观、目标和资源匹配程度。有些风险准则直接反映了国家法律法规的要求。具体的风险准则应尽可能在风险管理的开始阶段制定，并持续不断地检查和改进。

确定风险准则时要考虑以下因素。

(1) 可能发生的后果的性质、类型以及后果的度量。

(2) 可能性的度量。

(3) 可能性和后果的时限。

（4）风险的度量方法。

（5）风险等级的确定。

（6）利益相关者可接受的风险或可容许的风险等级。

（7）多种风险组合的影响。

对以上因素及其他相关因素的关注，将有助于保证组织所采用的风险管理方法适合于该活动及其所面临的风险。

3）设定目标

制定风险管理计划前首先要确定活动的目标，并为实现预期目标而选择适当的活动项目和内容，然后确定风险管理策略，包括风险识别、风险分析、风险评价、风险应对手段等，最后通过风险监控和记录，对风险管理计划在实施中的效能和问题进行评估和总结，找出哪些风险已被有效解决，哪些风险尚未被识别，或未使用正确有效的方法，为后续风险管理过程提出改进、完善的意见，使之更加全面和有效。

2. 风险识别

活动组织者和参与者应该认识到，一个群体内不同个体的风险认识水平会存在重大差异，一个人认为危险的事情对另一个人来说未必如此。另外，队员感知到的风险与实际风险之间的差异，也是影响风险识别的重要因素。对风险的感知会受到下列因素的影响：经验水平、疲劳程度、对装备和设备的熟悉程度、心理因素、所处的位置、对他人的认识、自身认识的局限性、活动组织者使用的方法、对情况的认识、对未知事物的恐惧情绪、安全性判断、焦虑程度等。

风险识别是通过识别风险源、影响范围、事件及其原因和潜在后果等，生成一个全面的风险列表。风险管理的有效程度从根本上取决于风险的识别程度。对户外活动进行风险识别的方法有很多，包括历史数据（如中国登山协会的《登山户外运动事故年度报告》）、经验、专家意见。

进行风险识别时要掌握最新的相关信息，尤其要关注新近发生的遇险事件，必要时需包括活动的背景信息。不论风险源是否在组织的控制之下，或其原因是否已知，都应对其进行识别，否则就会影响风险识别的效果。

户外活动的风险识别，即分析整个活动的环境、人员以及装备中所有可能的风险，生成一个全面的风险列表。

3. 风险分析

风险分析是根据风险类型、危险发生的机制和可能原因、易发人群、遇险事件发生的动态因素等方面，对识别出的风险进行分析，为接下来的风险评价和风险应对提供支持。

根据风险分析的目的、获得的信息数据和资源，风险分析可以是定性的、半定量的、定量的或以上方法的组合。一般情况下，首先采用定性分析，初步了解风险等级并找出主要风险。适当时，进行更具体的定量分析。

风险的后果和可能性可通过专家意见确定，或通过对事件或事件组合的建模结果确定，也可通过对可获得的数据的推导确定。在某些情况下，可能需要多个指标来确切描述不同时间、地点、类别或情形的后果。

4. 风险评价

风险评价是对比风险分析结果和风险准则，或者比较各种风险的分析结果，以确定风险等级，以及风险大小是否可以接受或容忍的过程。

5. 风险应对

风险应对是选择并执行一种或多种改变风险的措施，包括改变风险事件发生的可能性或后果的措施。对于风险应对措施，应当评估其剩余风险是否可以承受，如果剩余风险不可承受，应调整或制定新的风险应对措施，并评估新的应对措施的效果，直到剩余风险可以承受为止。

面对山地搜救过程中的风险，可以针对不同情况采取不同的对策，把风险和损失控制在可接受的范围内。可能的风险应对措施之间不一定互相排斥。一种风险应对措施也不一定在所有条件下都适用。风险应对措施在实施过程中可能会失灵或无效。因此，要把监督作为风险应对措施的实施计划中的有机组成部分，以保证应对措施持续有效。

6. 风险监控和记录

在风险管理过程中，监控和记录是实施和改进整个风险管理过程的重要环节。

监控的方面可能包括：监测遇险事件，分析变化趋势并从中吸取经验；发现内部环境和外部环境信息的变化，包括风险本身的变化，可能导致的风险应对措施及其实施优先次序的改变；监测风险应对措施实施后的剩余风险，以便在适当时做进一步应对处理；对照风险应对计划，检查工作进度与计划的偏差，保证风险应对措施的设计和执行有效。

建立记录应当考虑以下方面：出于管理的目的而重复使用信息的需要；进一步分析风险和调整风险应对措施的需要；风险管理的可追溯的要求；沟通的需要；信息的敏感性。

风险与未来有关，而未来本身就具有不确定性。因此，即使是有效的风险管理方案，也不能保证在执行层面不会超出管理控制的预测范围之外。风险管理不能对任何一类目标提供绝对保证。

第一章　山地搜救基础知识

第四节　山地搜救行动现场管理

山地搜救行动现场管理是行动中的重要组织工作之一。行动现场管理成效的好坏关系到救援救灾行动人员和被救援人员的安全，影响救援行动的效率。根据山地搜救行动现场管理的目标，队伍到达事故现场后，应及时向当地应急管理部门和现场指挥部报备，建立协同管理机制，明确队伍在救援行动中的岗位分工，了解事故信息。然后据情况开展信息收集与研判，进行行动风险评估，研判搜索区域、搜索起点及救援方案，协同各部门制定行动计划。从山地搜救队伍进场实施搜救行动至撤离现场，始终保持对搜救行动的全方位管理。

通过本章节的学习，希望能够使救援人员了解如何在保证安全的前提下开展山地搜救行动，以确保安全完成搜救任务。

一、山地搜救行动现场管理目标

山地搜救现场形势变化复杂，随时可能面临突发状况，如天气突变、受困人员完全失联、受困人员伤情变化、通信不畅、信息不明、救援现场地形复杂、救援人员意外受伤等。这会给搜救行动增加不同程度的困难。规范山地搜救行动现场管理方法和流程，能帮助队伍在救援行动现场最快融入应急救援的管理体系，最大限度地发挥社会应急力量山地搜救队伍的技术力量。

在山地搜救行动现场，社会应急力量山地搜救队伍能通过科学合理的方法对山地搜救行动实现有效的管理，快速对接政府管理体系，稳定事故现场事态发展，在救援行动中发挥应有的作用。

山地搜救行动现场管理的目标：

（1）确保搜救人员和其他相关人员的安全，防止事态恶化。
（2）现场的各个部门和群体协同工作。
（3）在风险可控的前提下，提升救援行动的效率。

二、山地搜救行动现场管理原则

（一）安全性原则

在山地搜救中，救援人员应充分收集受困人员、救援队伍、自然环境、天气等有关信息，对潜在的风险进行研判，做好风险管理和安全预案。山地搜救过程中，救援队伍应遵循以下准则：

（1）专人专岗：指挥部、搜救队伍、搜索小组应配备安全岗，做好救援行动的全过程风险评估和安全管理，避免人员和装备设施处于不安全状态，预防风险事故发生。

（2）个体防护：搜救人员应根据救援环境和风险评估结果穿戴相应的防护装备，并在救援过程中在队友和安全员的监督下全程做好个人防护。

（3）三人同行：搜救队伍根据任务需要分组行动时，每个小组不应低于3人，并确保小组统一行动，避免队员落单或掉队。

（二）冗余性原则

为应对山地救援过程中的复杂局面，山地搜救队伍应针对救援流程的各环节制定应急预案，在人员投送和力量部署方面以及救援技术层面提前规划，留有冗余，例如：

（1）在搜救力量部署方面，应做好梯队配置，以便轮替和应对突发状况。

（2）为应对山地复杂地形通信不良、无法与一线队伍及时沟通的情况，及时安排通信保障小组和信号中转小组。

（3）搜救小组在搜救行动中，体能分配和补给方面留有余地，以应对可能发生的意外。

（4）在绳索救援等技术操作时，系统力学分析要留有足够的冗余。

（三）风险/效益原则

由于山地搜救队伍远离基地，自身的资源非常有限，面对搜救过程中野外的各种风险因素，山地搜救队伍需要根据现场的实际情况制订方案，开展行动，制订方案的原则应遵循风险/效益原则，避免由于风险评估不到位、过于乐观导致形势朝相反的方向发展，同时也应避免由于过度反应而置救援人员于危险境地之中的情况，具体有以下几方面：

（1）接警过程中，应优先评估警情的紧迫性，通过科学量化分析，将警情分为需要紧急响应、有节制响应和远程通信指导人员自救三种响应级别。

（2）在救援过程中，应对方案的风险和效率做出合理的评估，片面地追求安全稳妥而不顾效率或者执着于效率而忽视安全都是不可取的。

（3）在对伤员进行医疗处置时，应遵循野外医学的法则，运用简洁、灵活、实用的院外医学技术避免伤员的伤情恶化。

三、山地搜救行动现场管理措施

山地搜救行动现场管理措施包括信息管理、报备管理、人员管理、搜索区域管理、搜救组现场管理、装备和物资管理、前进营地管理、通信保障管理等。

（一）信息管理

第一章　山地搜救基础知识

1. 信息收集、核实与动态跟踪

山地搜救队伍应建立后方协调团队的工作规范和岗位管理制度，在接警后第一时间收集事故的基本信息、受困人员的求助信息等，按照工作规范对信息进行核实和研判，如果可能，尽快建立和警方、受困人员、事件相关人员的联系渠道，多方开展信息收集和核实，对事件保持实时动态跟踪和更新。

2. 后方协调团队信息分析和研判

山地搜救队伍应建立信息分析和研判机制。首先是山地搜救事故等级和救援紧迫度分析，明确山地搜救行动的响应级别，并在整个搜救行动中根据前后方信息收集的信息及搜救行动的进展，为队伍提供必要的信息支持和决策建议。

3. 行动现场信息收集

山地搜救队伍抵达山地搜救现场指挥部、报备和领取任务后，应第一时间收集救援行动现场的信息，包括事故基本信息，事故区域山地环境信息、户外资料等，气象、交通、救援信息、失联人员通讯记录、手机信号基站数据等。

4. 关键信息发布和报告

山地搜救队伍应在规范信息工作的基础上，建立关键信息的审核、发布和报告机制。对于涉及搜救行动安全、救援人员安全、救援重要线索等的关键信息，进行快速核实、专岗审核，按照救援现场指挥部的要求，进行信息的共享、发布和通报。

（二）报备管理

队伍报备管理包括出发和抵达报备、行动结束撤离报备。

1. 出发和抵达报备

山地搜救队伍在出发前，需向上级主管部门和属地接警部门报备；抵达事发地后，应立即向现场指挥部报到，提交队伍介绍信、出队规模、装备清单、救援能力介绍（包括人员组成、装备配置情况以及对应的救援能力），接受现场指挥部的统一指挥和调度，经批准后按指令有序开展搜救行动。

2. 行动结束撤离报备

山地搜救队伍完成搜救任务后或因故撤离，需向现场指挥部报备，并将相关行动成果如实、准确地向指挥部汇报。

（三）人员管理

山地搜救队伍应制定完善的人员管理制度，包括明确岗位职责和人员分工、先遣组、人员动态管理和后续梯队增援计划。

1. 明确岗位职责和人员分工

由于社会应急力量人员组成大部分是志愿者，每次出队人员可能不同，因此应在出队前或出队时就明确本次行动的指挥架构、岗位职责、人员分工和工作流程。山地搜救队伍现场行动队伍架构一般包含管理组、搜救组和后勤组，其中管理组应包含队长、安全员、信息员等岗位；搜救组应包含组长、安全员、搜救队员、医疗队员、导航员、信息员等岗位；后勤组应包含物资装备、通信、心理、财务等岗位。

山地搜救现场行动队伍组织架构和岗位分工可根据队伍的分级、任务情况和队员人数，适当扩展或缩减，但应涵盖和实现基本功能。山地搜救队伍现场行动队伍的搜救组编成应遵循以下要求：

（1）每个搜救组的人数应不少于3人，但不宜超过8人。
（2）搜救组组长不能兼任医疗。
（3）安全、导航、通信岗位不能互相兼任。

2. 先遣组

为全面收集信息和提高行动效率，山地搜救队伍在派出行动队伍之前，可根据需求派出先遣组，前往突发事件发生地点开展信息收集、现场勘查、行动对接等工作。在后续行动队伍抵达突发事件发生地点并完成交接后，将先遣组队员归入行动队伍统筹，重新分配岗位。

3. 人员动态管理

山地搜救队伍应对参与现场搜救的人员进行登记，并对搜救人员实行动态跟踪和管理。

行动前、行动中和撤离时要清点人数，遵守"至少三人同行"原则，任何时候应避免单独行动。

4. 后续梯队增援计划

山地搜救队伍在开展搜救行动时，应根据搜救行动的进展，可能持续的时间，搜索区域的变化，天气、地形等环境因素规划后续梯队的增援并提前计划，以应对山地搜救现场可能出现的一些突发状况。

（四）搜索区域管理

现场行动指挥部应根据事故信息的研判结果，明确搜索区域的要素，如 PLS（最后见到位置）、LKP（最后所知位置）、IPP（计划搜索起点）和 SA（搜索区域），运用 UTM 网格对搜索区域进行栅格化分区，根据地形（山脊线、合水线）、实际情况（辖区划分）和搜救时间划定搜索分区，评估搜索分区的优先顺序，制定搜救行动方案，协调行动现场的搜救队伍开展行动。如图1-4所示，重点搜索区域在 C3-C4、C4-D4 之间，以山脊线/合水线为界，可分为三个搜索分区。

第一章 山地搜救基础知识

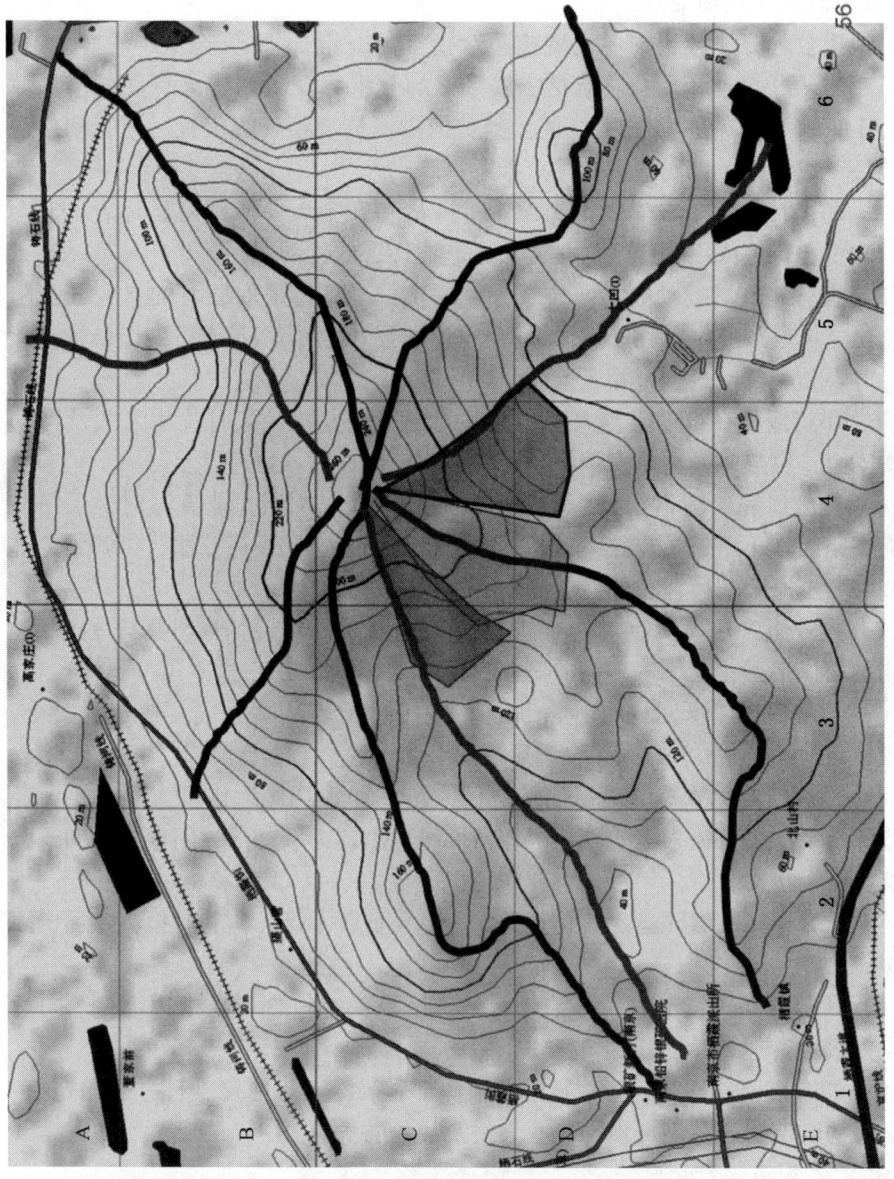

图1-4 重点搜索区域

特殊情况下，山地搜救队伍先遣组可通过现场勘查、模拟失联人员行山路径等方式来协助确定搜索区域。

（五）搜救组现场管理

山地搜救队伍搜救组岗位设置应包含指挥员（组长）、安全员、医疗队员、操作员、信息员、通信员、导航员。扁平化的分组管理可以提高行动的沟通效率，每个小组人数宜在4~8人之间。组员向指挥员（组长）汇报，组长向指定的直接负责人汇报。现场管理的重点如下：

（1）每个搜救组须设安全员岗位。指挥员和安全员要佩戴明显标志。安全员有权改变、暂停或终止任何对救援人员造成伤害的行动。

（2）搜救组开展行动前必须穿戴完整的防护装备，采取必要的自我安全防护措施。指挥员、安全员在小组开展搜救行动前需对全体组员进行安全防护交叉检查，并在整个行动过程中相互监督，确保安全。

（3）小组成员在行动全程应始终关注周围环境变化，实时关注天气及行动路线的安全，提醒队员注意安全，防止意外，保持通联，避免落单。

（4）搜救组完成搜索定位、实施现场救援作业、制定作业方案时，要提前确定撤离路线。小组成员需熟悉和掌握紧急信号的含义和使用方法，了解紧急逃生路线和安全避险区所在位置。

（5）搜救组医疗人员在对伤员进行医疗处置时，应遵循野外医学的法则，避免伤员的伤情恶化。

（6）搜救组操作员需经过充分训练，使用前检查装备情况，按规程安全、规范操作。

（7）搜救组应优先疏散未受伤的被困人员，如现场搬运伤员人手不足，经现场指挥部批准，可以根据实际情况保留部分体力能力较好的被困人员协助，直到增援梯队抵达。

将救出的伤员及时转运。若伤员数量较多、资源不足，应及时报告现场指挥部增援。

（8）搜救行动现场工作任务结束后，将结果及时报告现场指挥部，经同意后清点人数，整理装备物资，快速安全撤离。

（9）如有必要，搜救组应根据现场指挥部和当地卫生防疫管理办法的要求，采取必要的防疫措施并进行现场作业人员及装备的洗消。

（六）装备和物资管理

山地搜救队伍应为开展搜救行动提供必要的装备、物资和行动车辆保障，并需要对相关装备、物资、车辆进行有效的管理和监控以保证救援行动安全。在救援行动现场需要做到：

（1）装备物资专人管理，分类存放。

（2）装备和物资领用和借用需登记，对去向和使用状态实施动态管理，及时进行记录和更新。

（3）装备材料的数量和性能要能够满足现场需要，维持良好状况，以保证救援行动的正常使用，器材使用后应检查、检修。

（4）对装备、物资、后勤补给等使用情况和数量做到心中有数，提前预估，不足时及时补充。

（5）根据山地搜救行动对于车辆的要求，组织招募和有序使用车辆。明确救援行动中车辆驾驶员的备份制度和轮换计划并严格监督执行。对于通过能力有要求的车辆，要明确人车匹配，避免违规使用，避免交通安全隐患。

（七）前进营地管理

在一些山地搜救行动中，为提高搜救效率，节约山地搜救人员抵近搜索区域的时间和体能，山地搜救队伍需要配置一个或多个（级）前进营地，将搜救组投送到更靠近搜索区域的地方。

山地搜救行动的前进营地选择应遵循以下准则：

（1）前进营地应具备露营、通信以及部分医疗、物资保障、后勤补给等功能。

（2）应根据区域、季节、地形、环境，对前进营地的选点进行必要的安全评估，在确保通信条件良好的同时，充分考虑气温、海拔、风向、降水（雪）、雷击、地质隐患、动物等因素的影响，确保安全，如图1-5所示。

（3）要充分评估前进营地的后勤保障需求，人员梯队的规划要有序合理，在指挥部的统一协调下，建立专门的物资保障团队，确保前进营地的可持续运维，及时响应前进营地的行动及物资需求。

（4）在开展搜救行动的过程中，前进营地应至少保留1名留守人员。

（八）通信保障管理

救援现场队伍及人员众多，各种信息的交互量极大，极其依赖通信指挥网络的通畅及稳定，因此救援现场的通信需要科学及有效的管理。通过学习通信保障管理，促使现场人员认同各救援组织之间协同通信的重要性；遵守分级通信、定时通联、主备冗余三个原则；并初步掌握建立远、中、近不同距离通信网络的应用方法。

1. 救援现场协同通信的重要性

救援现场的行动需要协同一致，因此维系各组织之间的通信显得尤为重要。

图1-5 营地建设危险位置

通过加深救援人员对防范失联及协同通信理念的理解，以及重点注意电子通信设备使用中容易影响通信效果的隐患点，从而减少相关人员在救援通信行为及认识上的疏漏。

1）防范通信失联

防范通信失联是救援行动的基础安全保障。救援队员主动涉险进入救援现场，除了必备的体能、技能及物资之外，通信将是维系其安全的生命纽带，也是遇险呼救的最后一道防线。

保持通信是行动队员的心理保障。救援行动有赖于团队和组织的集体战斗，若通信失联，将使队员陷入孤军奋战的境地，无可避免地加大其心理压力，增加误判、误操作等隐患的发生概率。

2）协同行动、统一指挥调度的重要性

合理高效地调配资源有赖于通信的协同。良好的通信指挥网络，有利于通过点对多点的树状或网状指挥体系，在物资及人员紧缺的救援现场充分发挥各部分的作用。

协同行动必须听从现场指挥部主管部门调遣，并配合相邻救援力量。社会救援力量进入救援现场，因其大多不是成建制队伍，彼此之间的协同行动更有赖于现场指挥部主管部门的统筹及调遣。良好的通信网络及规则，也是获得更多行动信息及资源保障的重要途径。

3）使用无线电通信设备的重要注意事项

设备性能及使用方法会影响无线电通信质量。无线电通信设备应该在行动前就长期处于良好的保养及维护中，同时在使用中应注意合理的使用方法：①保证电池电量充足及各配件无损坏；②各线缆接头接触面清洁并安装牢固；③避免折弯或遮蔽、覆盖天线；④避免在金属结构的密闭空间内使用；⑤远离其他电磁干扰源等。

双方的相对位置也会影响无线电通信质量。无线电波可以参考为光线，尽管有一定的反射、绕射、透射性能，但大多数情况下还是近似直线传播，一旦中间有物体遮挡将会极大影响其通信效果。因此通信双方应该尽量在高处或开阔无遮挡的地方使用。若遮挡较多，应移动到更适合的位置，或考虑增加无线电中继或中转设备。

尤其是在山野环境当中，通信双方所处的位置将直接影响无线电通信设备的使用效果。应该配合等高线地图，研判通信双方的相对位置之间，是否有大型的地表遮挡物，需要合理避开或者绕到遮挡相对少的位置。

2. 救援现场通信管理的原则

在杂乱的救援现场通信中，必须将整个通信网络分级管理来防止自身信息干扰，并且通过建立定时通联制度及主备通信链路，进一步加强通信网络的稳定性及可靠性。

1）分级通信原则

现场救援作业既要确保指挥畅通，又不能相互存在干扰，因此需要将整个通信管理划分为3个层级。本文阐述的3个通信层级包括作业信道、指挥信道及协作信道，3个级别的信道是指双方或多方的信息交互的传输路径，而实施该信道的传输路径可由多种通信设备及通信链路来执行，搜救现场通信链路分配如图1-6所示。

三个不同层级的通信信道，分别对应不同的应用场合，见表1-2。

（1）作业信道。通信层级1，指单个作业小组内的通信所用信道，仅承担近程通信。在作业信道内传输的仅为单个小组内相互作业操作所需的信息；这些操作信息量大、繁杂、描述语句不规则；无须指定信息收发双方。应用距离在几十米或几百米之内。不同的作业小组必须各自采用不同的作业信道，避免信息干扰。

27

山 地 搜 救

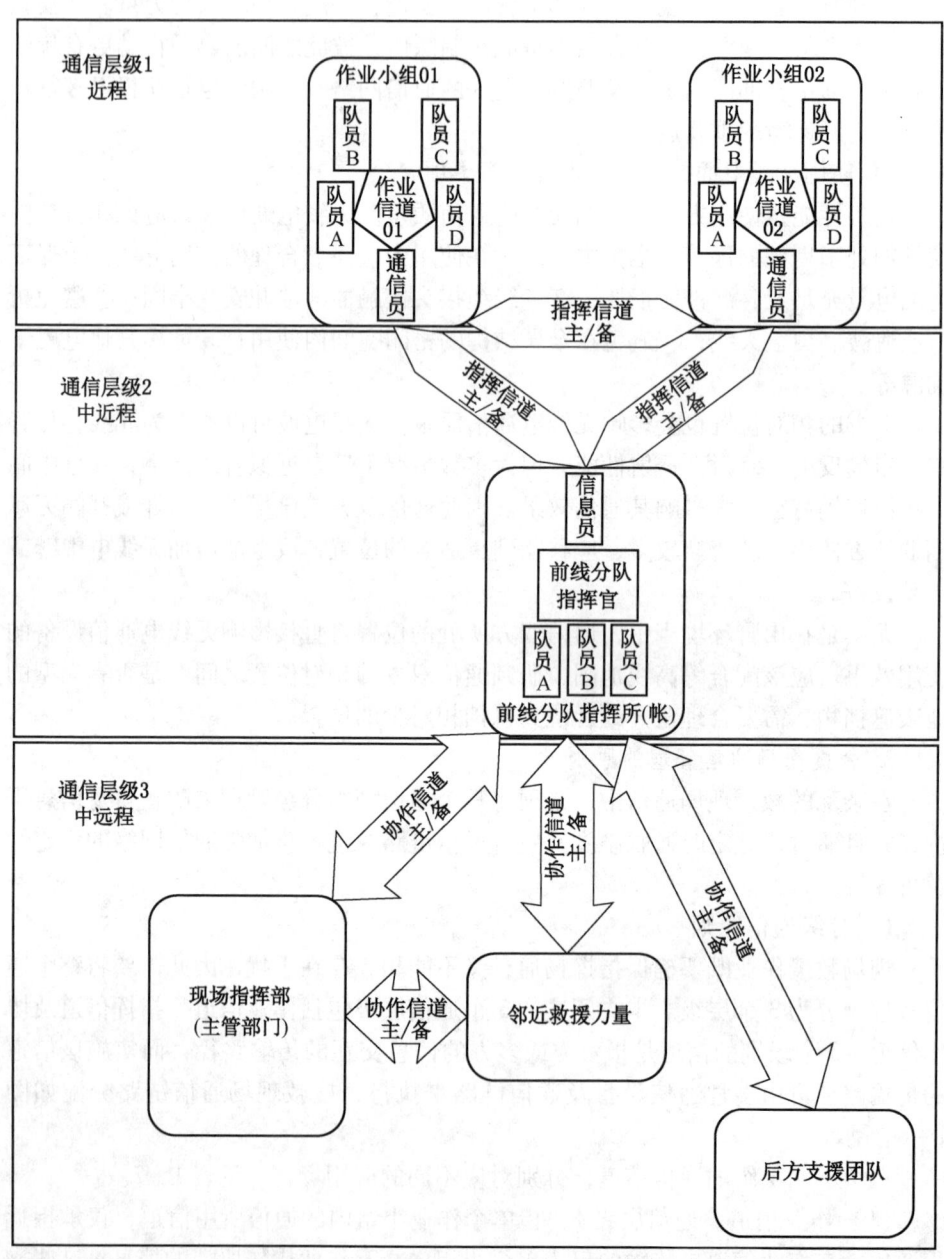

图1-6 救援现场分级通信示意图

表1-2 救援现场通信分级信道比较

项　目	作业信道	指挥信道	协作信道
应用距离	几十米~几公里	几百米~几十公里	几百米~跨省市
使用人数	较少	中等	不定
信息格式	繁杂、不规范	需要规范	不定
信息时效	随时	随时	有间隔

（2）指挥信道。通信层级2，指单个作业小组内与本组织前线分队指挥所（帐），或者多个作业小组之间的通信所用信道，承担中近程通信。指挥信道内传输的信息以各组的信息汇报、作业进度、指挥下发指令为主；信息量大、时效要求高、描述语句需要简洁且有规则；需要指明信息收发双方。常见的应用距离在几百米到几公里，甚至几十公里。指挥信道同时承担现场紧急信息播发等重要任务，每个小组必须至少配备一名通信员时刻收听。

（3）协作信道。通信层级3，指本组织前线分队指挥所（帐）与本组织后方协作团队及现场救援总体指挥部，或者多个不同社会力量前线分队之间的通信所用信道，承担中远程通信。协作信道根据需要传输各类支援及协作信息。信息量一般比较集中，时效要求稍低。

2）定时通联原则

在救援现场，除了及时的信息交互之外，各个组成部分应该建立定时通联制度。前线分队指挥所（帐）与各个作业小组之间、前线分队指挥与后方协作团队及现场救援总体指挥部之间，在约定好的固定时间间隔开启通联窗口，实施点名式的状态信息回报及指令更新，并登记在册。

通联窗口的具体时间间隔根据不同任务制定，如果因救援任务现场作业持续、通信位置不佳、设备不稳定等因素，在当次通联窗口，未能建立双方的有效通联，应该在下一次通联窗口时间到达的时候，尽力排除影响因素，双方建立通联。

若错过多次通联窗口仍未能进行有效信息交互，应判定为该作业小组或分队已进入失联状态，从而启用相应的应急预案。

3）主备链路原则

上文阐述的3个层级的信道，各自应有主备冗余的预案，均应采取两条或两条以上的通信链路来维持信道的可靠性。

主用通信链路由常用的通信设备来实施，一般每个层级的通信信道都有 1 条主用链路。当主用链路出现故障或通联效果不好时，应启用备用通信链路。

备用链路一般由简单的通信设备实施，多个层级的通信信道可以共用，待主用链路恢复正常，信息需要交互时再回切到主用链路。

3. 实现分级通信指挥的方法

尽管社会力量在救援行动中使用的通信设备多种多样，很难统一，但建立远、中、近 3 级通信网络的概念是具有普遍性的，需要根据各社会力量的情况及不同通信设备的具体应用，搭建成相同或相近的分级通信指挥网络，如图 1-7 所示。

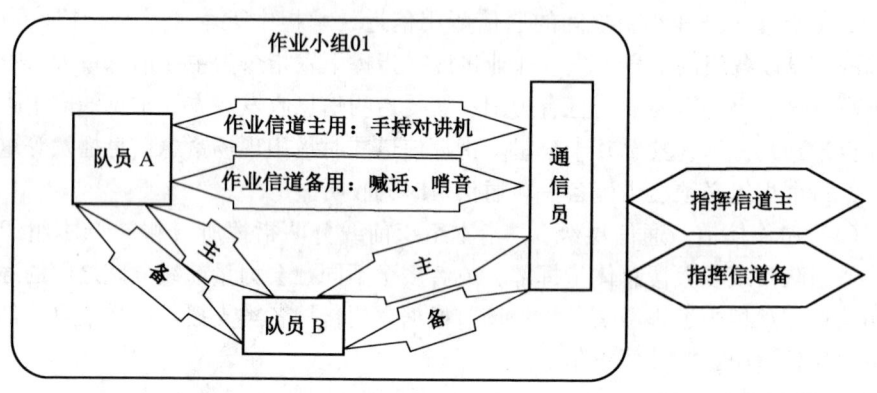

图 1-7　作业信道通信主备链路搭建示意图

1）建立作业信道（小组内部近程信道）

现场救援通信的作业信道，一般以手持无线对讲机作为主用通信链路。仅在短距离内使用，所以备用通信甚至是可以用哨音、喊话等来代替。

（1）常规无线通信。在使用中，以设备轻便易于携带、不妨碍肢体活动操作为主，可以配合免提耳机麦克风等配件，进一步释放双手。在进入建筑物内部、无线电信号受到遮挡、通信效果不佳的情况下，可使用带中转功能的对讲机或者 MESH 自组网电台，通过级联的方式改善无线电通信。

（2）山野环境的越障通信。在密林、溪谷、崖下等空间，我们常用的小型无线电设备因为功率小、电磁波绕射能力不足，即使是在距离不远的情况下，也经常会出现通信盲区。在这些障碍物较多的场合，可采用人工中继或者自带中转功能的对讲机，进行短距离接驳传输信号。同时人工中继或者自带中转功能的对讲机应参考等高线地图，寻找山脊线等制高点放置，或者宁愿拉远距离，也要将中转设备放到通信双方都能直接目视或者接近无遮挡的方向。

（3）对于有可能深入山林的作业小队，建议配置卫星手持电话或者卫星短信（如北斗卫星短报文）等设备，作为重点加强的后备通信链路。

2）建立指挥信道（救援现场队伍内中近程通信）

现场救援通信的指挥信道，承担着整个救援现场各作业小组及前线分队指挥所（帐）之间的重要通信，如图1-8所示。

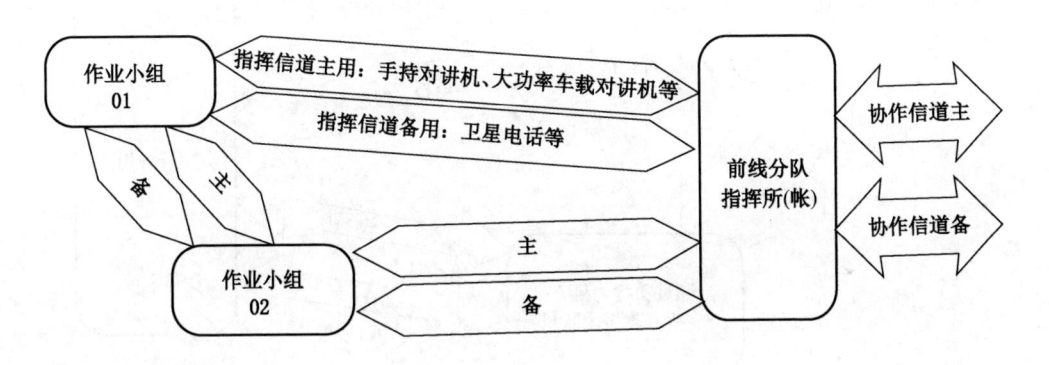

图1-8 指挥信道通信主备链路搭建示意图

（1）近程通常采用无线电对讲机直连通信。通常前线分队指挥所（帐）采用车载或台式等中大型对讲机并外接天线；各作业小队负责通信的队员，需要携带性能较好、功率稍大的对讲机。并且各作业小队通信员需要启用对讲机双守功能，同时守听作业信道与指挥信道（或者携带两部对讲机）。

（2）中程可采用中继台、自组网设备等组网通信，以求无线电信号覆盖整个救援区域，必要时也可用卫星电话等远程通信设备。山野环境下指挥信道的建立，往往需要借助大功率电台配合定向天线来实施，一般可选用车载电台并外接天线的方式。同时，在地表遮挡严重的情况下，需要派出独立通信小组携带中继电台，寻找制高点架设，从而尽量减少救援现场各作业小组及前线分队指挥所（帐）之间的环境遮挡。

（3）指挥信道必须遵从主备链路原则。例如在采用一般的手机（现场手机网络仍适用情况下）、对讲机、对讲机加中继台或自组网作为主用通信链路之后，可配备卫星手持电话或其他通信设备作为备用通信链路。

3）建立协作信道（救援现场与后方协调团队、现场指挥部及其他应急力量

31

的中远程通信）

前线分队指挥所（帐）的选址，通常在既有利于指挥现场救援，又便于与后方及其他救援力量保持通信的地方。协作信道除了传输语音信息之外，也常用于传输视频、图像及数据信息，如图1-9所示。

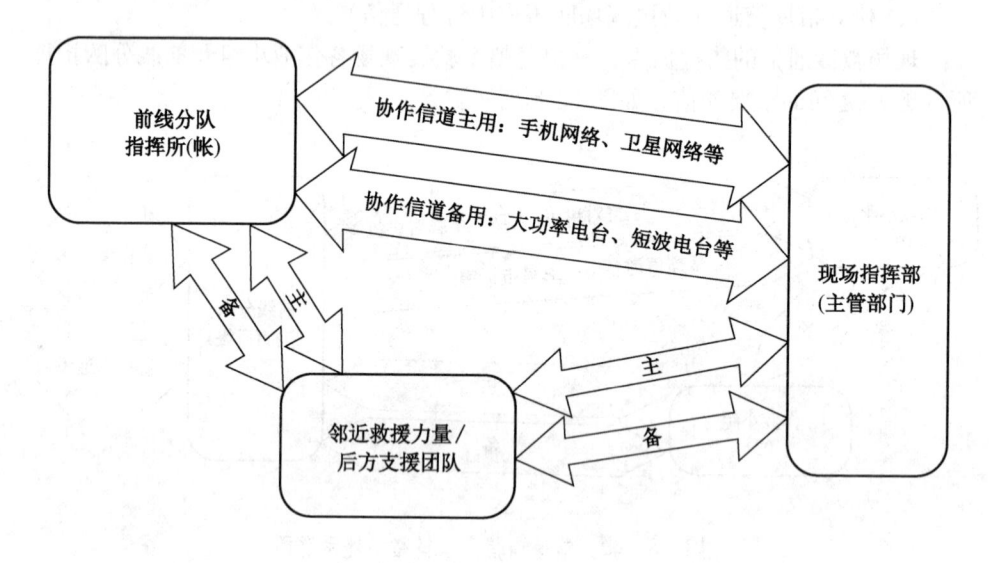

图1-9 协作信道通信主备链路搭建示意图

主用通信链路首选熟悉的手机网络及设备（现场手机网络仍适用情况下）、卫星电话、卫星宽带等无线电设备。备用链路可以采用大功率无线电台加定向天线等方式。

第五节 心理救援基础知识

一、灾难与心理健康

灾难不仅给人类的生存和生活带来巨大的威胁，也给亲历灾难的人们带来巨大的精神痛苦。世界卫生组织在1992年曾就灾难带来的心理影响做出报告，其中对灾难进行了如下定义："灾难是一种大大超过个人和社会应对能力的、生态和心理方面的严重干扰。"一直以来，灾难发生后的救援行动主要是生命救援和物质援助。近20年来，人们已开始认识到灾难对人类的心理具有非常深刻的短期和长期影响，救援人员需要为受灾人群提供心理援助和社会性关怀，以帮助其恢复到正常的健康水平，并最终实现心灵的重建。因此，心理援助与生命救援、物质援助一样，已成为灾难救援行动中关键的一部分。

（一）灾难对个体的心理影响

灾难亲历者在面对突然而强烈的心理冲击时，往往难以运用常规的方法来应对，从而可能造成情绪、认知、行为和躯体功能的紊乱。灾难对人们心理的影响主要体现在以下方面：

（1）灾难直接威胁人们的生命。灾难发生时，人们会瞬间面临死亡的威胁，或者随时感到死亡将降临到自己身上，产生高度恐惧与焦虑的心理。

（2）灾难中的失去生命和相关物质利益损失会带给人们哀伤和丧失感。灾难中，一些亲历者可能会有重要的人离世，如自己的父母、爱人、孩子或者朋友等。重要的人突然离世会引起个体的悲伤，进而会导致持续的哀伤。另外，灾难会带来巨大的财产损失以及相关经济问题，如破产、失业、疾病、离婚、被迫搬迁等。这些丧失与重要的人离世比起来，对人们的影响似乎没有那么严重，但是会在灾难后对人们形成持续的压力，甚至会导致自杀的后果。

（3）灾难打乱了日常生活规律，破坏社会支持系统。灾难发生后，人们原有的生活规律被打乱，社会支持系统会发生巨大变化。灾后的恢复和重建导致人们日常生活面临更大的不确定性，无法按灾难前那样生活。这种变化会给个体带来新的适应问题。

每个人对于灾难的反应会受个人内因（年龄、性别、认知能力、性格特点、应对方式等）、事件性质（事件的严重程度、持续时间、影响范围）和所处环境（安全程度、资源数量、社会态度等）等多重因素的影响。在这里需要指出的是，同一个灾难对不同群体的威胁程度（暴露程度）不尽相同。例如，在地震中被埋一天以上的人更可能出现心理创伤，而对地震时刚好在空旷地方的人来说，可能只涉及焦虑或恐惧情绪。

（二）灾后常见心理健康问题

1. 心理应激反应

心理应激反应是个体面临灾难时通常会发生的身心交互反应，是个体对非正常的创伤事件的正常反应，并不需要特殊治疗。心理应激反应主要表现在以下几个方面：

（1）情绪方面。会表现出恐惧和害怕、焦虑和紧张、警觉和易怒、悲观和沮丧、失落、麻木等情况。

（2）认知方面。会出现过度理性化、强迫性回忆或健忘、不幸感或自怜、无能为力感、否认、自责或罪恶感等情况。

（3）行为方面。表现出行为退化、做事注意力不集中、骂人或打架、社交退缩、过度依赖他人、敌意或不信任他人等情况。

（4）生理方面。表现出心跳加快、呼吸困难、肌肉紧张、食欲下降、肠胃不适、腹泻、头痛、疲乏、失眠、做噩梦等情况。

经历灾难后，人们在短期内出现上述反应都是正常的。对于大部分人来说，这些反应都不会带来生活上永久或极端的影响。作为救援人员，需要及时给予当事人心理应激反应的科普知识，使其了解到自身的反应是在不正常情境下的正常反应。

2. 急性应激障碍

急性应激障碍（Acute Stress Disorder，ASD）是指当事人在经历灾难后立即表现出强烈恐惧体验的精神运动性兴奋，此时行为有一定的盲目性，或者表现出精神运动性抑制，甚至木僵。灾难经历包含自身经历死亡或重伤的威胁、目睹别人的灾难，也可能是不断地接触到灾难的恐怖细节等。在3~30天的时间内，当事人可能会出现以下症状：

（1）侵入性思维。如不断想起与灾难相关的痛苦回忆、经常做有关灾难的噩梦、不受控制地出现灾难恐惧的画面（闪回），以及对灾难相关信息的强烈心理痛苦或生理反应等。

（2）负面情绪。如不能体验快乐或其他人的爱等。

（3）解离症状。如将想法或记忆排除在意识之外，出现失忆，体验到自身的精神或躯体有脱离感，就好像在梦中一样等。

（4）回避症状。如回避能让人想起灾难的人、地点或场景，回避与灾难有关的提醒线索（拒绝看与灾难有关的电影、电视节目或阅读相关的信息）等。

（5）警觉症状。如失眠、易怒、过于警觉、难以集中注意力、过度的惊吓反应等。

对于急性应激障碍，救援人员需立即施以恰当的安抚和心理支持，做好当事人的保护工作，预防意外发生。同时，迅速联络和转介心理咨询和精神卫生专业人员，给予及时的治疗。

3. 创伤后应激障碍

创伤后应激障碍（Post-traumatic Stress Disorder，PTSD）是指由于灾难性心理创伤导致的延迟出现和长期持续的精神障碍。创伤后应激障碍严重损害个体的身体、心理和社会功能，甚至威胁到个体的生存。创伤后应激障碍患者中近1/3

终生不愈且丧失劳动能力，1/2 的患者常伴有抑郁和焦虑等情绪障碍并有药物和酒精滥用行为，更为严重的是创伤后应激障碍患者的自杀率是普通人群的 5 倍。创伤后应激障碍主要有以下表现：

（1）创伤性体验的反复重现。当事人的思维、记忆或梦中反复、不由自主地涌现与灾难有关的情境或内容，也可能出现严重的触景生情反应，甚至感觉灾难好像再次发生一样。

（2）持续性回避。当事人长期或持续性地极力回避与灾难经历有关的事件或情境，拒绝参加有关的活动，回避灾难的地点或与灾难有关的人或事，有些当事人甚至出现选择性遗忘，不能回忆起与灾难有关的细节。

（3）认知和心境的消极改变。感受到持续性的消极情绪，当事人会表达忧郁的想法（"我是无用的""这个世界一团糟"），会对重要的活动失去兴趣，感觉到与他人的疏离。一些人会对创伤事件的某个方面产生遗忘；一些人会变得麻木，觉得不能够体验和享受爱与快乐的感觉。

（4）过度警觉。当事人表现为易激惹、过度敏感、注意力集中困难、加剧的惊跳反应。

创伤后应激障碍一般发生于灾难后一个多月，一些灾难经历者可能在半年后或更长时间才表现出来，具有延迟性，在前期难以发现。对于救援人员来说，需要在救援后期有意识地去辨识，一旦发现当事人表现出上述某种症状，则应及时转介精神卫生专业人员，使其获得规范治疗。

4. 抑郁状态及抑郁障碍

抑郁是灾难后高发的心理障碍，受灾群体普遍呈现抑郁状态。抑郁障碍的患者表现出情绪低落，并继发整体活动水平降低，且多有复发倾向。由于抑郁障碍可能出现自伤或自杀的观念和行为，所以需高度警惕。灾后心理援助也需要高度关注并有效甄别出呈现抑郁状态和抑郁障碍的受灾群众。

抑郁状态及抑郁障碍的主要表现有心情低落、兴趣或愉快感丧失、劳累感增加和活动减少，有些人稍作活动就会有明显的倦息。除此之外，还常见注意力下降、自我评价和自信降低、无价值感、认为前途暗淡、出现自伤或自杀的观念或行为、睡眠问题、食欲降低等。救援人员一旦发现受灾群众有上述症状时，需给予一般性社会支持，并及时转介心理卫生专业人员。

5. 物质滥用

物质滥用是指一种或多种精神活性物质的连续使用导致的躯体与精神依赖现象；依赖者会表现出多种精神病性障碍、急性或慢性药物中毒、亚临床状态等症状与体征。常见的精神活性物质包括精神兴奋剂、鸦片类物质、烟草、酒精、大麻类物质、镇静催眠剂等。灾难发生后，常见灾难经历者出现过度吸烟与饮酒等行为，并不需要特殊的干预。来自救援人员与他人的社会心理支持，对减少当事人物质滥用会有所帮助。需要注意的是，由于创伤引起的巨大精神与心理应激反应，先前不良的精神药物使用习惯，社会心理支持缺位等因素，会导致当事人长时间通过精神活性物质寻求慰藉、缓解焦虑，甚至达到物质滥用和依赖的程度，这是一个严重的病理问题。物质滥用在灾难后往往容易被忽视，需要救援人员细心探查，并及时给予心理支持，协助其重建社会支持系统，严重的需及时转介专业机构，使其获得有效治疗。

（三）灾后心理应激反应

灾难发生后，个体和群体心理应激随着时间的变化会表现出不同的特点。具体可以分为以下三个阶段：

（1）应激阶段。主要是灾难发生后的几天至一周左右，对应救灾行动中的救助时期。当个体受到外界强烈的危险信号刺激时，身体的各种资源被迅速、自动地动员起来用以应对压力。由于灾难的突发性，个体尚未来得及从理性层面思考心理上的巨大冲击，因此诸多心理问题以潜在的方式存在，或表现为一些身体症状，如头疼、发烧、虚弱、肌肉酸痛、呼吸急促、腹泻、胃部难受、没有胃口和四肢无力等症状。如不及时处理将会导致严重的心理障碍。应激阶段的第一要务是生存，人们会联合起来对抗灾难，受灾个体会和救灾人员一起营救生命和抢救财产，表现出全力以赴、乐观的特征和很多亲社会行为。

（2）冲击阶段。一般是灾难发生后的两周至半年左右，对应救灾行动中的安置时期。在这一阶段，生存已经得到保证，身体的防御反应会稳定下来，警戒反应的症状也会消失，心理应激进入抵抗期。在应激阶段，身体为了抵抗压力，在生理上做出了调整，付出了高昂代价，虽然能够很好地应付最早出现的应激源，却降低了对其他应激源的防御能力。所以在冲击阶段，各种身心疾病或心理问题会凸显出来。在灾难发生一个月内，受灾民众最为普遍的心理问题是急性应激障碍（ASD），随着时间流逝，急性应激障碍会逐渐消失，大多数经历灾难的人通过自我恢复慢慢地恢复到灾前状态。但是，有相当比例的人很难通过自身努力和社会支持系统缓解症状，反而由急性应激障碍（ASD）发展成为创伤后应激障碍（PTSD）。如果在这一时期给予及时的心理援助，将会降低心理问题恶化的概率。

（3）复原阶段。一般在灾难发生半年后，对应救灾行动中的重建时期。在这个阶段，大部分人已经恢复常态，但有一定比例的人仍可能受灾难阴影的影响，这种影响与社会已有的矛盾交织一起，会产生系列社会问题，此时需要执行长期的心理援助计划。如果压力持续出现，身体的衰竭期就会到来，持续时间可能是灾后几个月到几年。这一时期，体内的能量已耗光，紧张激素也消耗殆尽，如果没有其他缓解压力的办法，就会出现心理障碍、身体健康受损和防御能力完全崩溃的结果。灾难给人们心理造成的伤害往往是长期的。据估计，灾难之后有5%的人会终生出现创伤后应激障碍（PTSD）症状。另外，有些人的症状会在几个月甚至几年后才出现。

二、救援现场心理急救

（一）现场心理急救的基本内容

现场心理急救是为灾难中正在痛苦的人们或需要支持的人们提供人道的、支持性的帮助，主要包括满足基本生活需求，评估需求与关注问题，关怀、支持、倾听和安抚，帮助获得信息、服务与社会支持，以及防止进一步伤害。现场心理急救一般是灾难几天或几周后开展，它并非只有专业人员才能提供，也不是专业的心理咨询，并不要求分析发生了什么，也不迫使经历者讲述事件及感受。

（二）现场心理急救的基本要求

救援人员在帮助那些经历灾难的人员时，首先需要考虑被援助者的安全、尊严和权利。

（1）安全。救援行为要避免将援助对象置身于其他危险中，尽最大努力确保被援助对象的安全，避免受到身体和心理的伤害。

（2）尊严。尊重被援助对象的人身尊严，遵守其文化信仰和社会规范。

（3）权利。确保被援助对象公平享有获得帮助的途径，不被歧视，帮助其维护自身的权利和获得应有的支持，要以他人的最佳利益为行动准则。

（三）现场心理急救的方法

现场心理急救的行动原则有三条，即一看（Look）二听（Listen）三联系（Link）（又称"3L"行动原则）。工作内容包括：事前观察灾难现场的环境，在确保安全的前提下进入灾难现场；接近受灾群众，理解其需要；帮其与现实支持和信息之间建立联系。

1. 看

灾难现场充满着不确定性。在提供帮助之前，首先需要详细观察周围状况。当发现自身处在危机情境中而没有时间做准备时，"看"可以快速观察周围环境，增加从现场获得的信息，使自身感到安全，脱离焦虑情绪，进而做出冷静的判断。"看"需要重点关注以下三个方面：

（1）所处环境是否安全。即客观评估当下环境中的危险因素，是否需要进行地理上的移动，能否在不影响自身和他人生命安全的情况下开展心理急救工作。如果救援人员不能确定灾难现场的安全，无法保证自身的安全，不要盲目行动，以免增加潜在风险和造成二次伤害。

（2）是否有需要紧急救助的人。如果发现需要紧急医疗救助或缺乏基本生存保障的人，如衣不蔽体、饥饿、脱水、受伤等，首先请明确自身的能力范围，尝试提供力所能及的帮助。如果有伤员，在进行基础的处理后将其交给医疗人员或其他受过急救训练的人。

（3）受害人是否出现严重的痛苦反应。如果发现心理上遭受重大冲击、有严重的痛苦反应的人，如极度不安、极度震惊、无法独立行走、无法回应他人等，首先通过谈话、呼吸训练等方法稳定其情绪，调动其对生命的希望和对身体的掌控，待到安全的环境后，再对其心理状况进行处理。

2. 听

聆听是接近可能需要支持的人的最佳手段。询问那些需要帮助的人的需求和担心，恰当的倾听对于了解其处境和需求非常重要，有助于帮助其平静下来。

（1）接近那些可能需要支持的人。在尊重其文化背景的前提下，尊重地接近被援助者，介绍自己的名字和所属机构，询问其是否接受提供的帮助，如果条件允许，找一个安全且安静的地方交谈，使其感到舒服放松，比方说在环境允许的情况下提供一些水等。在保证安全的前提下，让被援助者远离可能发生的危险，为保证其隐私和尊严，尽量保护其免受媒体的侵扰。如果被援助者非常消极绝望，尽量保证其身边有人陪伴。

（2）询问被援助者的需求和担忧。尽管有些需求是显而易见的，如给一个衣衫褴褛的人提供毛毯或者衣物，但时刻记得去询问其需求和担忧，弄清楚对其最重要的事情，理清其最迫切的需求是什么。

（3）倾听并帮助援助者保持冷静。紧密地陪伴在被援助者身边，不要给其交谈的压力。如果援助者想表达自身的遭遇，救援人员要注意倾听；如果被援助者感到非常悲伤，帮助其保持冷静，尽量保证其不是单独一人。用眼睛、耳朵、心来倾听。眼睛可以给予被援助者全部的关注，耳朵可以真正倾听其内在的担忧，心可以带上关怀和尊重进行倾听。

3. 联系

建立联系是被援助者基本的需求。联系包括提供服务和信息，帮助被援助者处理难题，将其与亲人联系在一起，增加社会支持。具体地，有四种增强联系的方法。

（1）帮助被援助者表达出基本需求。灾难后，被援助者的正常生活节奏被打乱，短时间内无法获得以往的社会支持和联系，可能突然感到生活充满压力，感到脆弱、孤独、无力，失去信心。而让被援助者得到实际支持则是心理急救的重要部分。但是教会其如何自助和自救，通过自身的力量重新获得对生活的控制感，比起单纯地开展心理急救更为重要。灾难后常见的需求包括基本需求、特殊要求，以及需要联系失散的亲人等。基本需求，如食物、水、庇护所和卫生设施；特殊要求，如治疗、衣服、哺育婴幼儿的器具（杯子和瓶子）等。

（2）帮助被援助者解决问题。受灾难影响的被援助者会因为失去财产、亲人，身心处于混乱之中而感到焦虑、恐惧，无法冷静，救援人员需要帮助其找到最迫切的需求，对这些需求进行排序后最大限度地满足。如果在现场有援助任务能够由被援助者承担，尽量给其分配工作。对经历灾难的被援助者来说，能够在现场管理一些事情，为他人提供帮助，也能使其获得对情境的控制感，增强应对能力。在特定危机情境下，救援人员可帮助被援助者认识到当前生活中的支持力量，如目前能提供帮助的朋友或家人；还可以根据被援助者实际的建议来满足其需求，如告知其如何登记领取食物和物资；救援人员询问其过去应对困难情境的经历，并肯定其应对当前困境的能力；鼓励被援助者采取积极的应对方式，不要采取消极的应对方式，这样做有助于增强其内心的坚强和控制感。

（3）提供被援助者所需要的信息。灾难发生后，很多人急迫想要知道发生了什么事情，亲人和其他受影响的人的状况、安全问题，如何得到所需的物资和服务等信息。身处灾难中的人很难获得准确的信息，这时，救援人员应当尽量掌握周围的状况，找到获取正确信息的地方，知道何时从何地获得最新消息。在接近需要帮助的人之前，要尽可能多地获取信息，同时跟进危急状态、安全事项、可得的资源与服务，以及失踪人员和伤员的最新情况，让受害人员知道已经发生的事和未来的计划。如果有公共服务（健康服务、家庭追查、临时住所、食物配给），要让受害人员知道并能及时获得。救援现场的受害人员很难保持冷静，一方面是因其渴求信息，另一方面是对信息不信任。在提供信息后，受害人员可能会因救援人员没有为其提供预期的帮助，将其视为不安、恐惧、挫败的发泄目标，此时，救援人员要保持冷静和谅解。

（4）保持与社会支持系统的联系。社会支持程度越高的人能够越好地应对危机。因此尝试鼓励受害人员联系其社会支持系统（亲人、朋友）；帮助集合整个家庭，使孩子、父母及亲人聚在一起；帮助受害人员联系亲戚和朋友，使其得到支持，如给其家人、朋友打电话；把受影响的人聚集在一起以互相帮助，如请其帮助照看年长的人，或将无家可归的人跟其他群体成员聚在一起。

（四）现场心理急救程序及注意事项

1. 现场心理急救程序

当受害人员需要心理急救时，救援人员在开展现场急救时需要遵循一定的程序。

（1）救援人员要礼貌地观察受害人员，不要急着改变受害人员当时的状态，对其表达尊重，通过询问了解受害人员的需求并为其提供帮助。

（2）救援人员接近幸存者的最佳方式是给其提供具体的帮助（食物、水、毯子）。

（3）救援人员在观察幸存者及其家人的具体情况后，确定不因接近对其造成打扰的情况下，再接近被救助者。

（4）救援人员需做好有可能被幸存者拒绝的心理准备，也要防止幸存者过度依赖，与其讲话时应保持平静的状态，要耐心、敏感、反应灵活。

（5）救援人员要用简单的话语慢慢讲，不要用缩略语或者专业术语。如果幸存者想要讲述时，救援人员必须认真倾听。倾听时要注意其讲述的内容，以便更好地提供帮助。

（6）救援人员要积极回应幸存者，努力保持给予其足够的安全感。同时还可以为其提供有效信息，帮助幸存者厘清自身的想法和问题，提供准确的并考虑到适合其年龄的信息，有必要时加以说明。

2. 现场心理急救注意事项

（1）不要假定幸存者的经历或者遭遇。不要假设每个经历灾难的人都会受到心灵巨创，不要假设幸存者都想讲述或者需要讲述，救援人员要以一种支持、安慰的方式让那些幸存者感到安全，更能应对眼前的状况。

（2）不要用医学术语。一个经历了严重灾难的人身上会出现很多严重反应是可以理解的，救援人员注意不要使用医学术语来进行描述。

（3）不要认为这些反应就是"症状""病理""障碍""病情"等。

（4）不要以过高过大的声音或者高人一等的姿态对待当事人。

（5）不要聚焦于幸存者的无助感、无力感、错误，或者是心理、机体的失能。要关注其积极的行为举动，如幸存者帮助他人的行为。

（6）不要总是向幸存者询问事情的经过，救援人员要明确不是来听取"汇报"的。

（7）不要推测或者提供可能不准确的信息，如果不能回答幸存者的问题，需要尽可能去了解事实后再回复。

（五）如何跟幸存者交流

1. 推荐使用的语句

当灾难发生后，可以使用以下语句来安慰幸存者。

（1）对于你所经历的痛苦和危险，我感到很难过。

（2）你现在安全了（如果这个人确实是安全的）。

（3）这不是你的错。

（4）你的反应是遇到不寻常事件时的正常反应。

（5）你有这样的感觉是很正常的，是每个有类似经历的人都可能会有的。

（6）看到这些一定很令人难过。

（7）你现在的反应是很正常的。

（8）事情不会一直是这样的，它会好起来的，而你也会好起来的。

（9）你现在不应该去克制自己的情感，你要表达出来，你可以对我哭泣，可以表达复杂的情绪。

2. 严禁使用的语句

当灾难发生后，不要使用以下语言来安慰幸存者。

（1）我知道你的感觉是什么。

（2）你能活下来就是幸运的了。

（3）你是幸运的，你还有别的孩子、亲属等。

（4）你爱的人在死的时候并没有受到太多的痛苦。

（5）她（他）现在去了一个更好的地方（更快乐了）。

（6）在悲剧之外会有好事发生的。

（7）你会走出来的。

（8）不会有事的，所有的事都不会有问题的。

（9）你不应该有这种感觉。

三、救援人员心理健康维护

灾难的惨状以及救灾工作的高强度与不顺利，可能危及救援人员的健康甚至是生命。这些沉重的压力会冲击救援人员的身心，造成许多生理与心理反应。面临灾难时，这些反应均是短暂的正常反应，需要时间来慢慢抚平。救援人员可以采取一些应对策略，促进自我恢复。

（一）灾难救援现场心理健康维护

1. 灾难救援现场反应

在灾难现场，救援人员可能会有下列反应：

（1）极度疲劳、休息与睡眠不足，产生生理上的不适，如做噩梦、眩晕、呼吸困难、肠胃不适等。

（2）注意力无法集中以及记忆力减退。

（3）对于眼前所见感到麻木、没有感觉。

（4）担心自身会崩溃或无法控制自身。

（5）因为救灾不顺利而感到难过、精疲力竭，甚至生气、愤怒。

（6）过度地为受灾者的惨痛遭遇而感到悲伤、抑郁。

（7）觉得自身救灾工作做得不好，有罪恶感、内疚感。

（8）喝酒、抽烟或吃药的量比平时多很多。

2. 灾难救援现场调适

面对上述情况，救援人员可以通过以下方式进行自我心理调适：

（1）认识到所有的感觉均是正常的，在离开救灾工作岗位之前，适时地将这些感觉和救灾经验与其他救援人员分享。

（2）留意自己与伙伴是否过分疲惫，进行适当放松、休息与睡眠。

（3）即使不太想吃东西，也必须要定时定量饮食，保持体力。

（4）尽量让自己休息时的环境保持安静、舒服。

（5）多给予自己及周围伙伴鼓励，相互加油、打气，避免批评自己或其他伙伴的救灾工作。

（6）肯定自己与同伴在任何微小工作上的改进，并乐观地期待好的结果。

（7）有困难时，不要犹豫向同伴们提出，并接受他人提供的帮助与支持。

（二）救灾结束后心理健康维护

救援人员救灾工作结束后回到正常生活的状态下，需要对灾难救援期间可能产生的心理与行为影响进行处理，并做好回归正常生活的准备。

1. 安排必要的休息

救援人员在返家之后，通常都已经精疲力竭，这可能会持续好几天，因此休息很重要。

2. 调整到正常的生活节奏

灾区高度紧张的救援，可能会让救援人员自身的生活步调难以回归到正常的节奏，有些人员可能会因没有积极参与活动存在罪恶感。此时救援人员可以试着去接受较为缓慢的生活节奏。

3. 讨论灾难有关话题

当救援人员想要畅谈其所经历的灾难救援工作时，要考虑到交流对象也许并不感兴趣，此时不要以为是对自己有意见，他们只是单纯地对灾难救援不感兴趣而已。

当救援人员感到疲倦或者遭受特别创伤而不想过多地讨论灾难救援经历时，要理解他们的感受，知道他们正从灾难救援经历中恢复，没有准备好去谈论这些事情，需要保证他们的正常作息。

当救援人员感到"有时候想讨论自己的灾难救援经历，有时候又会变得不想谈论这些事情"，这是很正常的现象，却可能会让他们困惑不安。随着时间的流逝，这种交替变换的心态会逐渐减少。试着让他们理解自己，让他们周边的人也了解到这是一种正常的、自然的反应。

4. 调整情绪反应

大部分的救援人员在回家之后都会出现一些令自己惊讶的情绪反应，甚至有时候会吓到自己。如果能事先预想到某些情绪，可能会处理得更好。如果救援人员知晓以下常见的情绪反应及应对方式，则可以帮助其调整情绪反应。

（1）失望。这经常是由于救援人员所预期的返家的场面与实际的不一样，因此，尽量不要不切实际地希望有盛大的欢迎仪式。

（2）人际冲突。当救援人员本身的需求与家人、同事的需求不一致时，常会有挫折感。日常生活琐事，与灾难现场情形相比是微不足道，救援人员因此很可能低估或忽视他人的困扰，而使其受到伤害。因此，救援人员可以试着从日常生活的角度感受他人的情绪，逐渐回归日常生活。

（3）回忆诱发情绪。回家之后，救援人员的朋友、家人可能会使其联想到曾经见过的受难者，这可能会引起强烈的情绪反应，这些情绪反应不只使自己感到惊讶，也会使那些不知情的人感到惊讶与困惑。因此，救援人员要告知并帮助其他人理解这种现象（这是一种移情的现象）。

（4）心境来回转变。返家之后，心情时好时坏，摇摆不定，这是很正常的现象，也是在处理内在冲突和情感过程中的表现。随着时间流逝，这种情绪的变化将逐渐减少。

第六节　体　能　训　练

体能是救援队员在救援现场高效作业的基础，社会应急力量应重视体能训练。

一、准备活动与整理活动

准备活动又称"热身运动",是预防训练伤病最重要、最有效的措施之一,分为全身准备活动和局部准备活动。全身准备活动。一般以动力性全身整体活动为主,主要包括跑步(慢跑、高抬腿跑、变速跑等)、跳跃(原地跳、跨步跑、蛙跳等)、体育游戏、练习性球类活动。局部准备活动是预防肌肉、韧带、关节损伤的关键环节之一,一般以静力性牵拉和动力性练习为主,主要包括转动关节(如转腰、膝、揉踝等)、动力性牵拉(如踢腿、压腿等)、静力性牵拉(如持续后扳腿)等。

整理活动又称"放松运动",是剧烈训练后进行的系统放松活动,也是取得良好训练效果、预防训练伤病最重要、最有效的措施之一。整理活动以慢跑、调理呼吸、按摩放松肌肉为主。按摩手法包括抖动、揉捏、拍打、轻踩、牵拉等。按摩方向应与血液、淋巴液流动方向一致。

应根据季节不同灵活把控准备活动时间。天冷时可适当延长,直至身体微微发汗再进行高强度项目训练,这样可降低受伤概率。

二、训练项目

(一) 5000 m 轻装跑

5000 m 轻装跑是长距离跑,通过锻炼能够提高身体耐力。

动作:身体自然放松,步幅均匀,前脚掌或前脚掌外侧先着地;上体正直或稍向前倾,两臂前后自然摆动;采用"二步一呼、二步一吸"或"一步一呼、一步一吸"的方法呼吸,在距离终点 400 m 左右时,应全力冲刺,直至跑过终点。

(二) 俯卧撑

俯卧撑可提高上肢伸肌和躯干肌肉力量,锻炼上肢的推撑力量和胸大肌力量。

动作:左(右)脚向前一大步,两手手指向前在左(右)脚两侧着地(两手距离约与肩同宽),左(右)脚后撤伸直,两脚并齐呈俯撑,做两臂屈伸动作。屈臂时两肘内合,伸臂时两臂挺直,身体保持平直。

(三) 5×10 m 折返跑

5×10 m 折返跑主要练习快速跑,以及改变方向后的速度和力量。

动作:起跑时屈身,两腿前后分开要弯曲,途中跑成直线要平稳,后蹬速度要快,近底线 3~5 m 时,身体要快速下蹲降低重心呈弓步,脚尖内扣减速急停,上体开始转向；侧身要灵活，重心要稳，转身回头后用前脚掌着地马上加速，最后肩胸撞线冲刺来抢时间。

（四）平板支撑

平板支撑是一种类似于俯卧撑的肌肉训练方法，但无须上下撑起运动，在锻炼时主要呈俯卧姿势，身体呈一线保持平衡，可以有效地锻炼腹横肌，被公认是训练核心肌群的有效方法。

动作：俯卧，双肘弯曲支撑在地面上，肩膀和肘关节垂直于地面，双脚脚尖踩地，身体离开地面，躯干伸直，头部、肩部、胯部和踝部保持在同一平面，腹肌收紧，盆底肌收紧，脊椎延长，眼睛看向地面，保持均匀呼吸。

任何时候都保持身体挺直，并尽可能长时间保持这个姿势。若要增加难度，手臂或腿可以提高。需要一个比较合适的平板，不能太硬也不能太软。肩膀在肘部上方，保持腹肌的持续收缩发力。

（五）屈腿仰卧起坐

屈腿仰卧起坐主要练习腹部肌肉以及身体的协调性。

动作：仰卧，两腿并拢，两手上举，利用腹肌收缩，两臂向前摆动，迅速呈坐姿，上体继续前屈，两手触脚面，低头；然后还原成仰卧，如此连续进行。

身体仰卧于地垫上，屈膝呈90°左右，脚部平放在地上。平地上切勿把脚部固定（例如由同伴用手按着脚踝），如果固定双脚，强壮的腿部肌群就会帮助完成仰卧起坐，从而降低了腹部肌肉的工作量。直腿的仰卧起坐会加重背部的负担，容易对背部造成损害。根据自身腹肌的力量决定双手位置，因为双手越是靠近头部，进行仰卧起坐时便会越感吃力。

初学者可以把手靠于身体两侧，当适应了或体能改善后，便可以把手交叉贴于胸前，也可以尝试把手交叉放于身体另一侧的肩膀上。千万不要把双手的手指交叉放于头后面，以免用力时拉伤颈部的肌肉，而且会降低腹部肌肉的工作量。

第二章　山地搜救技术装备

古人云："工欲善其事，必先利其器。"山地搜救通常在山地户外环境中进行，救援行动涉及徒步、攀登、穿越、溯溪、露营等多种类型的山地户外运动项目，救援队员需要掌握各种山地户外装备、绳索技术装备的正确选择与运用，以及熟悉各类装备与器材的性能和正确操作方法、使用限制、维护保养及报废的基本原则。

科技的发展日新月异，装备器材更新换代也非常快速。本章介绍的山地搜救装备器材，不可能涵盖所有，属于通用的低海拔环境山地搜救基础装备与器材，不包含高海拔冰川、洞穴、溪降、水域等专项救援领域。本章主要介绍的山地搜救基础装备与器材有服装与营地类装备、绳索技术类装备、伤患保护及搬运类装备、搜索辅助工具类等，为救援队伍根据不同的救援等级、地域环境和季节选用装备器材提供参考。

第一节　个人基础装备

山地搜救行动的安全原则是首先保障救援队员自身安全，个人基础装备的配置都是以保障救援队员在行动中的安全和舒适为前提，同时考虑地域特点、季节和气候、个体差异等要素。

一、山地搜救服装

山地搜救服装与山地户外运动服装在面料、功能方面基本一致，都具有防撕耐磨的运动功能，防水、透气、干燥、保温、舒适的保护功能，以及颜色鲜艳的识别功能，如图 2-1 所示。

山地搜救队伍的服装主要分为作训服和救援服两类，由冲锋衣裤、抓绒衣裤、速干长裤、速干长袖衬衣、短袖 T 恤、短裤、登山鞋、遮阳帽、腰带等组成。常用颜色为红色、黄色、蓝色。

（一）山地搜救服装的特殊性

鉴于山地搜救工作的特殊性，其服装也有以下特殊性。

（1）规范性。山地搜救队伍统一服装，并有严格的着装规范要求，有利于

图2-1 山地搜救服装示例

保持队容严整、树立良好精神形象。各队伍应制定着装规范。

(2) 识别性。队员应根据要求佩戴队徽标志、铭牌、帽徽、臂章等,便于指挥管理;山地搜救工作环境复杂,尤其夜间行动较多,因此衣服上都有大面积发光条设计。

(3) 多功能性。有加挂对讲机、笔、指北针等的挂环或口袋设计。

(4) 安全性。结实耐磨、防刮擦,鞋底防滑并具备一定防穿刺功能。

(5) 运动性。服装要便于救援人员在行动中灵活地抬腿伸臂、屈肘屈膝。

(二) 服装与环境

(1) 选择服装前,首先要考虑人体的热量散失。人体通过新陈代谢产生热量,当人体感觉温暖时,意味着身体产生的热量大于或等于向周围环境中散失的热量。人体通过传导、对流、蒸发、辐射等途径散失热量(传导是指身体与其他物体接触的热量传导,特别是身体与地面;对流是指身体周围的空气对流以及人体呼吸时的内外气体交换;蒸发是指皮肤表面的汗水蒸发;辐射是指人体的红外热辐射)。此外,还需考虑风速、湿度、温度、风寒效应、个人体质、海拔高度等因素。例如,同一区域内海拔每上升1000 m,气温约下降6 ℃。

(2) 三层着装法。夏季适合穿着排汗速干材质的衣服,秋冬寒冷季节根据地域环境,一般采用内层排汗透气、中层保暖、外层防风防水的三层着装法,如防风保暖的软壳衣物和防雨防风的冲锋衣裤（硬壳）等。此外，人体肢体末端（手脚）和头部也需要特别保护，可配备帽子、手套、排汗速干的厚底徒步袜。帽子具有防晒、保暖、保护作用，需要注意的是寒冷天气人体热能大部分从头部丧失，保暖帽非常重要。多日救援行动时，服装应有备份并做好防水包装，以保障队员身体的干爽与舒适。

二、登山鞋

建议配备中高帮的登山鞋，有助于救援队员在山地长距离、地形复杂的救援行动中，安全、高效、舒适地行动，如图2-2所示。

图2-2 登山鞋

登山鞋的结构和功能如图2-3所示。

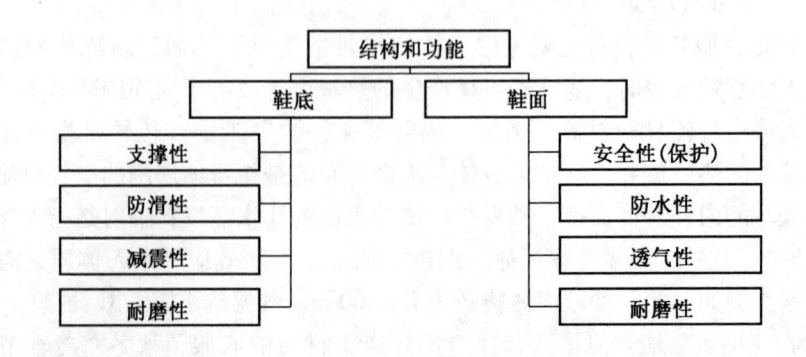

图2-3 登山鞋的结构和功能

三、装载类

背包种类繁多，容积根据携带的物资数量考虑。单日救援行动中，选用容量 25~40 L 的背包；多日（须露营）救援行动则需要 55~70 L。此外还需从负重原理方面考虑背包的舒适性、稳定性、重力传递性和贴合性。队员可根据个人习惯选配腰包、肩带挂包等配件，便于拿取手机、指北针等物品，如图 2-4 所示。

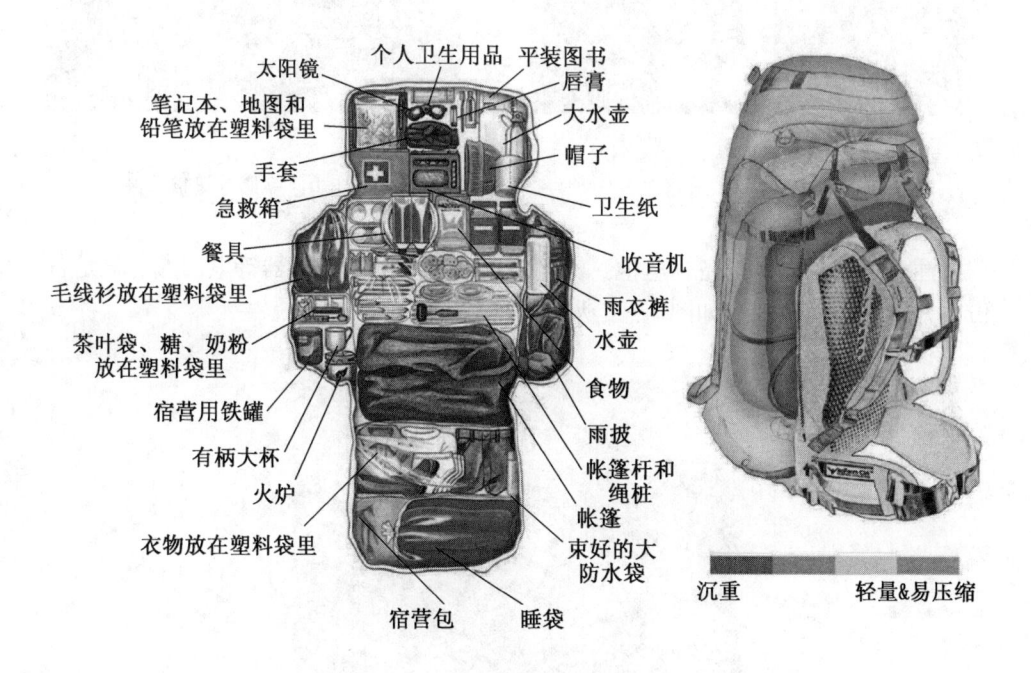

图 2-4　背包装填示例

个人急救包/应急求生包是每一名救援队员必须随身携带的重要物资，通常包含个人常用药品、救生毯、防水火柴/镁棒、高能压缩的应急食品等，如图 2-5 所示。

水袋、水壶、保温壶、食品储存袋、防水袋等装备可以根据救援等级、地理环境和天气状况、个体差异进行选择。

四、导航与通信类

导航与通信工具包括用于存放地图的防水地图袋、带透明底板和刻度转盘的指北针、对讲机、卫星电话、卫星导航仪、口哨等，如图 2-6 所示。

山 地 搜 救

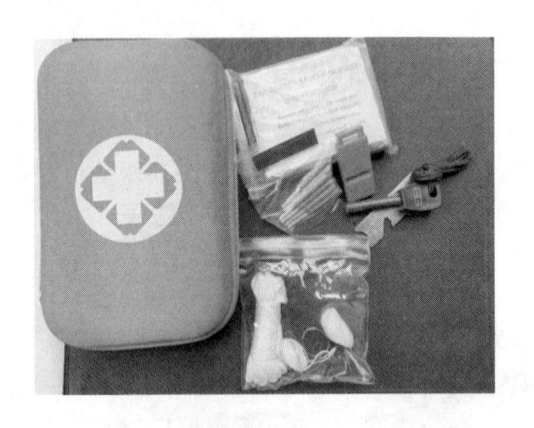

图2-5 急救包/应急求生包　　　　　图2-6 导航与通信工具

注意，使用电子设备，电池、充电宝、便携太阳能充电器等电源应有充足备份，并做好防水包装，如图2-7所示。

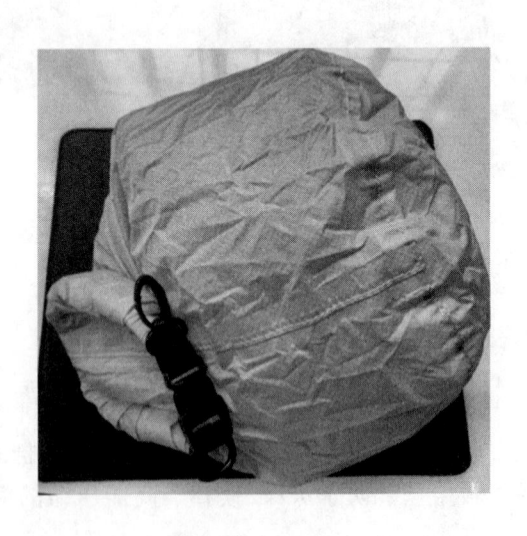

图2-7 防水袋

五、照明类

在任何救援行动中，头灯（图2-8）都是救援队员必备装备，并应与导航通信类装备一样，进行电源备份。选择时根据使用环境，考虑可调节的光束类型、照明性能（流明）、照明距离、照明时间、强度和防水级别等要点。

图 2-8 头灯

强光电筒是夜间搜索、远距离检测的重要工具。荧光棒、定位灯等可根据情况选配。

六、防护与工具类

登山杖有良好的支撑、平衡、缓冲作用，也是山地搜救队员必不可少的装备之一。使用登山杖能够减少膝盖磨损，保持平衡和稳定的同时保持行走节奏、提升力量，特殊情况下还可以用登山杖制作支架、担架。外锁型可调三折登山杖是较普遍的选择，如图 2-9 所示。

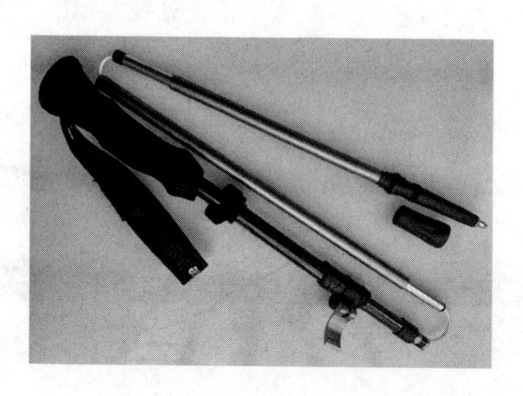

图 2-9 外锁三折登山杖

山 地 搜 救

个人常用的防护装备有保护关节的弹性护膝、护踝、护腕、护肘，也有用于长时间支撑、防碰撞的硬壳式护膝、护肘。护目镜、太阳眼镜、多功能小刀、纸笔都是个人必备装备，开山刀、兵工铲类工具根据救援行动进行选配。

第二节 营地装备

"兵马未动，粮草先行"，多日持续的救援行动通常需要在山区进行露营、野炊，除了救援队员个人装备外，还需考虑是否搭建临时指挥营帐。营地的规模、水源、电源、燃料、炊具、饮水食品等都需要后勤保障小组根据救援计划充分准备。

一、营帐类

较为通用的帐篷是三季帐篷（图2-10），选购时注意材质的防风防水级别、抗撕裂强度。需要救援队员在行动中自行背负的帐篷，应根据行动小组的人数、天气、地形合理安排，有条件的尽量选择轻量化，环境许可的情况下露营袋也是不错的选择。

根据不同的气温、营地地况、个体差异，从舒适性、保暖性、便利性方面选择睡袋和防潮垫，也要兼顾背包重量和收纳体积。睡袋选择合适的材质、重量、温标，睡垫主要考虑R值，见表2-1。

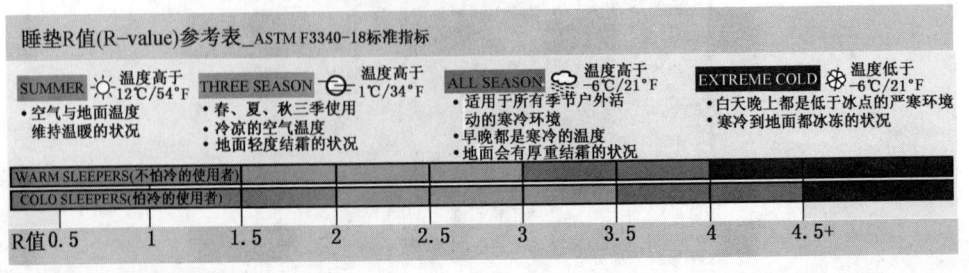

图2-10 三季帐篷

表2-1 睡垫R值参考表

睡垫R值(R-value)参考表 ASTM F3340-18标准指标				
SUMMER 温度高于 12℃/54°F · 空气与地面温度维持温暖的状况	THREE SEASON 温度高于 1℃/34°F · 春、夏、秋三季使用 · 冷凉的空气温度 · 地面轻度结霜的状况	ALL SEASON 温度高于 -6℃/21°F · 适用于所有季节户外活动的寒冷环境 · 早晚是寒冷的温度 · 地面会有厚重结霜的状况	EXTREME COLD 温度低于 -6℃/21°F · 白天晚上是低于冰点的严寒环境 · 寒冷到地面都冰冻的状况	
WARM SLEEPERS(不怕冷的使用者)				
COLD SLEEPERS(怕冷的使用者)				
R值 0.5	1　　1.5　　2　　2.5	3　　3.5	4	4.5+

注：参考EN 13537睡袋温标检测标准。

（1）最高温标（MAXIMUM）。在标准的测试环境下对"标准"的健康男性进行测算，在睡觉时部分身体没有被睡袋盖住，且不会出太多的汗。

（2）舒适温度（COMFORT）。在标准的测试环境下对处于放松状态的"标准"健康女性进行测算，其不会感到寒冷（全身发抖），而且整晚身体保持舒适感。

（3）限定温度（LIMIT）。在标准的测试环境下对蜷缩在睡袋里的"标准"健康男性进行测算，身体没有发抖，而且整晚能保持舒适感。

（4）极限低温（EXTREME）。在标准的测试环境下对"标准"的健康女性进行测算，当受到严寒天气的侵袭（全身发抖）时，出现体温过低，甚至死亡的威胁。极限温度属于理论范围，仅被视为难以达到的危险临界点。

作为指挥中心的临时营地，需具备防晒、防风、防雨或保暖功能，根据规模和地形环境，选择快速简易搭建的天幕或者大型的营地帐篷，可配备折叠桌椅，如图 2-11 所示。

图 2-11 指挥营帐

二、炊事类

便携轻量化的炉具、套锅、丙烷或丁烷气罐等装备可以为救援队员提供紧急热源，保障饮水和热食，如图 2-12 所示。

三、通信与照明类

通信与照明类主要包含对讲机、中继台、卫星电话、发电机、营地灯、探照灯等。

图 2-12　炉头、锅和气罐

第三节　绳索技术装备

山地搜救涉及多种攀登技术、绳索技术，所使用的装备也是种类繁多。合适的装备可以使人员降低或免受外部伤害，如防止高空坠物伤害和防高坠，常用于作业时的限位和自我保护；借助装备保护通过困难复杂地形，进行沿绳下降、上升、倾斜或水平移动，绳索转换、搬运或拖吊伤员等作业。本节只针对山地搜救常用的基础绳索技术装备进行介绍，部分运动攀登领域和工业领域的技术装备同样适用于山地搜救。需要注意的是，在运动攀登领域、工业领域、娱乐领域中，装备的术语和使用标准有所不同。

一、绳索的使用与管理

（一）绳索使用的安全原则

山地搜救是一项严谨的工作，装备直接关系到救援队员和被救对象的生命安全。装备的选用，前提是保障安全、高效、合理地完成救援工作，并考虑装备的耐用性、通用性、兼容性和经济性，在此基础上谨慎购买与使用，总体须遵循以下三条安全原则。

1. 合格的装备

目前我国应急救援领域关于绳索的标准正在逐步修订完善，在国际山地搜救领域使用的装备通常都要求具备欧盟 CE 认证或国际登山联合会（UIAA）的认证，随后介绍各类装备的技术参数时也以这两种标准为参考。常用的认证标准有如下几种。

（1）中华人民共和国国家标准。在 1994 年及之前发布的标准，以两位数字代表年份；从 1995 年开始发布的标准，标准编号后的年份，改以四位数字代表。

强制性国家标准的代号为"GB"，推荐性国家标准的代号为"GB/T"。可以通过国家标准文献共享服务平台查询。以 GB 39800.1—2020 为例，如图 2-13 所示，多数为工业环境下的认证标准，可供山地搜救使用时参考。

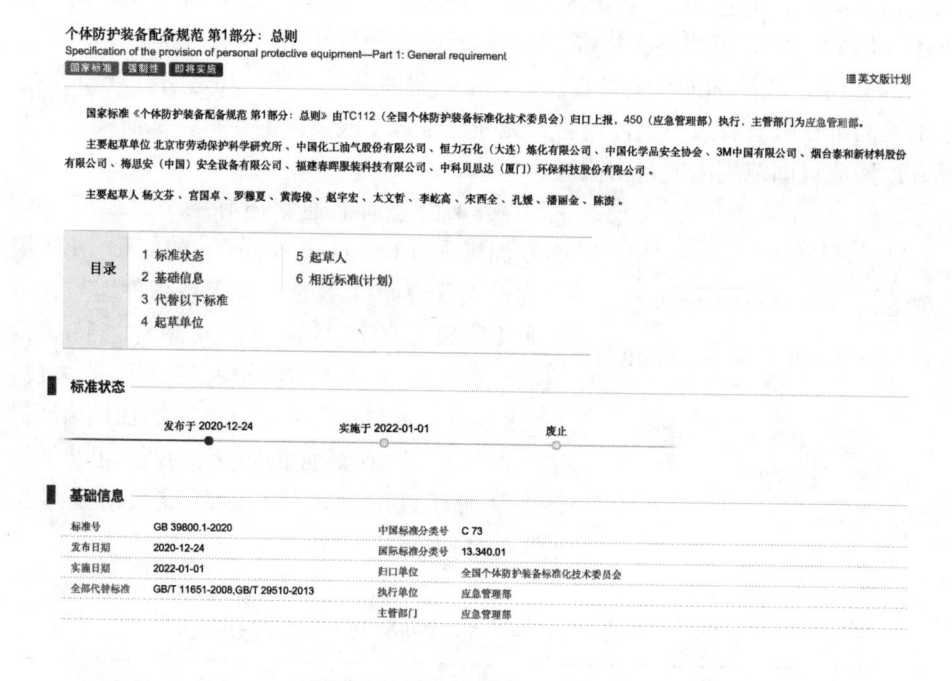

图 2-13　GB 39800.1—2020 查询

（2）3C。3C 的全称为中国强制性产品认证（China Compulsory Certification，CCC）。3C 是中国政府为保护消费者人身安全和国家安全、加强产品质量管理、依照法律法规实施的一种产品合格评定制度。

部分山地搜救装备具有以下 GB 或 3C 认证：《坠落防护装备安全使用规范》（GB/T 23468—2009）、《消防用防坠落装备》（GA 494—2004）、《消防用防坠落装备》（XF 494—2004，原标准编号 GA 494—2004）。

2020年消防救援领域的公共安全行业标准由公安部划转至应急管理部统一归口管理。调整后消防救援领域165项现行行业标准类别由公共安全行业标准调整为消防救援行业标准，代号由"GA"调整为"XF"，顺序号、年代号和内容保持不变。例如：

CCCF-XFZB-01 强制性产品认证实施规则——消防装备产品——消防员个人防护装备产品。

（3）UIAA。国际登山联合会（Union International Alpine Associations）是国际公认的为极限攀登和登山运动装备器材订立自愿性安全标准的组织。UIAA标识是指这项产品通过UIAA规定的测试，并达到UIAA所定的标准。某些测试标准中，UIAA比CE更严格，许多UIAA的标准也被逐步引入CE标准。

（4）CE。欧洲标准化委员会认证，是强制性安全认证，凡是贴有"CE"标志的产品可在欧盟各成员国内销售，无须符合每个成员国的要求，从而实现了商品在欧盟成员国范围内的自由流通。

在CE标志后面通常还有一个"EN"，EN是欧洲标准（European Norms）的简称。EN编号为进入欧盟系统下的装备产品品种编号，每一种EN编号的产品皆须依其品种之特质接受测试与检验。不妨这样理解：CE是法规，EN是标准，通过EN的测试，才能加贴CE标志。通过查询EN后面的数字，我们可以了解该产品所经过的测试过程及标准数值是多少（图2-14、表2-2）。

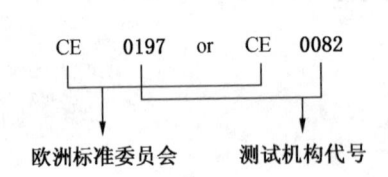

图2-14 装备上CE标识的解读

表2-2 常用个人保护装备（PPE）的EN认证标准

装备名称	认证标准	装备名称	认证标准
动力绳	EN 892	静力绳	EN 1891
扁带	EN 565	扁带环	EN 566、EN 795B
头盔	EN 397、EN 12492	安全带	EN 361、EN 813、EN 12277
铁锁	EN 362、EN 12275	下降器/保护器	EN 341、EN 12841
上升器	EN 12841、EN 567	动力挽索	EN 354、EN 358
滑轮	EN 12278	人工辅助制动保护器	EN 15151

CE 标记是用作标示某产品符合欧盟法规（EU）2016/425 要求的标志，所有第三类的个人保护装备都必须刻印上 CE 标志，并同时刻印上生产年份以及测试机构的机构代码。图 2-14 右侧的四位数字是测试机构代码，"0197"是代表德国的名为"Rheinland Product Safety GmbH"的测试机构。如果 CE 和 0197 中间还有两位数字，如"96"，是代表年份的，即 1996 年。常见的测试机构代码有：0197 德国，0120 英国，0123 德国，0082 法国，0426 意大利。

☞拓展知识

1. PPE

PPE 的全称为个人保护装备（Personal Protective Equipment）。CE 规定所有的 PPE 必须能够提供充分的保护，让使用者免于致命的危险；必须能够容易且舒适地穿戴，并与搭配使用的其他 PPE 兼容。

（1）Cat I（第一类）。防止轻微伤害：起到一些简单的防护，使用者在一般情况下都可以自行辨别。例如：手套、太阳镜，在不超过 50 ℃的情况下对使用者起保护作用。

（2）Cat II（第二类）。防止较重/严重伤害：功能设计相对复杂类产品，包括所有不属于一类和三类且在法规覆盖范围内的 PPE 产品，例如头盔（带有绝缘性能的头盔除外，它属于第三类）。

（3）Cat III（第三类）。防止致命伤害：为了避免使用者在工作过程中出现生命危险时无法及时采取保护措施的情况，最常见的防止使用者从高空坠落的个人保护装备就属于这一类。例如安全带等。

大部分用于山地搜救的绳索技术装备均属于 PPE 第三类，根据欧盟法规 2016/425，所有第三类个人保护装备（Cat III PPE）均需独立附有一份技术说明，将以下各项说清楚：①使用说明、保存方式、维护方法；②技术检验方式；③与其他装备产品的兼容性；④使用限制；⑤寿命。

2. NFPA

NFPA 的全称为美国消防协会（National Fire Protection Association），其制定了电气、防火及各种与绳索救援相关的规范、标准、推荐操作规程、手册，每个标准由一个专门的委员会管理。如 NFPA 1983 为紧急救援服务时使用的绳索和装备的制造商标准。

3. UL

UL 为美国一家独立的产品安全认证机构，UL 安全试验所是世界上从事安全试验和鉴定工作的较大的民间机构。

4. ANSI

ANSI 的全称为美国国家标准学会（American National Standards Institute），它本身不制定标准，只负责监督和委派其他机构制定标准，同时协调美国联邦政府和民间的标准系统，指导全国标准化活动。ANSI 遵循自愿性、公开性、透明性、协商一致性原则。

5. EAC

即海关联盟 EAC 认证，又称 CU – TR 认证，是由俄罗斯、白俄罗斯、哈萨克斯坦、吉尔吉斯斯坦和亚美尼亚五国联合推出的互认制度认证。

使用任何装备前，应仔细阅读说明书，如图 2 – 15 所示，并对照实物了解装备的相关检测认证（图 2 – 16）和性能参数说明（图 2 – 17）。

无论是通过哪一类标准认证的绳索技术装备，都有严格的测试标准，目前市面上出现了不少假冒伪劣的技术装备，既没有经过必要的测试，也没有通过任何正规的认证，甚至没有采用符合标准的材料和制造工艺，使用中很可能因装备失效造成人身伤害。在选购装备时，一定要通过正规渠道购买，选择合格的装备，如图 2 – 17 所示。图 2 – 18 为假冒的成型扁带环，其上标注的 EN 362 为锁扣认证。

2. 正确的操作

即使是合格的装备，也不能未经训练就随意使用，还需要具备熟练、正确的操作能力。装备操作错误所引发的严重受伤甚至死亡，通常源自对装备的不了解和误用。因此，使用任何技术装备前，首先需要认真阅读装备说明书，熟悉装备的各项技术参数和操作指南，确保装备安全地在正确的位置上使用；其次必须在教练的指导下进行专业训练，并在平时定期进行操作训练，包括：正确地使用装备、规范地进行技术操作、合理有效地进行技术训练以及使用后正确地维护保养、检测、存放装备等。

（1）认识装备标识上的"kN"。这是力的国际制计量单位，中文通常读为"千牛""千牛顿"。装备上都会用 kN 来标识它的各项承重参数，k 代表"千"，N 代表"牛顿"（简称牛）。按规定应使用小写 k，即 kN，如图 2 – 18 所示，其上"KN"标识也为错误。

为方便计算，将加速度调整为 10 m/s^2（误差少于 2%），则 1 kN 约相当于质量为 100 千克的物体受到的重力，即 1 kN = 1000 牛顿 ≈ 100 千克力。

（2）了解装备的安全系数。救援中受到的力有推、拉力，以及因地心引力而产生的重力，因此在救援行动中，使用每一件技术装备前，都需要仔细阅读说明书，对装备安全负荷进行评估：①MBS：装备的最小破断负荷。但真正作业

第二章　山地搜救技术装备

图例		EN 认证标准	
		登山设备：	
CE	CE标志,确定设备符合PPE 89/686/CEE指令	EN 564	辅绳
		EN 565	扁带
0333	产品经过标准测试的机构代码	EN 566	扁带环(扁带,辅绳或主绳)
		EN 567	抓绳器
HOT FORGED	热锻造	EN 568	冰上锚点
		EN 569	岩钉
apave	CE认证实验室	EN 892	登山动力绳
		EN 893	冰爪
UIAA	UIAA标志，表示设备符合UIAA标准	EN 958	铁道式攀登上使用的势能吸收器
		EN 959	岩壁锚点(挂片，灌胶锚点等)
	设备质量，单位克	EN 12270	岩石塞
	Ø开门->最大的开门直径(mm)	EN 12275	锁扣——多用途连接盘 种类B：基本锁扣 种类H：HMS锁扣 种类K：铁道式攀登锁扣 种类D：导向性锁扣 种类A：特殊锚点型锁扣 种类Q：丝扣门锁扣(快速连接锁) 种类X：O型锁扣
	防钩挂锁鼻系统		
ACL	ACL系统(防止横向受力)，使用钢丝门设计	EN 12276	摩擦型锚点(机械塞等)
		EN 12277	安全带
		EN 12278	滑轮
	特殊阳极氧化硬处理	EN 12492	登山头盔
<kN ^ kN v kN	锁扣纵轴关门，横轴关门和纵轴开门保证的最小断裂强度	EN 13089	冰上工具——冰镐 种类1：用于雪地或冰 种类2：用于岩石,雪地或冰
kN kN kN	滑轮断裂强度，根据滑轮的个数均匀受力	EN 15151-2	手动上锁设备 种类2：无摩擦调节的保护设备 种类4：有摩擦调节的保护设备
		工业类装备：	
	自润滑滑轮轴	EN 795	保护从高处坠落的锚点设备
	使用四个或两个滚珠轴承	EN 362:2004	锁扣 Class B：基本锁扣 Class A：锚点锁扣 Class T：终点锁扣 Class M：多用途锁扣 Class Q：丝扣门锁扣
	腰带尺寸(a)和腿环尺寸(b)(cm)	EN 1891	低延展夹心绳
		EN 12841 B	绳索作业上升设备

图2-15　装备说明书示例

59

山 地 搜 救

图 2-16 装备认证标识

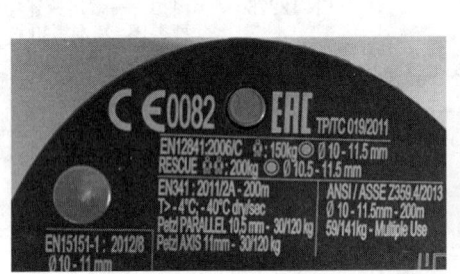

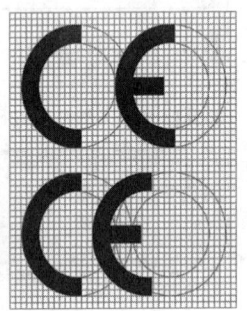

图 2-17 装备上的认证标识、参数说明和真假 CE 标识（上为正确，下为假冒）

图 2-18 错误标识的假冒 CE 认证扁带

60

时，操作者绝对不可使用最小破断负荷的承受力，否则作业时产生的各种推拉力、坠落冲击力等，都可能导致实际负荷超过最小破断负荷，而使装备失效。②DF：设计系数。DF 是装备制造商定义的最大工作负荷，例如主锁的 DF 定为 4，是为确保主锁在使用中不出现严重材料疲劳，保持正常弹性形变。③WLL：装备的工作负荷。在通用的绳索救援过程中，执行承重操作时，装备承担负荷会产生弹性疲劳，以及使用中的各种磨损、冲击力等，系统的最低破断负荷必须为可承受力的一定倍数，这个倍数称为"安全因子"。目前我们借鉴欧洲绳索体系所采用的安全因子，即织物类装备 10∶1，金属类装备 5∶1。例如：11 mm 直径的静力绳，MBS：30 kN，WLL = 3 kN；主锁，MBS：25 kN，WLL = 5 kN。

根据 UIAA 的测试标准，在使用装备时可以据此推算救援负重，从而测算出装备的负荷是否足够，见表 2 - 3。

表 2 - 3　UIAA 关于救援负重的参考测试标准

救援负重的大小	质　量	力　量
1 人	80 kg	800 N(0.8 kN)
1 抢救员 1 伤者 担架及装备	80 + 80 + 40 = 200 kg	2000 N(2.0 kN)
2 抢救员 1 伤者 担架及装备	160 + 80 + 40 = 280 kg	2800 N(2.8 kN)

3. 丰富的经验

无论是运动攀登还是山地搜救，没有一种装备适合于所有状况，要根据实际运用场景选择和增减装备。救援队员应不断地积累攀登、保护、系统架设、安全评估等各方面的实践经验，并有针对性地培养对可能发生的任何危险情形的预见性及判断力，培养在不同的救援环境中、在保障安全的前提下，能够灵活使用各种技术装备和执行技术操作的能力。

（二）绳索分类

（1）按材质分类：织物类、金属类、其他类。

（2）按使用主体分类：个人类、团队类。

（3）按用途分类：防环境伤害类（例如护目镜、头盔）、防坠落类（例如安全带）、工作限位类（例如牛尾）、位移类（例如下降器、上升器）、锚点类

（例如扁带、挂片）、团队救援技术类（例如滑轮）等。

多数制造商会采用不同颜色对同一类装备进行尺寸或性能的区分，在救援行动中颜色也便于救援队员快速识别、取用装备。

（三）绳索的检查、保养、维护与报废的通用原则

使用装备的救援队员以及从事装备管理的后勤人员，都必须掌握装备的保养与维护知识：①认真阅读说明书；②不外借、不借用；③不买二手货；④爱惜使用、轻拿轻放；⑤妥善存放、认真保养；⑥使用前、后检查；⑦从购买之日起做好使用记录并建档；⑧装备过期、严重损耗丧失安全性能后及时报废处理。

1. 织物类

（1）记录装备的制造日期、购买日期、合格规范标记、使用情况，自出厂之日起妥善存放且从未使用的织物类装备保质期为 10 年左右。

（2）外观上检查：有无明显的切口、高温老化、颜色明显改变、化学品腐蚀等迹象。

（3）是否有异常硬/软的部分，有明显损坏的部分。

（4）检查承重的缝合处是否有脱线、切口、变形或磨损的痕迹。

（5）避免踩踏或用作坐垫，避免装备在锋利或粗糙的物体上切割、摩擦。

（6）避免可能造成摩擦融化的操作，例如高速下降、造成织物间切割的动态连接。

（7）不使用时，储存在阴凉、干燥、通风的环境，避免阳光直射和热源。

（8）避免与酸性、碱性和其他具腐蚀性的化学品接触。

（9）如需清洗，用清水（水温 30 ℃以下）或不含有害物质的清洁剂（酸碱度 5.5~8.5），不可使用高压水枪冲洗，并在远离阳光和热源的地方自然风干。

2. 金属类

（1）检查装备主体是否有磨损（1 mm 深度范围内）、破裂、腐蚀、生锈现象。

（2）检查装备配件的弹簧、铆钉、咬齿、挂钩或手柄等是否有磨损，能否正常打开、闭合。

（3）检查上锁系统、套筒、凸轮能否正常打开、闭合。

（4）检查可能发生摩擦的部件是否变形或磨损严重。

（5）使用后及时清理泥沙、油性污垢，在海水中使用后应及时用清水冲洗。

（6）使用清水清洗，不能使用高压水枪，用软布擦拭后在远离阳光和热源的地方自然风干。

（7）可使用专业除锈润滑剂，并用软布清洁油渣，同时应避免润滑剂接触织物部分。

（8）装备发生过一次严重的坠落或碰撞后应退出使用，后期检测安全性能后酌情报废处理。

（9）装备横切面的磨损超过 1/4 应报废处理。

（10）需要做标记时，可以在装备序列号旁框架上使用电子雕刻笔（深度小于 0.1 mm）或油漆笔标记，不要标记在装备的工作区域或塑料部件上，且不得遮盖住装备的原始出厂标记。

二、绳索

对于山地搜救而言，绳索的正确运用与否，足以影响到自身、队友和被拯救者的生命安全。不是每一次山地搜救行动都会用到绳索，而一旦使用，绳索堪称救援中的"生命线"。

（一）绳索的用途与发展

1. 主要用途

绳索是生命之所系，山地搜救行动中在高空作业、通过复杂地形时都存在坠落的风险。在攀登、下降、水平位移、拖吊伤员等高空操作时，绳索与我们进行连接并起到保护、吸收冲击力等作用。

2. 发展

绳索的发展与运用可以简单总结为从绞绳、螺旋绳到夹芯编织绳的变迁。登山运动发展早期，登山绳多由天然纤维制成，通常是大麻、马尼拉麻、西沙尔麻，将它们捆成三到四小捆然后拧在一起或彼此缠绕后成为绳索，大多属于静力绳（低延展性）并且质地很脆弱。

1930 年美国塞拉（Sierra）俱乐部研制出较高延展性的动力绳，大大降低了冲坠对攀登者带来的冲击力，使攀登者可以不断地挑战极限，绳索在攀登中的重要程度得以提升。第二次世界大战结束后，天然纤维短缺伴随着人造聚酰胺纤维（尼龙）的出现，革新了制造绳索的材料。三股尼龙绳重量轻、强度大，增大延展性的同时还能大大减少冲击力。

1951 年德国爱德瑞德（Edelrid）公司首次生产出夹芯编织绳。在外表皮的保护下，内芯来承载大部分力量，最终演变成如今通用的攀登编织绳（也称夹芯绳）。此后，广大制造商研发出性能多样的产品，使得攀登绳在拉力、弹性、摩擦力、使用舒适度等各个方面性能不断提升。

由于欧洲是技术攀登的发源地，其攀登器材的安全标准制定较为严格完整，因此世界各国大多遵循欧洲标准。欧盟标准规定工程及救援机构一律使用编织绳，编织绳是目前唯一通过 CE 和 UIAA 的检验并予以认证的绳索。下面重点介绍夹芯编织绳。

（二）夹芯编织绳的结构、常用材质与特点

1. 结构

现在使用的夹芯编织绳都采用高强度尼龙纤维制成的芯鞘结构，由绳皮（绳鞘）和绳芯组成，如图2-19所示。不同制造商生产的绳索采用不同的编织工艺。绳芯纤维经过致密处理后，环绕扭绞成多股绳芯，主要作用是承重和吸收冲坠力量；制造绳芯的同时，机器同步用绳皮把绳芯有序编织包裹起来。绳皮约占绳索重量的1/3，主要作用是保护绳芯，同时也起到耐磨和提供一定强度的作用。不同的绳皮编织方式有着不同的抗摩擦力和柔软度，它的厚度和绕圈数决定了绳索的抗磨损和耐久力。

图2-19 绳皮（绳鞘）和绳芯结构

不同制造商的绳索会在内芯加一条生产年份标识带，在绳头部分有出厂标志，如图2-20所示。

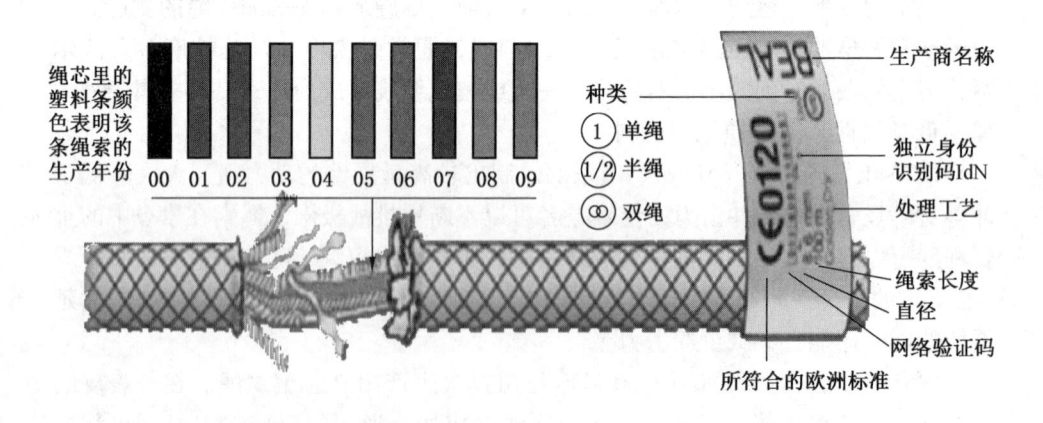

图2-20 绳索标识带范例

2. 常用材质和特点

织物类产品有多种材质，通常采用6号和6.6号两种尼龙材料制造编织绳。6.6号尼龙比6号尼龙要硬12%，根据不同的材质和设计，对强度、弹性和耐用性做出不同的分配。依照绳索的弹性和材质，常区分为动力绳和静力绳（也称为低延展性绳），见表2-4。

表2-4 织物类产品常用材质对比

名 称	英 文 名	商品名或俗称	特 点	应用
聚酰胺	Polyamide	锦纶、尼龙	强度、弹性	绳索、扁带
聚酯纤维	Polyester	涤纶	抗紫外线、成本低	绳皮
聚苯二甲酰苯二胺	Aramid	芳纶、凯芙拉	耐磨、耐高温、耐辐射、腐蚀	绳皮
聚对苯撑乙烯	Poly – phenylene vinylene	PPV	比重小	漂浮绳绳皮
超高分子量聚乙烯	High – modulus polyethylene	迪尼玛 大力玛	强度、耐磨、轻量、熔点低	辅绳、扁带

6号尼龙的分子构成使其具有很好的弹性和延展性，是制造动力绳的主要材料；6.6号尼龙具有特殊的耐高温性和很强的拉力，常用于制造静力绳。其他救援领域使用的防火绳、漂浮绳等在此不做介绍。

（三）绳索分类

1. 主绳

1）动力绳（图2-21）

（1）用途。通过延展缓冲吸收大量的冲击能量，减少保护系统受到的冲击力，从而防止攀登者受伤。多为可能会产生冲坠的各种攀登活动提供动态保护。

（2）应符合CE EN 892认证标准，UIAA有时会多一项"锋利边缘切割测试"，检测标准见表2-5。

表2-5 检 测 标 准

监控数值	单绳	双绳	对绳
表皮滑动率	≤20 mm	≤20 mm	≤20 mm
静态延展性	≤10% *	≤12% *	≤12% **
动态延展性	≤40% +	≤40% ***	≤40% ++
首次冲坠	≤12 kN+	≤8 kN***	≤12 kN++
冲坠次数	≥5+	≥5***	≥12++

备注：* 单股测试；** 双股测试；*** 单股测试，负荷55 kg；+ 单股测试，负荷80 kg；++ 双股测试，负荷80 kg。

图2-21 动力绳

（3）类别。动力绳按照用途不同分为单绳、半绳和对绳，如图2-22所示。

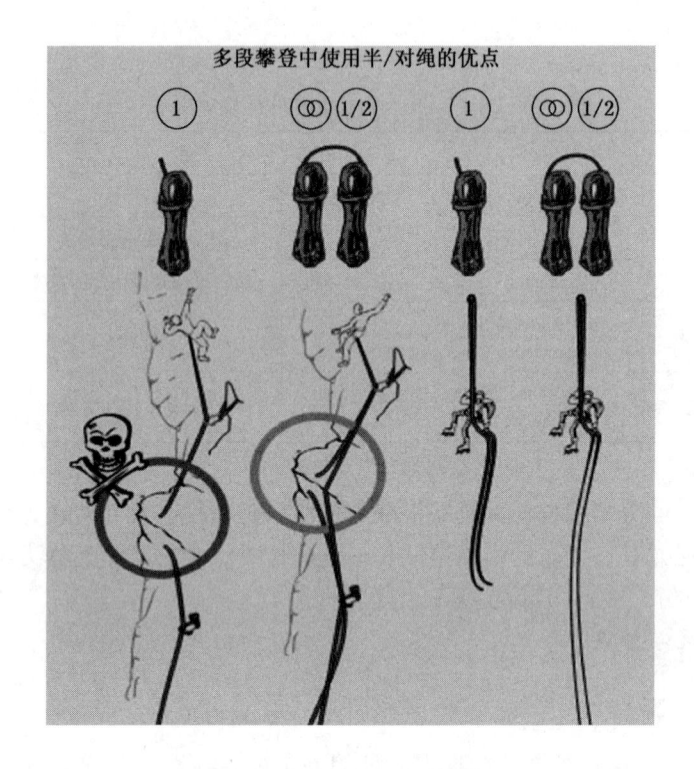

图2-22 动力绳的分类和用途

①单绳：标识①，常用直径9~11 mm，一般长度为50 m、60 m，用于可能发生冲坠的攀登，山地搜救中常用于制作牛尾绳。②半绳：标识1/2，常用直径8~9 mm，常用于较复杂环境的攀登，必须两根同时使用，两根绳可轮流挂入不同保护点。③双绳：标识∞，直径7~8 mm，也称对绳，任何情况下必须两根同时使用且同时挂入每个保护点。

☞拓展知识

冲坠系数（Fall factor）

冲坠系数是衡量冲坠严重程度的指标。冲坠系数=坠落距离/有效绳长。在攀登者体重、绳索性能和其他条件相同的前提下，冲坠系数越大，攀登者受到的冲击力就越大。

冲坠系数示例如图 2-23 所示：左图坠落距离 5 m,有效的保护绳长为 2.5 m,冲坠系数 =2;右图坠落距离 5 m,有效的保护绳长为 5 m,冲坠系数 =1。

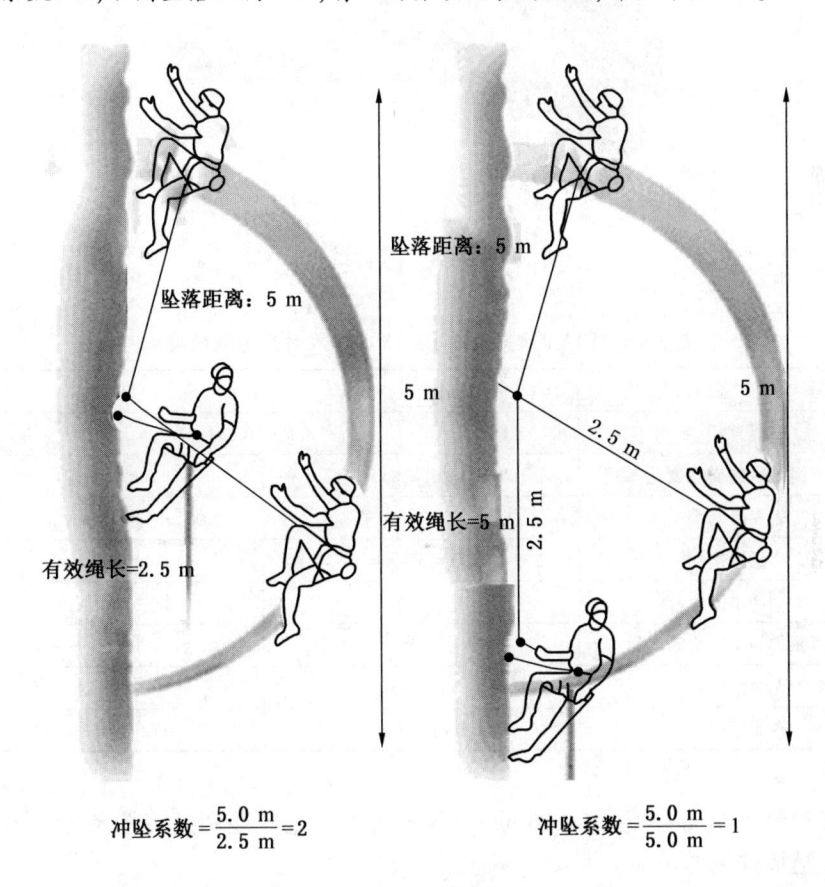

$$冲坠系数 = \frac{5.0 \text{ m}}{2.5 \text{ m}} = 2 \qquad 冲坠系数 = \frac{5.0 \text{ m}}{5.0 \text{ m}} = 1$$

图 2-23　冲坠系数示例

冲坠系数只是一个理论上的参考值，还需考虑攀登过程中每个保护点之间的摩擦力、绳索的延展性、保护器和绳结吸收的冲击力等因素。

2) 静力绳（图 2-24）

(1) 用途。用于无冲坠状态下的操作，如山地搜救中的下降、上升、绳桥、吊运系统等。

(2) 应符合 CE EN 1891 A 类认证标准，UIAA 有时会多一项"锋利边缘切割测试"，见表 2-6。

图 2-24 静力绳

表 2-6 UIAA 所采纳的 EN 1891 标准对静力绳的要求

监控数值	A 类绳	B 类绳
绳直径	8.5～16 mm	
打绳结后的直径变化	≤1.2 倍	≤1.2 倍
表皮滑动率	≤40 mm	≤15 mm
延展性	≤5%	≤5%
冲击力	≤6 kN	≤6 kN
坠落系数为 1 的坠落次数	≥5	≥5
无绳结拉力	≥22 kN	≥18 kN
有绳结拉力	≥15 kN（3 min）	≥12 kN（3 min）

A 类静力绳直径是 10～16 mm，从耐磨性、兼容性和经济性考虑，10.5～11 mm 是最常见的选择。

可尽量选择鲜艳、便于识别和区分功能的不同颜色绳索搭建吊运系统，如图 2-25 所示。

静力绳的静态延展性远低于动力绳。由于采用 6.6 号尼龙制造的普通静力绳熔点约为 230 ℃，制造商推荐的使用温度为 80～120 ℃，使用中须避免高温操作以及快速下降。

2. 辅绳

（1）用途。除主绳之外，绳索技术中使用到的辅助绳，有介于动力绳和静力绳之间的缓冲性能，通常用来制作保护站、抓结绳套、备份保护点等。

（2）应符合 CE EN 564 认证标准，见表 2-7。

第二章 山地搜救技术装备

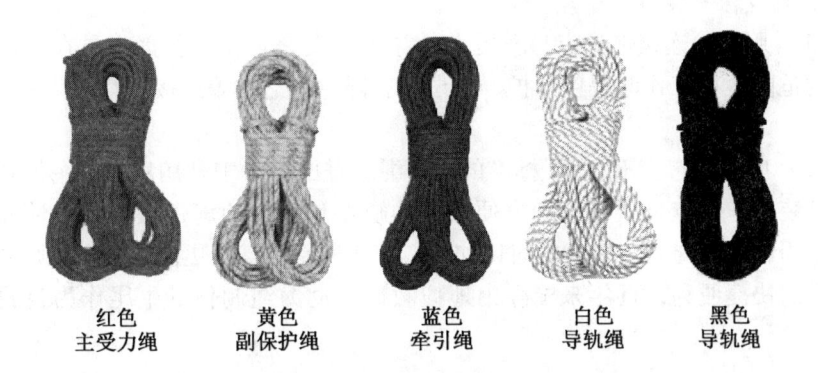

图2-25 吊运系统中不同颜色的绳索

红色 主受力绳　黄色 副保护绳　蓝色 牵引绳　白色 导轨绳　黑色 导轨绳

表2-7 UIAA所采纳的EN 564标准对辅绳的要求

直径/mm	4	5	6	7	8
MBS/kN	3.2	5	7.2	9.8	12.8

山地搜救与工业救援的一大区别在于需要装备轻量化，抓结绳套作为临时辅助保护器在山地搜救中广泛运用。通常用6~7 mm或6~8 mm绳径的辅绳，也可选择机器缝合的芳纶纤维材质的耐高温辅绳，如图2-26所示。

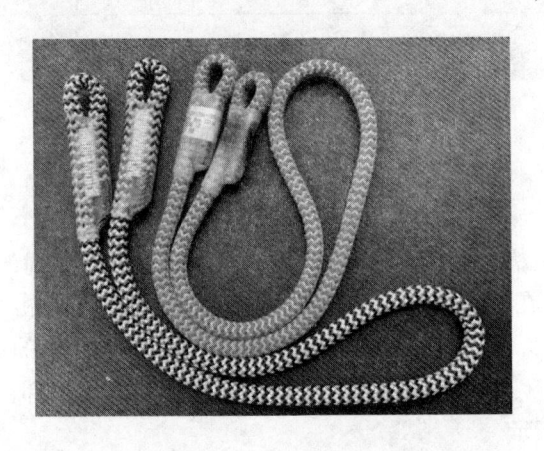

图2-26 机器缝合的耐高温辅绳

69

3. 自我保护装备：牛尾/挽索

（1）用途。连接保护点与救援人员穿着的安全带，为救援人员在可能发生坠落的危险区域工作时提供保护、定位、有限空间活动等连接，有双臂便于切换使用。

（2）应采用符合 EN 892 标准的动力绳。登山攀岩中常用扁带或菊绳作为自我保护装备，优点是质量轻和方便快捷，缺点是常用的扁带缺乏延展性和缓冲性。使用扁带环与动力挽索的对比如图 2-27 所示。基于更高的安全准则和操作时转换的快捷便利，近年来国际山地搜救通用动力绳制作的牛尾作为自我保护装备。

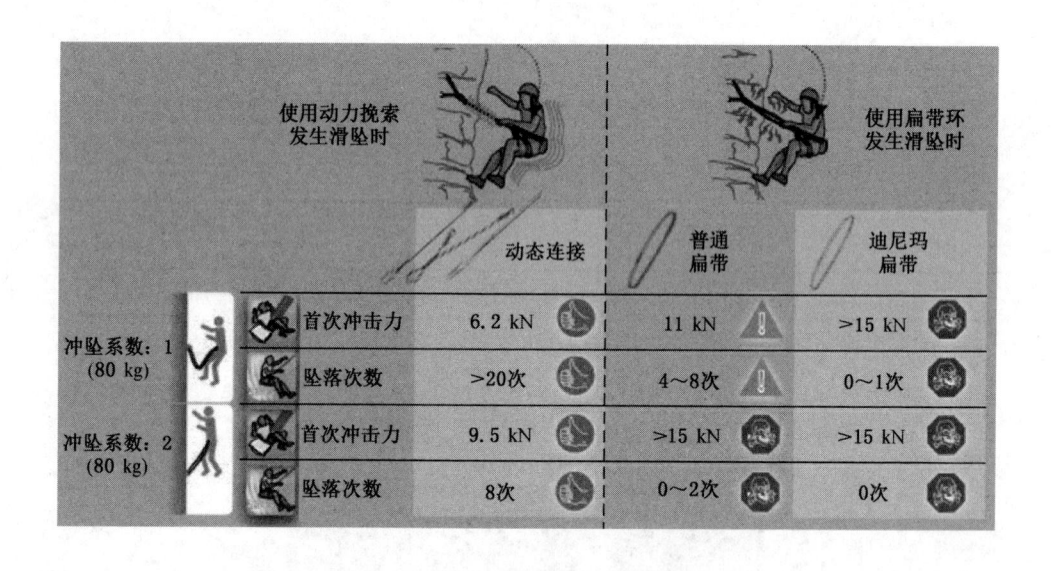

		使用动力挽索发生滑坠时		使用扁带环发生滑坠时	
		动态连接	普通扁带	迪尼玛扁带	
冲坠系数：1 (80 kg)	首次冲击力	6.2 kN	11 kN	>15 kN	
	坠落次数	>20次	4~8次	0~1次	
冲坠系数：2 (80 kg)	首次冲击力	9.5 kN	>15 kN	>15 kN	
	坠落次数	8次	0~2次	0次	

图 2-27　动力绳与扁带的冲坠对比

动力绳通常是整个攀登保护系统的核心。UIAA 对动力绳的测试标准是：一个 80 kg 的攀爬者在冲坠系数为 2 时脱落，对自身所产生的冲击力不得超过 12 kN（人体的受力极限，实验表明人体可以在短时间内承受 6 kN 的冲击力），使用中谨记"高挂低用"，即牛尾挂入的保护点最佳高度是高于肩部，最低不得低于腰部，如图 2-28 所示。

（3）常用类别和特点。通常用双臂牛尾，两端一长一短，有固定长度和可调节长度、手工打结自制和机械缝合终端牛尾等类别。

图 2-28 牛尾挂入保护点的高度示意

自制双臂牛尾：山地搜救中较为常用的是手工打结自制双臂牛尾（图 2-29），用 9.8~10.5 mm 直径，2.5 m 左右长度的动力绳（具备 EN 892 认证）通过双 8 字结/双股单结连接在安全带的攀登环上，再分别用桶结连接主锁，以进行自我保护。自制双臂牛尾价格便宜、使用灵活，但是打结后的静态断裂测试一般只有 15 kN 左右。自制双臂牛尾的长度，可以根据使用者的身高、臂展、柔韧度，及运用环境灵活调节，通常两端之间长度相差 10 cm 左右，打好后进行受力测试并收紧，长端加主锁的长度约到自己额头位置，短端加主锁的长度约到自己下巴位置。

机械缝合终端牛尾：通常采用 11 mm 的动力绳，两端缝合并加以塑胶保护，符合 EN 358 或 EN 354 标准，静态拉力要求至少达到 15 kN，甚至 22 kN。有 1 m、2 m、3 m 等长度，使用方便。可调节牛尾分单臂可调节和双臂可调节两类，可通过绳上预装的金属调节器快速进行长度调节，缺点是重量大、价格贵，如图 2-30 所示。

图 2-29　自制双臂牛尾　　　图 2-30　单臂可调节牛尾

（4）牛尾使用注意事项。在每次使用前，应检查自制牛尾绳结是否松动、绳头长度是否足够；多数厂商生产的机器缝合终端牛尾，都特别说明只能用于冲坠系数低于 1 的活动，不能作为止坠装备［特指双绳技术（DRT）操作时连接止坠器使用］；使用时，应避免牛尾受力状态下与其他织物类装备相互缠绕切割，避免在锋利粗糙物体上摩擦；使用中发生过一次坠落后，应立即更换新的牛尾，避免后续使用中发生危险；保养维护相关注意事项与动力绳和主锁一致。

（5）特殊用途。势能吸收挽索符合 EN 355、EN 362 标准，如图 2-31 所示。此类挽索配合止坠器组成的防坠落保护系统在工业救援中被广泛运用，在山地搜救中仅在一些特殊环境下运用双绳技术（DRT）时才会使用。使用注意事

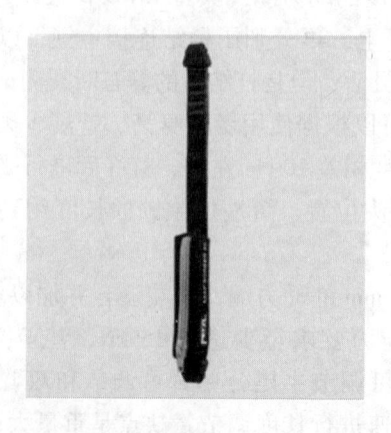

图 2-31　势能吸收挽索

项如下：①势能吸收挽索（包括主锁）长度一般不得超过 2 m；②避免防坠落系统可能产生冲坠系数大于 1 的情况；③避免使用者在坠落时发生撞击；④计算使用者的确定点下方净空距离，避免坠落时撞击地面（不同制造商的挽索具体参数不同，使用前请认真阅读说明书）；⑤发生坠落或挽索的势能吸收包撕裂后，应及时报废更换。

（四）绳索管理

绳索的检查、保养维护与报废，适用前文织物类装备的通用原则，此外需要注意以下几点。

（1）使用前检查。通称"理绳"，徒手仔细检查绳芯是否粗细均匀、柔软度适中，无鼓包，没有明显变硬或变软的地方，绳子表皮有无破损，如图 2-32 所示。

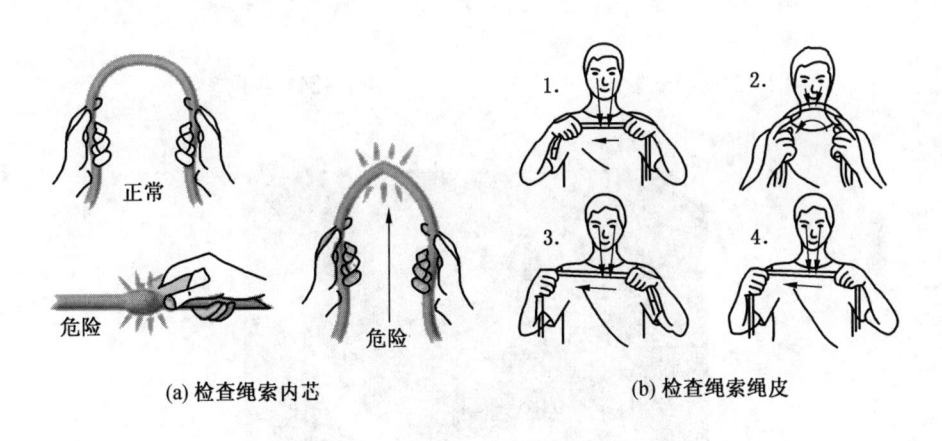

(a) 检查绳索内芯　　(b) 检查绳索绳皮

图 2-32　检查绳索内芯和绳皮

（2）使用中。携带：常用理绳装绳包背负、盘绳背负等方式。保护：使用绳索时放置在绳包、绳框中或垫布上，使用护绳架（图 2-33）、护绳套（图 2-34）、垫布（图 2-35）等进行锋利边缘保护。

（3）使用后存放。解开所有的绳结并散开存放于阴凉、干燥、通风处，避免潮湿和热源。

（4）记录。购买时间、每次使用时间、使用频率等；自行裁剪过的每一段绳索，都应在绳头进行标记，包括类型、直径、购买日期等信息。

（5）使用寿命。绳索的寿命＝第一次使用前的存储时间加上它的使用时间。工作寿命根据使用的频率和方式来计算，磨损、紫外线辐射、潮湿等因素都会损伤绳索。绳索最大寿命可以参考表 2-8。

山 地 搜 救

图 2-33 护绳架　　　　　　图 2-34 护绳套

图 2-35 垫布

表 2-8　欧洲体系的绳索最大寿命

最大寿命	使 用 频 率	最大寿命	使 用 频 率
10 年	永不使用	3 年	经常使用，例如每月几次
7 年	偶尔使用，例如一年一次或两次	1 年	频繁、定期地使用，例如每周一次
5 年	较常使用，例如每月一次	不超过 1 年	不断地使用，例如每天

注：适当的使用、存储和护理下。

（6）报废。符合以下情况之一都应该报废：①承受过几次冲坠系数接近于2的冲坠；②经过野蛮使用，如拖拉重物、汽车；③被落石、落物击中并有明显伤痕；④表皮明显破损；⑤使用者严重怀疑绳索的安全性能。

三、扁带

（一）主要用途

（1）在保护系统中作软性连接，通常与人工或自然锚点直接连接后经主锁连接形成保护点。

（2）连接担架和提吊系统。

（3）替代胸升带和脚踏带，携带装备等。

（二）材质

常用6.6尼龙、芳纶纤维/凯夫拉（Kevlar）、迪尼玛（Dyreema）等三类纤维材质编织而成。

（三）结构与分类

1. 扁带结构

（1）管式扁带（图2-36）：也叫中空式扁带，质地轻软细、易打结，适合运动攀登，通常只做EN 566标准认证，宽度为0.8~2.6 cm。

（2）平板式扁带（图2-37）：传统的编织方式，质地较硬，在工业和救援环境大量应用，除EN 566标准外还会做EN 795 B标准（工业锚点类，多了一项坠落测试），常用宽度为1.3~5 cm。

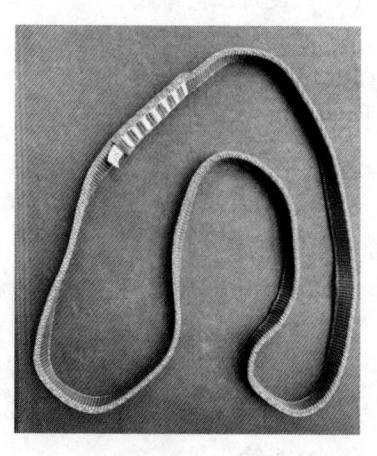

图2-36 管式扁带　　图2-37 机器缝制的平板式扁带

2. 扁带分类

（1）机械缝制的扁带：用特殊工艺直接将扁带缝合成型，拉力达 22 kN 及以上，强度大、安全性高，长度一般为 30 cm、60 cm、120 cm、150 cm、180 cm。

（2）手工打结的扁带环（图 2-38）：符合 CE EN 565 标准，截取一定长度的散装扁带，用水结将扁带头连接后成型（扁带头须留 5 cm 以上长度），拉力很难达到 20 kN，但价格便宜，长度灵活，在山地搜救中用途广泛。

（3）特殊用途的高强度锚点扁带（图 2-39）：机器缝合，两端带有大小不同的金属环，常用作树木攀爬的锚点使用。

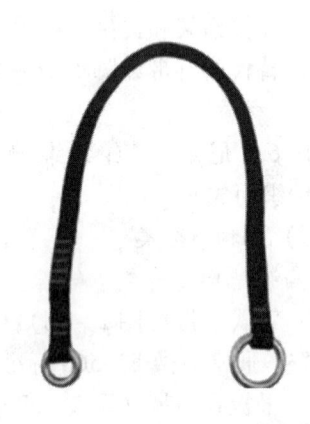

图 2-38　手工打结的扁带环　　　图 2-39　特殊用途的高强度锚点扁带

（四）使用注意事项

（1）受力状态下的扁带，打结处或缝合处不得与任何外物直接接触，以免因摩擦致使其破损（已有厂商在缝合处增加了塑胶保护膜，或采用创新编织技术制作出无缝合线的扁带圈，符合 CE EN 354 标准）。

（2）扁带使用时最好保持自然下垂的形态，避免互相打结、缠绕等。

（3）扁带使用时，须避免与其他织物类装备如主绳、其他扁带、牛尾直接连接或产生切割。

（4）扁带使用时，不得与金属挂片直接连接，不得代替牛尾使用。

（5）保养、维护与报废：与绳索等织物类装备一样。

四、安全带

（一）用途

（1）为救援队员和保护系统/绳索之间提供舒适、安全的固定连接。

第二章　山地搜救技术装备

（2）在绳索作业时提供防坠落保护。
（3）用于转移被救人员。
（4）携带装备等。

（二）材质

织物部分为尼龙，内衬海绵；配件部分为不锈钢、铝合金、塑胶等。

（三）分类

按承重受力点不同分为以下两类。

（1）全身式安全带（图2-40）。承重受力点在胸前，重心稳定，多用于工业领域、高空拓展等项目，但重量较大、穿着不便。

（2）半身式安全带（坐式安全带）。具有"五环"结构（图2-41），承重受力点在腰间，多用于登山、攀冰、攀岩等，穿着舒适、方便，最常用。坐式安全带又分为多种类型：按调节方式可分为不可调式、半可调式、全可调式；按反扣方式可分为自动反扣式和手动反扣式（反扣后腰带长度至少留有8 cm，避免坠落时安全带松脱）；按运用项目不同可分为攀岩用、登山用、场地拓展用、洞穴用、溯溪用、工业用等类型。

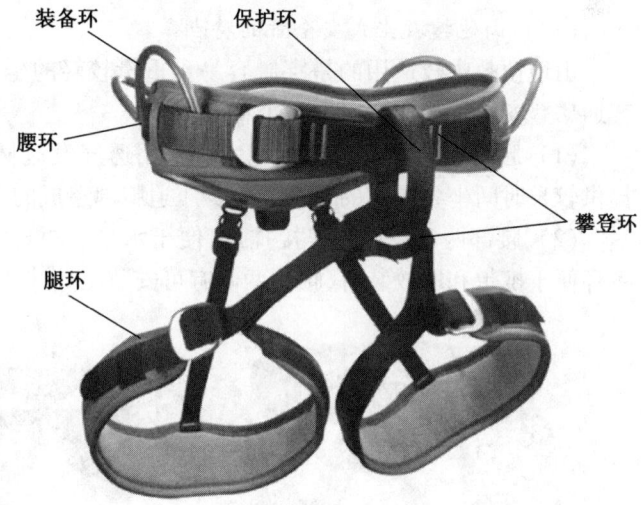

图2-40　全身式安全带　　图2-41　半身式安全带结构

安全带的负荷测试标准中，全身式安全带多了一项"倒栽葱"测试（图2-42），坐式安全带没有这项（图2-43）。

77

山 地 搜 救

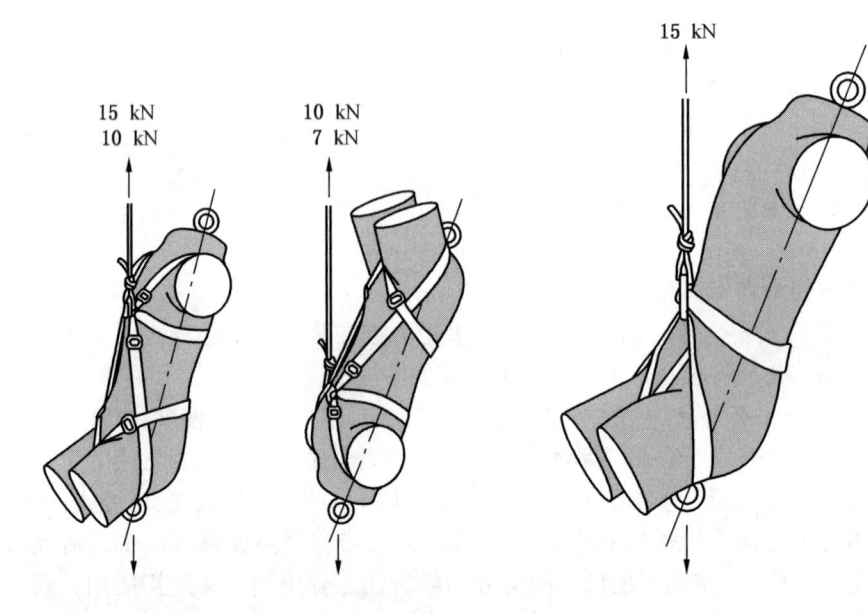

图2-42 全身式安全带的负荷强度标准　　图2-43 坐式安全带的负荷强度标准

（四）山地搜救坐式安全带的特点

山地搜救中较适用的是穿脱容易、重量较轻的坐式安全带（图2-44），与普通攀登安全带相比有以下两个特点。

(1) 腰环、腿环设计更为宽大、采用透气发泡材料的衬垫更柔软舒适，能提供较长时间坐姿操作的支撑，减少压迫腿部造成的血液循环减弱的影响。

(2) 腰部两侧设计有连接挂点，便于水平支撑作业时的限位；一般有4个装备环便于携带和取放装备，腰环两侧有可安装工具挂架的凹槽，如图2-45所示。

图2-44 山地搜救坐式安全带　　图2-45 安全带的腰部两侧连接挂点

（五）坐式安全带与胸式安全带的组合

在山地搜救的某些场景，为了提高效率、增加胸部承重挂点、提高身体稳定性和支撑性，可以采用胸式安全带与坐式安全带组合的方式。胸式安全带有预装载胸式上升器（图2-46）和无预装胸式上升器（图2-47）两种类型，通常符合 CE EN 361(3)、EN 12841 type B 认证标准。

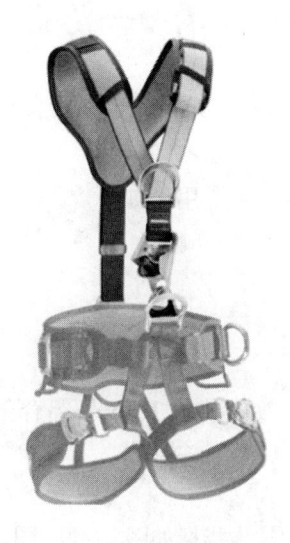

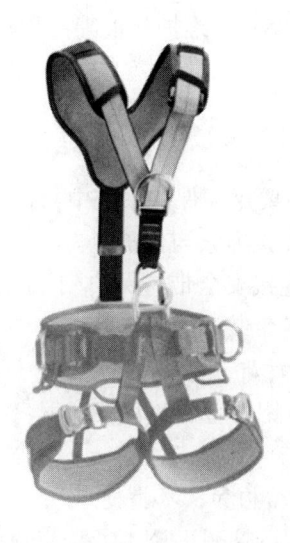

图2-46 预装胸升的胸式安全带　　图2-47 无胸升的胸式安全带

（六）使用注意事项

（1）在可能发生冲坠的攀登活动中，动力绳应同时连接在攀登环的上下两个连接环上，每次攀登前须仔细检查绳结，如图2-48所示。

（2）保护环不可用于连接防坠落系统（势能吸收挽索和止坠器）。

（3）根据个人体型选择合适的号码，穿好后需松紧适度。

（4）穿戴时必须分清上下、里外、左右，不颠倒、扭曲。

（5）须穿在衣服的最外层，操作时不得有任何遮掩。

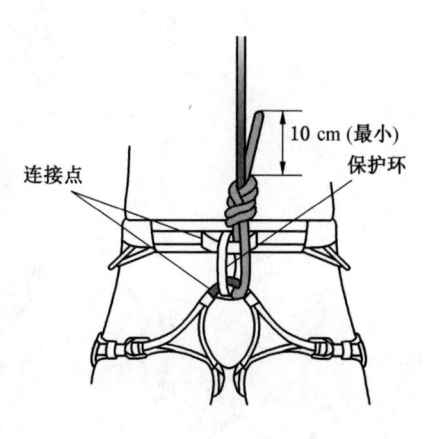

图2-48 装备在安全带上的连接

（6）穿好后，腰环需系在胯骨上方位置。

（7）在进行任何操作前如攀登、下降等必须再一次检查穿戴是否安全规范。

（8）操作过程中不能解开或调节安全带。

（9）装备环不能用于保护、下降等任何受力操作（装备环承重 5~10 kg，以具体装备说明书为准）。

（10）保养、维护与报废：与其他织物类装备一样。

五、主锁

（一）用途

主锁主要用在保护系统中，作为刚性连接，主要用途如下。

（1）连接绳索与保护点。

（2）连接安全带与保护/下降器。

（3）携带装备器材等。

（二）材质

主要有铝合金、镀锌碳素钢、不锈钢，多数主锁为 7075 号铝合金（又称兹克铝合金）。

（三）结构和技术指标

符合 CE EN 362/EN 12275 认证标准，结构和技术指标如图 2-49、图 2-50 所示。

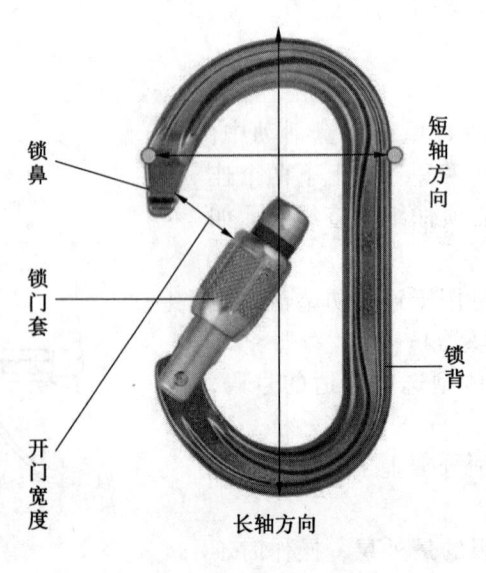

图 2-49 主锁的结构

第二章　山地搜救技术装备

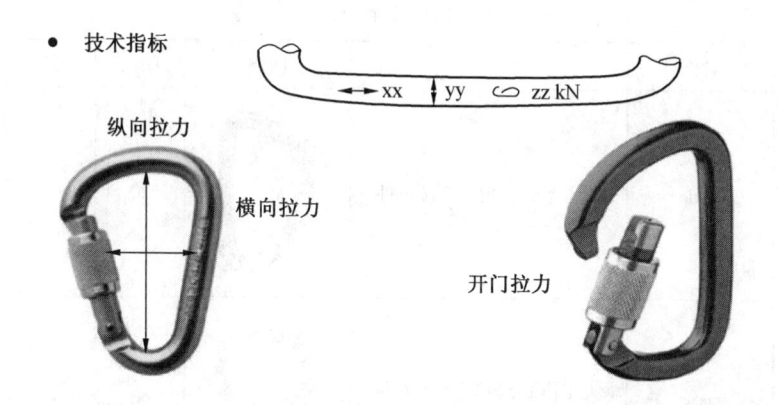

- 技术指标

图2-50　主锁的技术指标

（四）分类
1. 按型号分类
主锁的型号如图2-51所示。

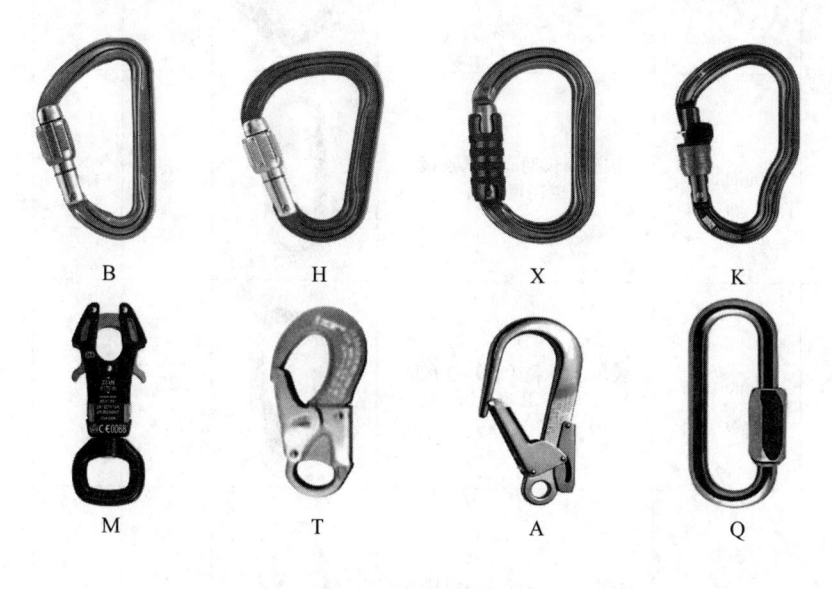

B　　H　　X　　K

M　　T　　A　　Q

图2-51　主锁的型号

各种型号的主锁及其技术参数对照见表2-9。

81

山 地 搜 救

表2-9 各型号主锁的技术参数

型号	名称	说明	图例	闭门	开门	横向
B	Basic	基本型锁，用作系统组件		20	7	7
H	HMS	大工作面，可用于意大利半扣下降及保护		20	6	7
X	Oval	椭圆，对称形状，俗称O形锁		18	5	7
Q	Quicklink	快速，长期或永久连接，锁门可受力		25	—	10
K	Klettersteig	缆用，与索（缆）连接的B型		25	8	7
A	Anchor	挂点，与横梁等特定挂点连接		20	7	—

表 2-9（续）

型号	名称	说　明	图例	闭门	开门	横向
T	Termination	绳端，只能按预定方向使用		20	7	—
M	Multi-use	多用途，置于轴状系统用于系统组件		20	7	—

山地搜救常用 H 型、B 型（D 形）和 X 型（O 形），一般要求达到以下技术标准：纵向拉力大于 20 kN，开门拉力大于 6 kN，横向拉力大于 7 kN。

（1）H 型：又称梨形，适用于意大利半扣操作，尺寸大，开口方便，能悬挂更多装备。

（2）B 型（D 形）：导向性能好，能提供良好的主轴受力位置，有优秀的拉力与重量比例，适合连接器械。

（3）X 型：又称 O 形，其对称形状用于固定工具（滑轮，绳索手柄，制动止坠器等）位置，是搭建滑轮组倍力系统的最佳主锁。

2. 按锁门构造分类

按锁门构造不同分为简易锁、主锁（丝扣锁和自动锁）。虽然简易锁（俗称"快挂"）在使用时更方便快捷，但在山地搜救中，基于风险管控，凡是用于承重的都建议使用可锁定锁门的丝扣锁和自动锁。上锁方式有螺旋丝扣手动上锁、两段式或三段式自动上锁等多种设计（图 2-52），不同制造商的锁门设计丰富多样、各具特色，可以根据使用环境和技术操作类别、个人习惯等进行选择。特别注意的是，Q 型锁（又称梅陇锁）通常为不锈钢材质，需要使用扳手锁定。

3. 特殊用途的锁

除上述常用类型的主锁，装备厂商还设计出各类具有特殊用途的主锁，为绳索技术提供高效、便捷的操作，例如以下四类。

山　地　搜　救

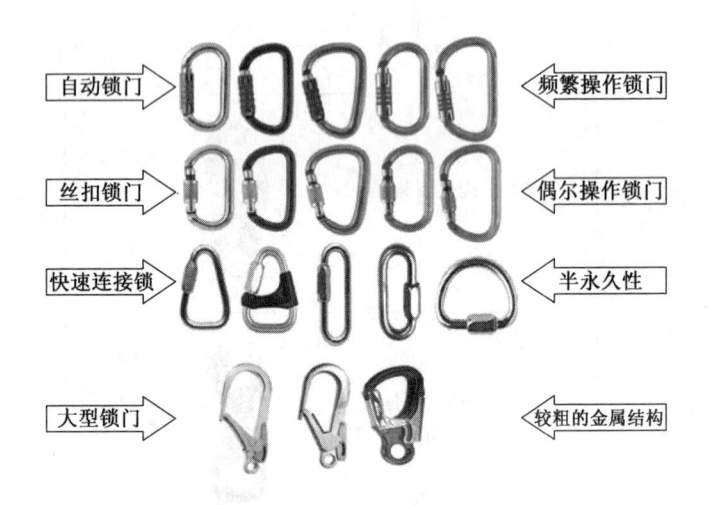

图2-52　锁门的选择参考

（1）半圆形连接锁（图2-53），三面轴心都可受力，常用于同时连接安全带上两个需要用主锁相连的连接环，或用于可能发生三向受力的连接。

（2）带滑轮的主锁（图2-54），顶部采用滑轮设计，减少与绳索的摩擦，兼具滑轮与主锁的功能。

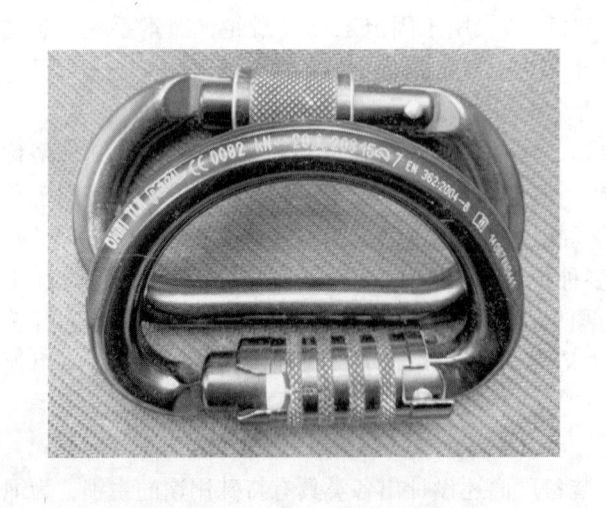

图2-53　可三向受力的半圆形连接锁　　　　图2-54　带滑轮的主锁

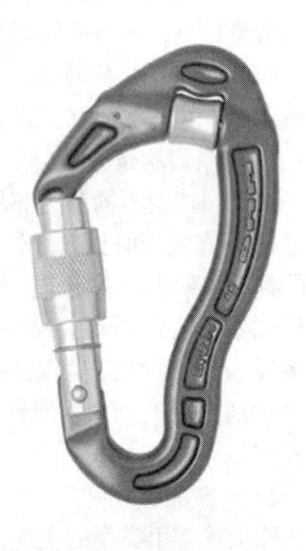

（3）闭合圆锁（图2-55），可任意角度、多方向受力，常用于连接使用。

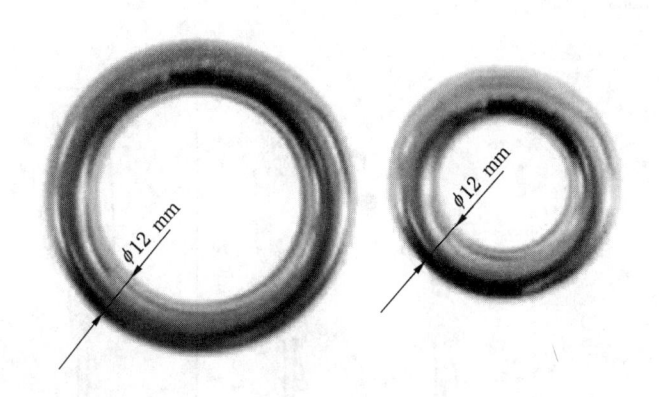

图2-55　可任何方向受力的闭合圆锁

（4）带万向节的主锁（图2-56），兼具主锁与万向节的功能，可避免因旋转而发生的缠绕。

（五）使用注意事项

（1）保证主锁在使用中呈纵向受力（图2-57），受力后不得与岩石、硬物撞击，要合理选择连接位置。

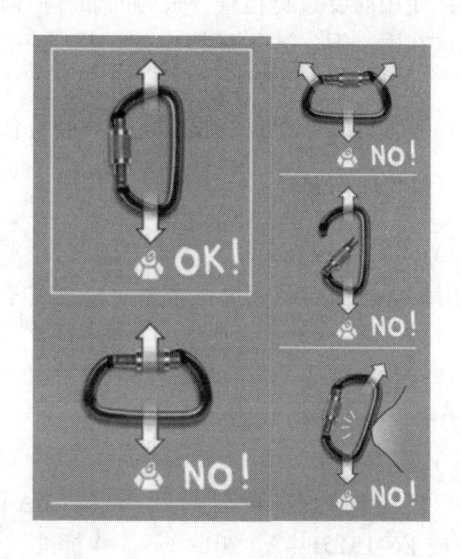

图2-56　带万向节的主锁　　图2-57　主锁应保持纵向受力

（2）丝扣锁的丝扣在使用过程中需要拧紧，锁门开口方向应朝下，因为震动会导致丝扣锁锁门打开，如图 2-58 所示。

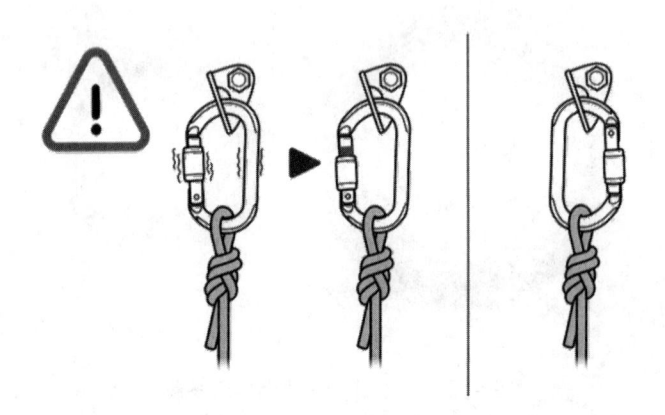

图 2-58　丝扣锁的锁门朝向

（3）使用过程中，要经常检查主锁的位置和锁门。
（4）锁门开口一侧要避免与绳索制动端接触。
（5）使用中妥善佩戴，避免从高空坠落。
（6）使用后要进行检查，长时间储存后需要进行清洁。
（7）在雨、泥、冰雪环境中使用后，一定要及时检查、清理，尤其要清理锁门。
（8）其他保养、维护、报废与金属类装备通用原则一致。

六、下降保护器

（一）工作原理及用途

利用装备器械与绳索进行摩擦而减速以停止滑动，从而达到减速下降或制停的目的。

（二）材质

铝合金、不锈钢、塑胶等。

（三）常用类别

（1）板状下降保护器（图 2-59）。UIAA 要求符合 CE EN 15151-2：2012 type-2 或 EN 15151-2：2012 type-4 标准，最常用的就是俗称"8 字环"的板状下降保护器（图 2-59），使用时需要手动辅助才能进行锁定（图 2-60）。

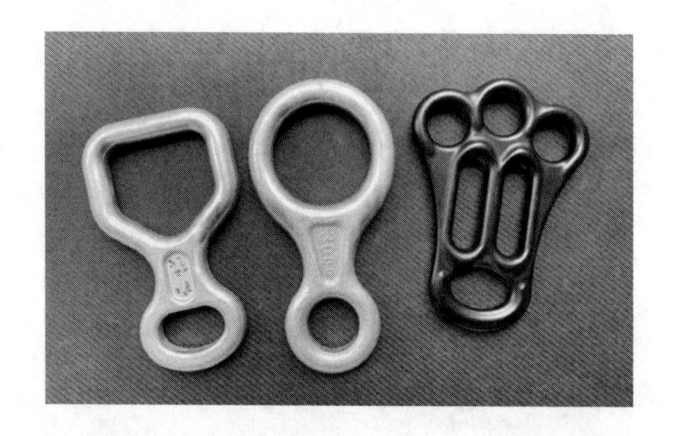

图2-59　常见板状下降保护器

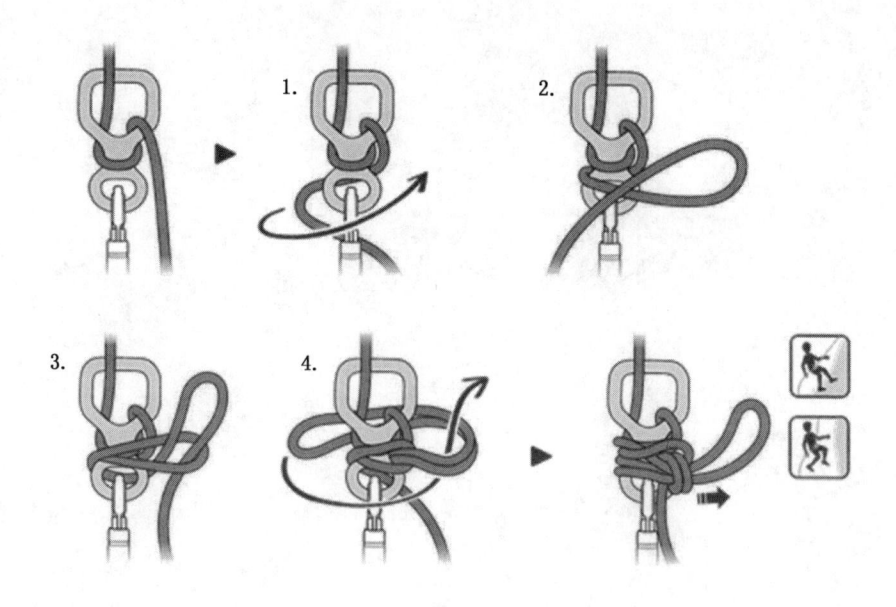

图2-60　板状下降保护器的锁定方法

（2）管状下降保护器（图2-61）。UIAA要求符合CE EN 15151-2：2012 type-2 或 EN 15151-2：2012 type-4 标准，使用时需要手动辅助才能进行锁定（图2-62）。

87

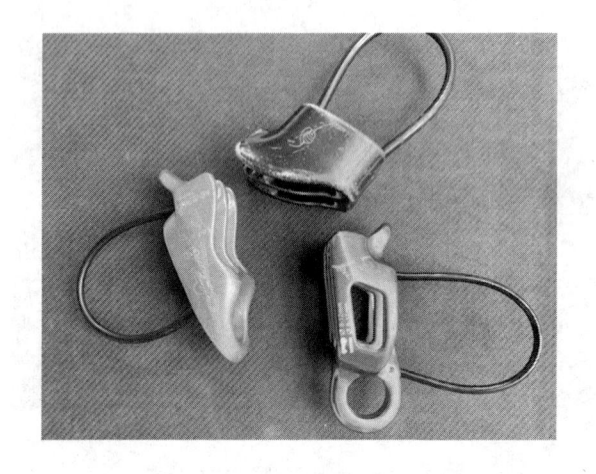

图 2-61 常见管状下降保护器

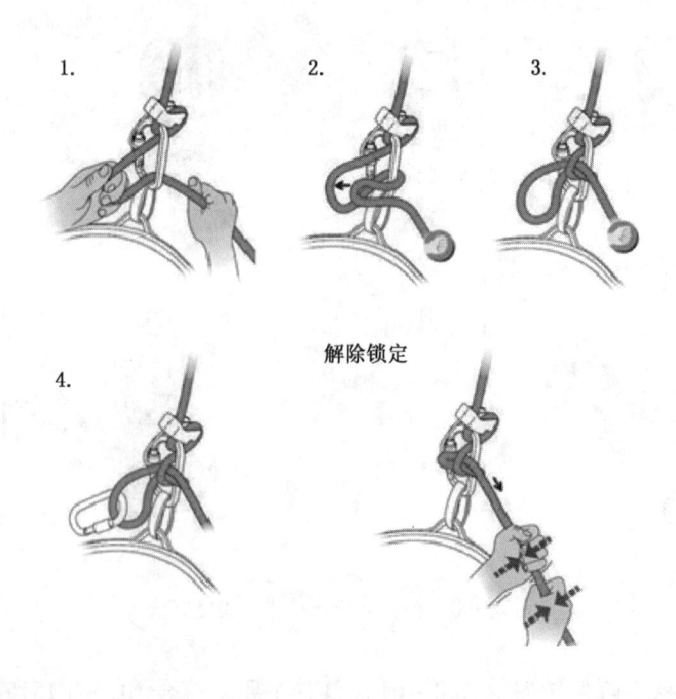

图 2-62 管状下降保护器的锁定方法

（3）凸轮挤压类自动制停下降保护器（图2-63）。符合 CE EN 341/2A - EN 12841/C、EN 15151-2：2012 type-2 或 NFPA 1983 Technical Use 标准。

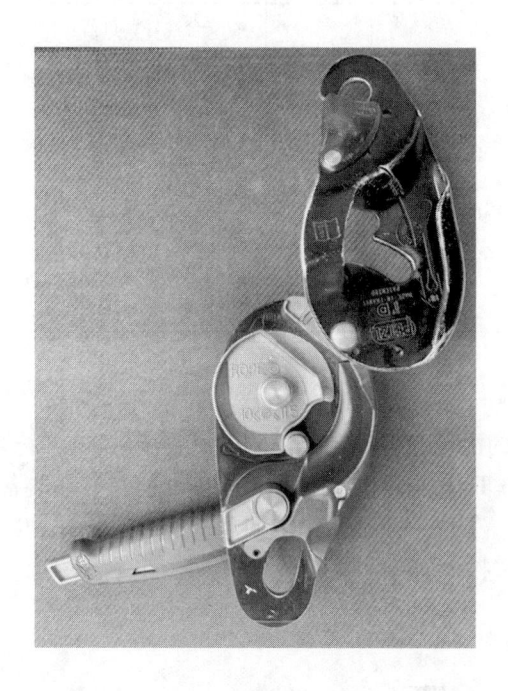

图2-63　常见凸轮挤压类自动制停下降保护器

在山地搜救中用到只具备单一下降功能的装备情况非常少，因此本节只介绍兼具下降和保护两种功能的装备。众多制造商设计生产的各式器材，在功能、适用场景、造型等方面各有优势，归纳对比见表2-10。

表2-10　板状、管状和凸轮挤压类下降保护器性能对比

类别	工作原理	运用场景	优点	缺点/局限性
板状	摩擦	• 救援队员短距离下降操作 • 通过特殊地形或攀登保护队友 • 配合抓结、主锁、滑轮等装备架设简易倍力系统等	• 操作简单 • 通用性强 • 便于携带 • 可用于单股绳和双股绳操作 • 价格低廉 • 维护保养简单	• 使用板状器材时易绞绳 • 操作中距离太近时，手套、头发、衣服等极易绞入器材 • 保护过程中不能自锁 • 需要制动手具有较大的握力
管状				

表 2-10（续）

类别	工作原理	运用场景	优点	缺点/局限性
凸轮挤压类	中轴凸轮挤压加摩擦	• 在各种救援系统中作为锚点使用（架设保护系统、架设提吊系统等） • 长距离下降操作 • 配合上升器进行沿绳短距离上升转换下降操作等	• 安全性好，负荷较大 • 操作方便省力 • 多具有自动制停或辅助制停功能 • 多具有防错装、防恐慌功能 • 保护时省力 • 较长的单次最大下降距离（100 m 及以上） • 较大的最大下降负重（150~200 kg）	• 体积和自重大 • 只能用于单股绳操作 • 对适用绳径要求严格（通常为 10~11 mm） • 须双手同时控制 • 下降速度过快、发热，易损坏绳皮（建议最大下降速度 <2 m/s）

（四）特殊类型

具有变向滑轮的滑轮式自动制停下降器（图 2-64），符合 CE EN 341 type 2 class A、NFPA 1983 Technical Use 和 EAC 认证，能与其他装备快速组成机械增益系统，可以在保护、下放、提吊系统中使用，简单易操作，缺点是自重较大、价格较高。

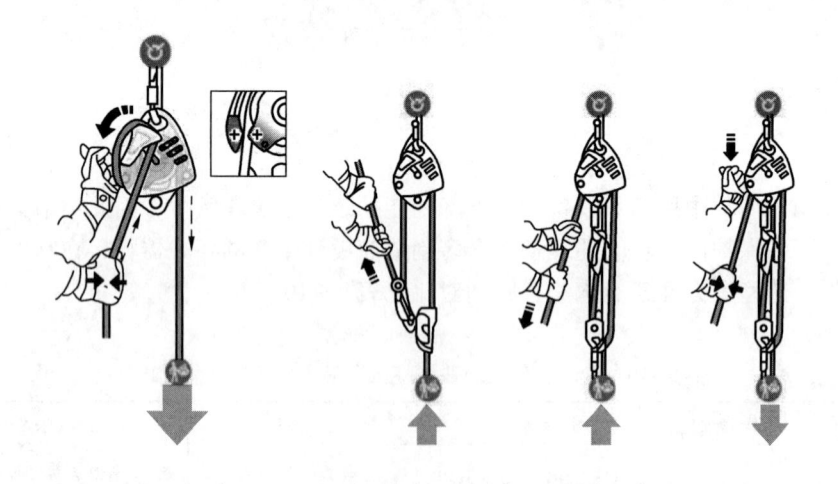

图 2-64 滑轮式自动制停下降器

（五）使用注意事项

（1）用于救援（带人）时建议使用符合 CE EN 341 class A 类标准的具备自动或辅助制停功能的装备。

第二章　山地搜救技术装备

（2）板状与管状下降保护器在长距离下降中（通常指超过 20 m），因重力、速度等因素，绳索会变得不好控制（抓握不住），建议配合抓结使用。

（3）下降保护器由于摩擦原理迅速升温，因此在操作过程中和操作完毕不要徒手触摸，以免烫伤。

（4）凸轮挤压类装备在使用后，应及时清理器材上的砂石，尤其是凸轮、咬齿、手柄等重要部件。

（5）使用前后，检查装备上有无裂纹、严重磨损或腐蚀的痕迹，侧板有无变形，活动轴和手柄是否可以灵活返回，如出现以上问题，应更换配件或进行报废处理。

（6）其他保养、维护与报废原则与金属类装备相同。

七、机械上升器

上升器是装在固定绳索上单向锁定、朝另一个方向则可以自由滑动的装置的统称。最简单的上升器就是用辅绳制作的抓结绳圈；轻便易携的简易金属上升器常用于登山（图 2 - 65）；应用最广泛的是结构较为复杂的机械上升器（图 2 - 66）。如果事先知道需要沿绳上升，最好使用机械上升器，在戴手套时更容易抓握，也能够有效锁住绳索。下面主要介绍机械上升器。

图 2 - 65　简易上升器　　　图 2 - 66　机械上升器

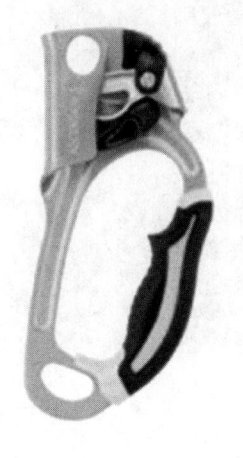

（一）用途

（1）与其他配件组合为绳索上升系统，供救援人员在高空作业时沿绳上升。

（2）与其他装备配合使用，架设倍力系统进行辅助拖拽、提吊。

（3）通过陡峭复杂地形时连接固定路绳，做上升、移动等。

（二）材质与结构

通常由铝合金外壳、不锈钢凸轮和咬齿、倒齿凸轮、闭合按钮等部件组成。外壳上下都有连接孔，通过主锁连接固定位置，自动清淤孔可防止淤泥、泥沙侵入。符合 CE EN 567/EN 12841 B 认证标准。

（三）工作原理

安装在绳索上后，依靠金属咬齿咬合绳皮实现向上方单向的滑动，常规上升器适用绳径为 8~13 mm。

（四）分类

（1）手持式上升器（简称"手升"）。手持式上升器主要用于手部沿绳索上升。单独使用时，主要用于提拉重物；与脚踏绳、胸式上升器或脚式上升器联用时，主要用于沿绳索上升。手柄分左右手，队员可以按个人习惯进行选择。手持式上升器又分为有手柄和无手柄两种：有柄的（图 2-67）便于抓握；无柄的（图 2-68）轻便，尤其适合提吊系统。

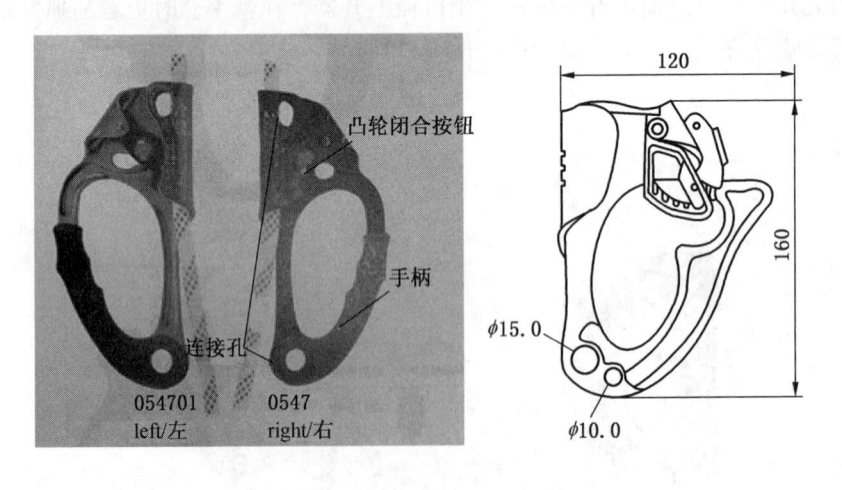

图 2-67 有柄手持上升器

（2）胸式上升器（简称"胸升"）。沿绳上升时的临时承载部件，不能独立使用，需搭配胸升带连接在坐式安全带上，如图 2-69 所示。

（3）脚式上升器（简称"脚升"，图 2-70）。"脚升"也分左右脚，主要用于长距离上升，山地搜救中运用较少。

第二章　山地搜救技术装备

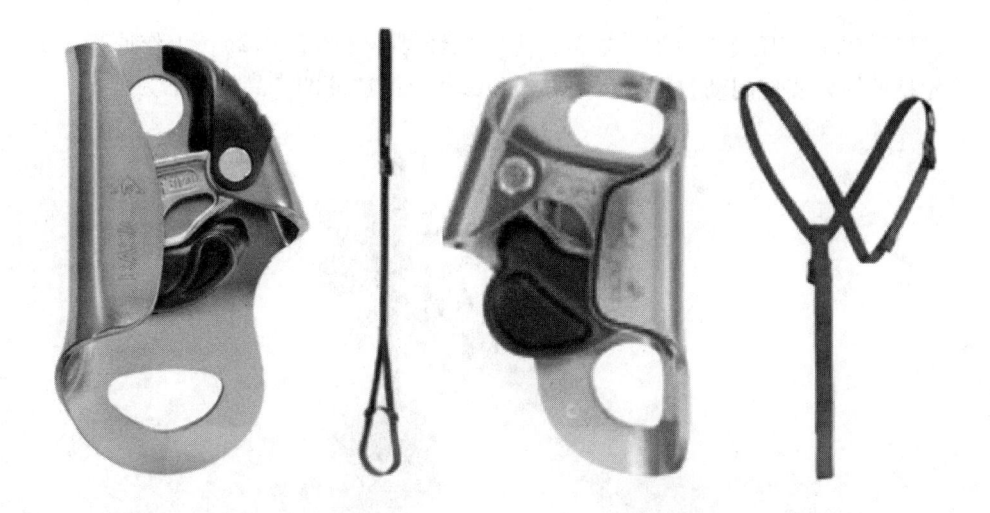

图2-68　无柄手持上升器和可调节脚踏带

图2-69　胸式上升器和胸升带

（4）组合配件。上升器与可调式脚踏带、胸升带（胸带）、胸式安全带等装备组合后即可构成绳索上升系统，如图2-71所示。必须注意的是，脚踏带、胸升带均非PPE第三类装备，不得代替承重的扁带使用。

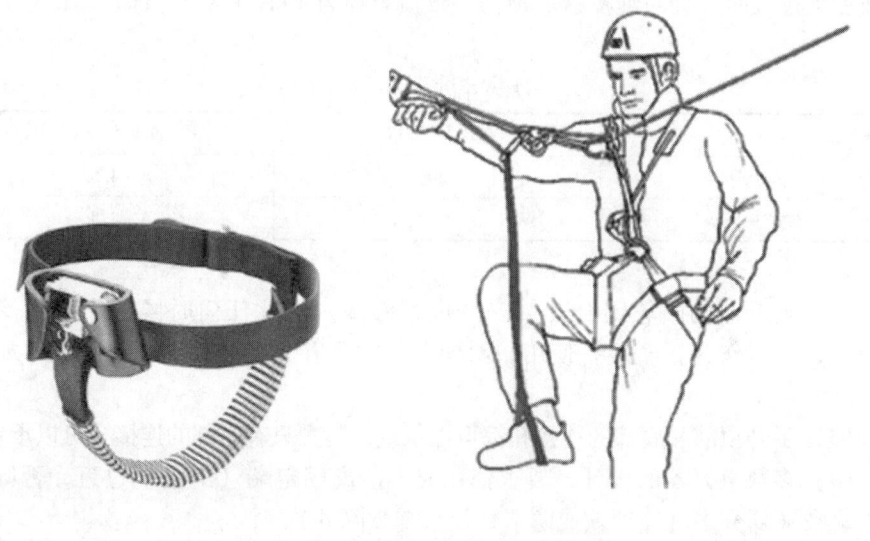

图2-70　脚式上升器

图2-71　绳索上升系统

93

（5）凸轮挤压类上升器。通常称为"抓绳器"（图2-72），工作原理是靠凸轮挤压绳索实现制动，具体运用方式和参数以制造商的产品说明书为准。

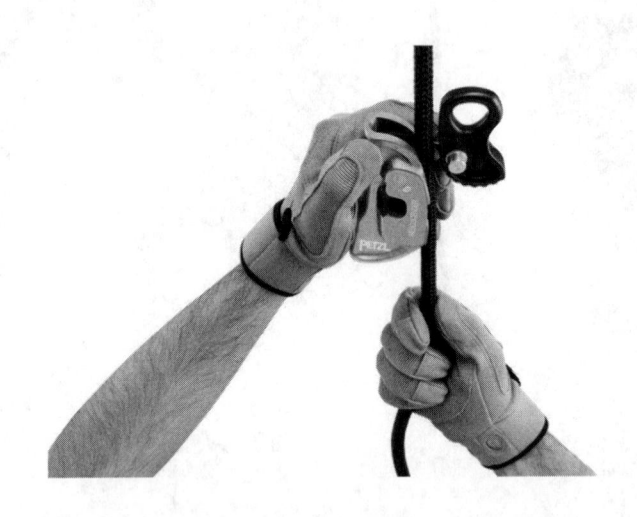

图2-72 常用抓绳器

（五）使用注意事项

（1）上升器的工作原理是靠咬齿咬合绳皮产生逆向摩擦力而制动，用力过猛或受力过大时，会对绳皮造成损伤，致损力约为4 kN（表2-11）。

表2-11 上升器技术指标

名　称	破断拉力/kN	致损力/kN
手式上升器	20	4～4.5
胸式上升器	18	4～4.5

（2）上升器的凸轮闭合开关安全性不够高，因此任何时候都不能承受冲击负荷，不能作为止坠装备使用，斜绳上升时手升上方必须加装防脱锁，如图2-73所示。

（3）手升顶部和底部的连接孔都可以承重，胸升只有底部的连接孔可以承重。

（4）多数上升器的设计，要求使用时不能离固定端（绳结）过近，否则很难取出来（部分多轴连动款或防卡释放系统款除外）。

（5）上升器的钢刺处有冰雪、泥沙进入时要及时清理，否则有可能咬合失效。

第二章　山地搜救技术装备

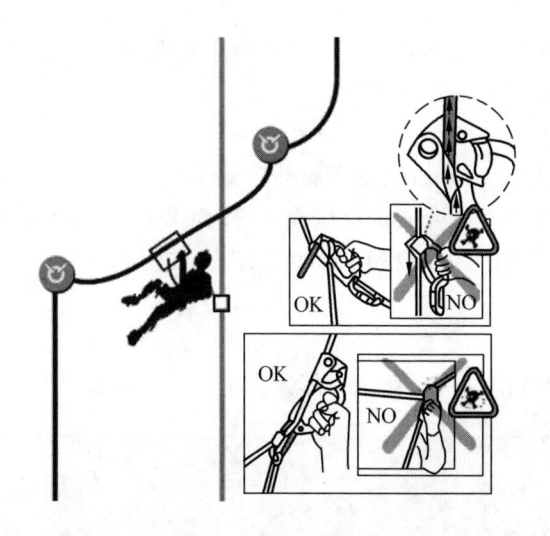

图 2-73　斜绳上升加装防脱锁示意图

（6）使用前后要对上升器部件进行检查，如主体有无裂纹，显著标志是否有磨损的痕迹和腐蚀等。

（7）检查上升器是否变形，在地面上测试上升器，看它是否容易在绳子上滑动。

（8）注意检查咬齿的磨损情况，检查凸轮的弹簧和有铆钉的凸轮，确保凸轮可以正确关闭。

（9）在斜升绳索上使用时，手升上方防脱孔必须加装防脱锁。

（10）使用微距下降时，确保只用食指来释放上升器的凸轮。

（11）使用后注意清洁器械，如有沙石进入要及时清理。

（12）弹簧、咬齿等重要部位失效，上升器主体严重变形或有严重磨损、腐蚀痕迹，就要报废。

（13）其他保养、维护与报废原则与金属类装备相同。

八、滑轮

滑轮是指绕中心轴旋转的，用于改变方向、移动、保护、省力等的简单机械，实际上是变形的、能转动的杠杆，主要用于牵拉、负载、改变施力方向、传输功率等。

多个滑轮共同组成的机械称为"滑轮组"或"复式滑轮"。滑轮组的机械效益较大，可以承受较重的荷载，在山地搜救中，常用于倍力系统、运输、吊运等，通常会根据不同场合和技术要求选择使用各类滑轮，如配合抓结使用的普鲁士滑轮、带咬齿的单向制停滑轮。

（一）材质与结构

铝合金、不锈钢、塑胶/尼龙等材质，通常由中心轴承、围绕中心轴转动的转轮、螺母、带连接孔的金属护板组成。符合 CE EN 12278 认证标准，不同类别有不同的适用绳径范围，多数为 13 mm 以内，部分为 16 mm 以内，还有钢缆专用的滑轮。

（二）分类

常用滑轮分类如图 2-74 所示，部分滑轮实物照片如图 2-75 ~ 图 2-78 所示。

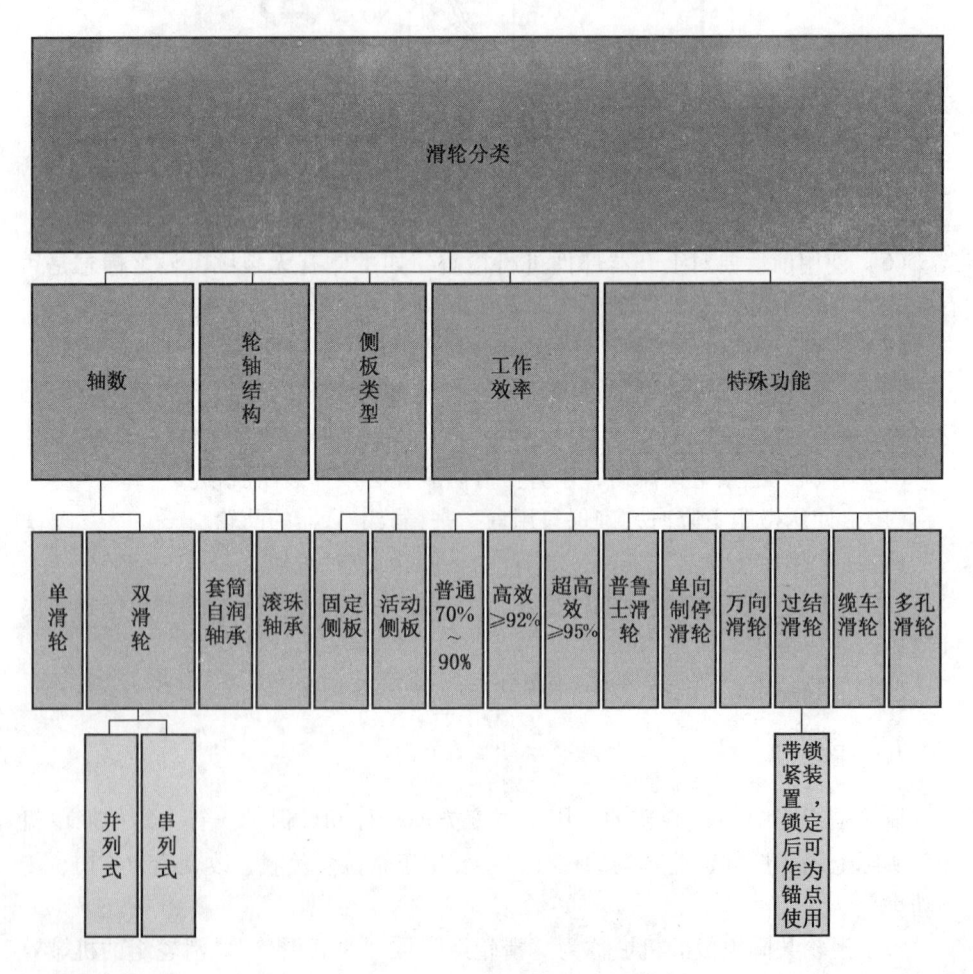

图 2-74 常用滑轮分类

第二章　山地搜救技术装备

图 2-75　双滑轮　　　　　图 2-76　高效普鲁士单滑轮

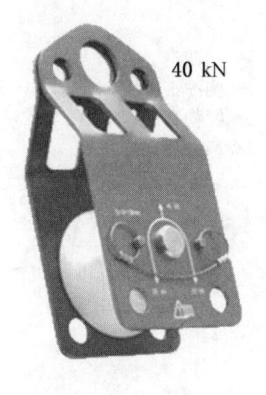

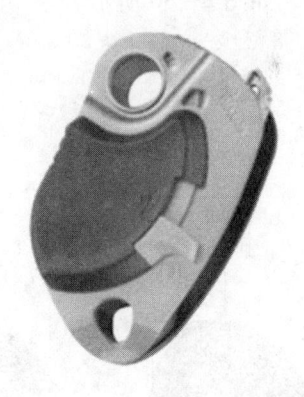

图 2-77　过结滑轮　　　　图 2-78　单向制停滑轮

（三）使用注意事项

（1）不同制造商生产的不同类别滑轮，有不同的技术参数，使用前务必仔细阅读说明书。

（2）固定侧板滑轮，建议搭配 X 型（O 形）主锁使用。

（3）使用前，检查滑轮的轮轴是否能正常转动；侧板是否有变形、破损、弯曲；轮轴螺母是否松动。

（4）使用后及时清理滑轮上的泥沙、污垢。

（5）其他保养、维护与报废原则与金属类装备一致。

97

九、头盔

(一) 用途

在山地搜救行动中，头盔能避免头部受落石或其他落物的伤害，防止冲坠时与岩壁发生碰撞，起保护头部及颈部的作用。

在救援现场，头盔的不同颜色通常代表不同的队员级别或工作岗位，便于指挥人员区分。

(二) 材质与结构

符合 CE EN 12492、UIAA 106 的认证标准，如图 2-79 所示。头盔由几个部分组成，每个部分采用不同材料制作，大致分为头盔主体（工程塑料）、头盔内顶（高弹发泡海绵）和调节带（尼龙细扁带）。结构细分为盔顶、大小调节器、下颚调节带、透气孔、头灯夹。头盔也是其他附件器材的安装载体，如头灯、面罩、耳机等，如图 2-80 所示。

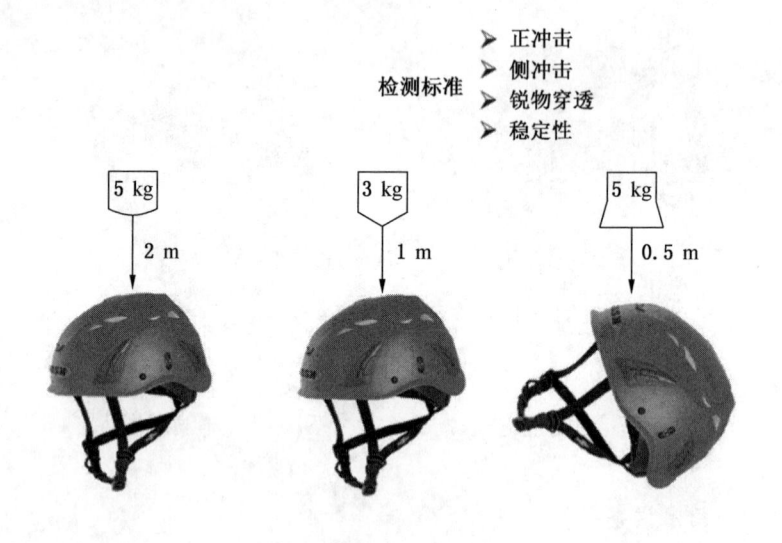

图 2-79 头盔的检测标准

(三) 特点

头盔具有透气性、舒适性、美观性、识别性等特点。

(四) 类别

常用的头盔有抗冲击型、混合型、破碎型三类，常用山地搜救头盔为抗冲击型、混合型两类。

第二章　山地搜救技术装备

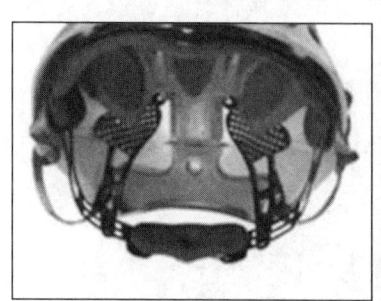

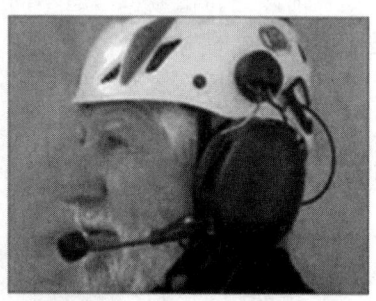

预先标明的洞眼，可固定耳机和/或遮阳板

图2-80　头盔结构和配件

（1）抗冲击型头盔（图2-81）：单独一层厚实的塑料外壳结构的头盔，配合内部尼龙材质的悬挂结构，能将外壳悬挂于头部上方数厘米的范围内。当有重物撞击时，头盔通过足够厚度的壳体挤压形变来吸收冲击力，而那数厘米的距离就是用于重物减速的距离。此类头盔结实、耐用，可用于各种恶劣环境，重量较大，主要用于工业和救援领域。

（2）混合型头盔（图2-82）：由一定厚度的塑料外壳和一定厚度的泡沫组成缓冲结构的头盔。当重物撞击时，先由塑料外壳通过形变吸收能量，同时内部的泡沫通过挤压也在吸收冲击力，当冲击力太大时头盔的塑料外壳会裂开。此类头盔耐用，重量较前者轻，通用性很好，主要用于运动攀登和山地搜救领域。

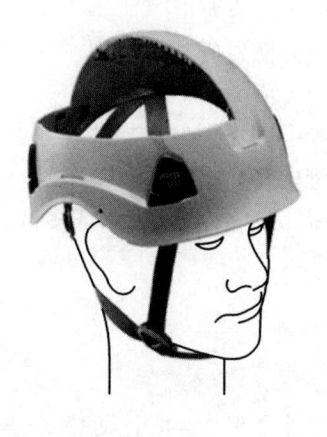

图2-81　抗冲击型头盔　　　　　图2-82　混合型头盔

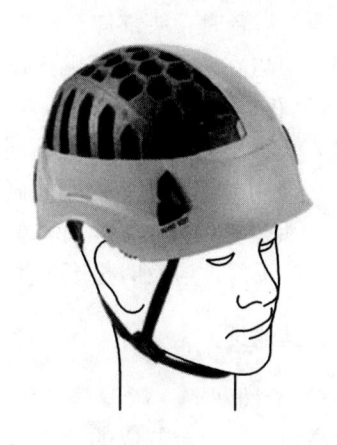

（五）使用注意事项

（1）购买时须进行试戴，考虑不同季节佩戴是否合适、里面是否需要戴保暖帽、是否适合自身的头型等。

（2）头盔佩戴好后一定要平行地戴在头上，把下颚的卡扣扣好、松紧度调节适当，通常是晃动头部时头盔不会晃动、仰起、下扣等，否则前额和后脑勺易暴露在外，如图 2-83 所示。

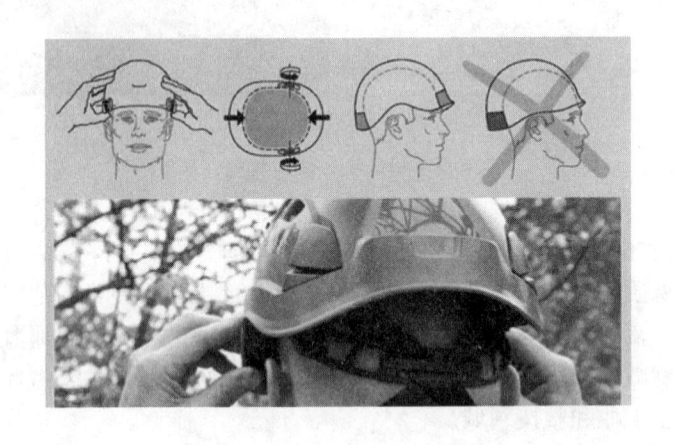

图 2-83 头盔的正确佩戴

（3）每次休息后开始技术操作前，都要检查头盔是否佩戴正确。

（4）在较复杂的地形上作业时（尤其是看不见上方的情况下），当听到上方有掉东西的声音时，头部应该贴近坡面，直到确认安全为止。

（5）可以在头盔前后部贴上反光条，方便夜间队友间相互辨别。

（六）保养、维护与报废

（1）头盔不同部件的材质不同，保养方法参考同类别材质装备。

（2）使用中避免头盔的剧烈碰撞，运输过程中防止挤压。

（3）头盔受到撞击后，有可能造成裂纹等损伤，由于无法保证多次撞击后依然能保护头部，应及时报废发生过撞击的头盔。

十、其他类

（一）分力板

由高强度铝合金制成的分力板，通常带有 3 个、5 个、8 个或 12 个连接孔，可以在同一个锚点上连接多个装备，增加保护点的数量，提高救援效率。符合

CE EN 795 B、NFPA 1983（2012 ED）认证标准，如图 2-84 所示。

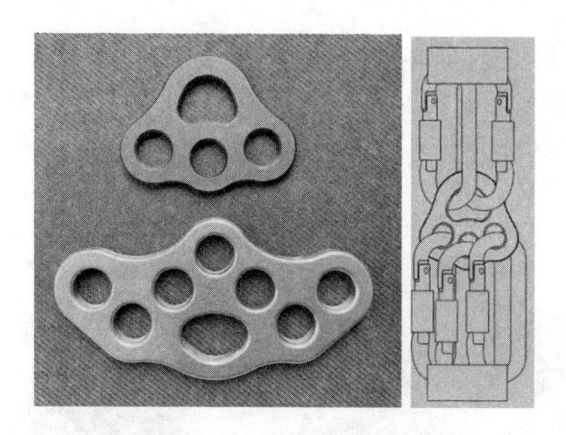

图 2-84 分力板及使用示意图

当只有一个连接孔受力时，拉力标准是所标的最小破断拉力（MBS）；当下方几个连接孔都受力时，每个孔的拉力标准是 MBS 除以孔数的平均值，如图 2-85 所示。使用前要仔细检查分力板的连接孔有无变形、破损或锋利切口，

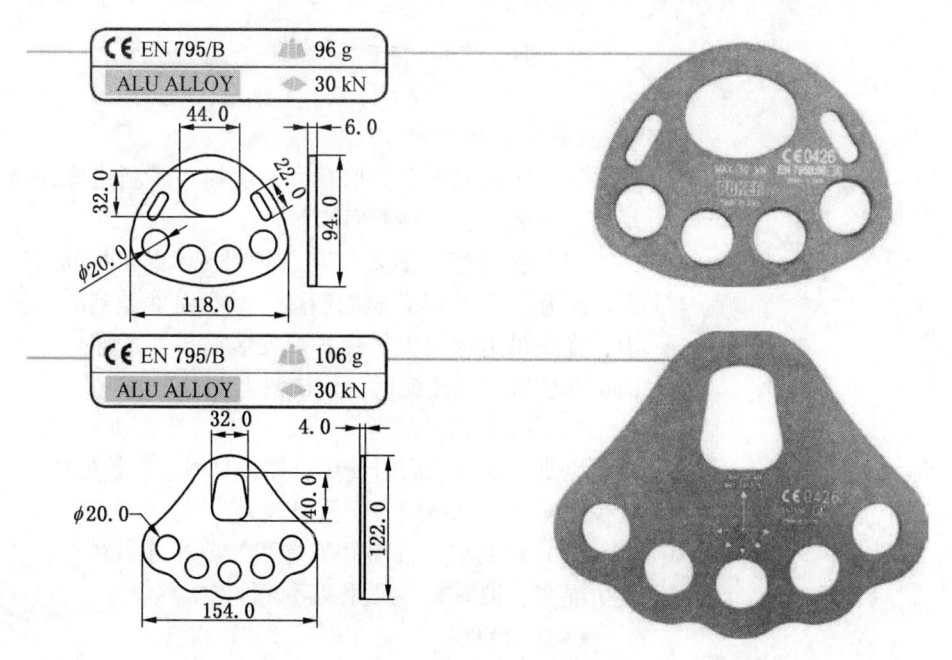

图 2-85 分力板的技术参数

其他保养维护和报废原则同其他金属类装备。

(二) 万向节

万向节（图2-86）采用热锻造合金制造，配有滚珠轴承，常用于绳索吊运系统，避免承载时发生旋转、绳索缠绕，符合 CE EN 354、NFPA 1983 认证标准，不同型号的最小破断拉力（MBS）通常为 24~40 kN。保养维护方法与滚珠轴承滑轮一致。

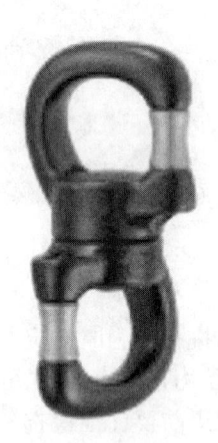

图2-86 常用万向节

(三) 护绳器材

用于防止绳索受到磨损，在尖锐、锋利边缘或粗糙面保护绳索。主要类型如下。

(1) 护绳套（图2-87）。即带魔术贴可拆卸式绳索保护套，使用 PVC 材料制造。减小绳索受到的摩擦力，在尖锐边缘处提供保护。安装简单，顶部环可以固定其位置，轻便灵活，价格便宜。

(2) 关节式护绳架（图2-88）。带尼龙/合金滑轮可以供两条绳索同时使用，在提供绳索保护的同时，减少摩擦力。价格较贵，重量较大。

(3) 自制类。常用 PVC 软管、帆布等材料自制各类护绳套、护绳垫，尺寸灵活、价格实惠。

(四) 抛投器

图2-87 护绳套

抛投器用于在复杂地形中，通过抛投方式，将绳

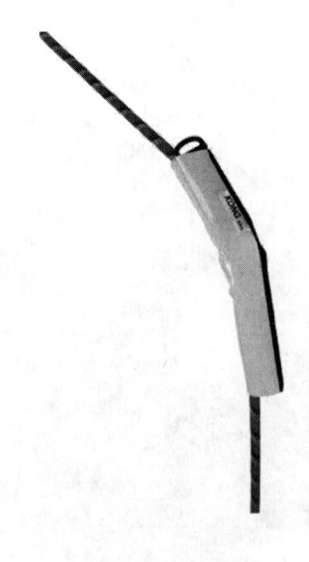

索牵引至目标位置。常用类别有以下三种。

（1）手动抛投器材。由引线（尼龙线、抛投专用线）、投掷袋（选择合适的重量，200~500 g）（图2-89），搭配抛投绳、绳筐使用。

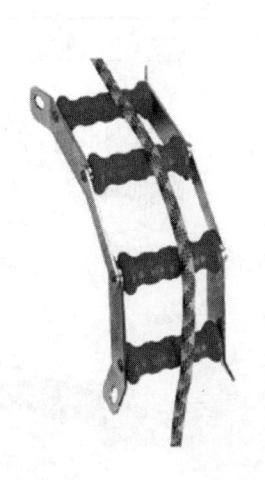

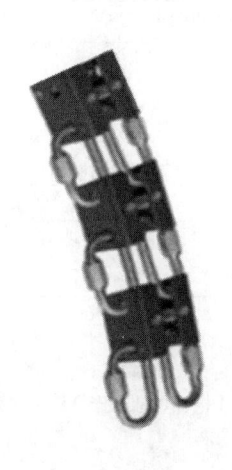

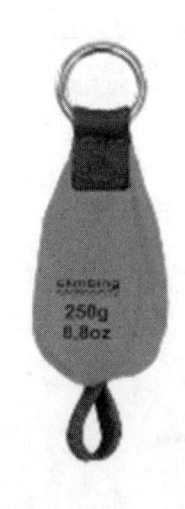

图2-88　护绳架　　　　　　　　　　图2-89　投掷袋

（2）手动发射类器材。由大弹弓、中弹弓、十字弓、弓箭等配合引线使用。
（3）救生抛投枪。高压空气动力发射，消防领域广泛使用，不同厂商生产的抛投枪，水域抛投距离为60~150 m、陆地抛投距离为80~200 m，如图2-90所示。抛投器的使用注意事项与保养维护具体参见制造商的产品说明书。

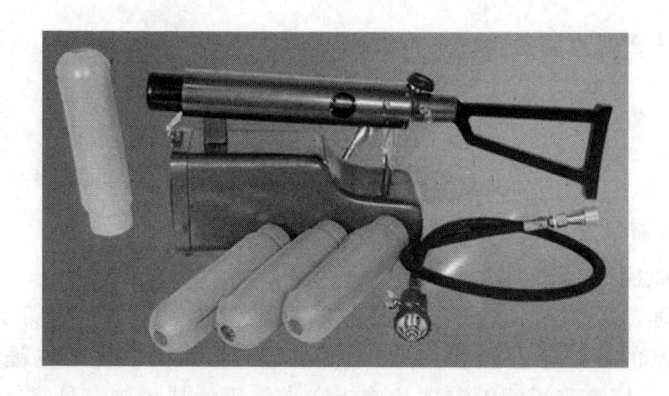

图2-90　高压动力发射抛投枪

(五) 其他个人防护类装备和工具

其他个人防护类装备和工具见表2-12。

表2-12 其他个人防护类装备和工具

名　称	特点/用途	图　示
绳索操作手套	掌心全皮制，全指，防滑耐磨	
折叠绳刀	可单手开合，有连接环可挂在安全带上	
护目镜	可安装在头盔上	

十一、人工锚点装备器材

在自然环境中，应现场分析评估后，选择安全牢固的锚点。一些特殊地形如岩面、岩缝、岩洞、石桥等，需要使用人工锚点器材。

山地搜救中，常用的人工锚点器材为岩面锚点和人工支架锚点。

(一) 岩面锚点

岩面锚点包括挂片、岩钉、岩塞（岩楔、岩石塞及机械塞）、螺栓、电锤、取塞器、岩锤、扳手等（表2-13、表2-14）。放置岩塞、岩钉类人工锚点，需要足够丰富的传统攀登经验，在此不多讲述。相对而言使用电锤在岩面打孔（图2-91）后用膨胀螺栓固定挂片作为锚点使用的技术较容易掌握，在山地搜救中运用较多。

第二章　山地搜救技术装备

表2-13　山地搜救岩面锚点套装配置

名称	规格/参数	数量	备注
挂片	316不锈钢材质，符合CE EN 795B认证标准	10	
膨胀螺栓	316不锈钢材质，直径10 mm，长度8~10 cm	10	
电锤	18 V轻型充电电锤，自重约2 kg，锤击能力在14 mm以内	1	配备用电池1套
钻头	直径10~12 mm，四刃为佳	2~4	
扳手	内六角，孔径13~17 mm	1~2	
岩锤	不锈钢	1	
吹筒	塑料	1~2	可用一次性吸管代替

105

表2-14 其他岩面锚点器材

名　称	规格/参数	图　示
岩钉/岩锥	热锻工艺铸造，也有钛合金材质，常为刀形、直角形、箭形等形状，符合 CE EN 569 认证标准	
岩石塞（固定岩塞）	铝合金材质，承重 6~10 kN，由不同的颜色区分尺寸，有六面体类和八面体类	
机械塞（活动岩塞）	铝合金加塑胶材质，承重 8~14 kN，分单杆双轴和双杆双轴，由不同的颜色区分尺寸，符合 CE EN 12276 认证标准	
取塞器		

第二章　山地搜救技术装备

图2-91　电锤打孔操作示例

(二) 人工支架锚点

(1) 用途。常用于高处、悬崖及竖井救援作业，多数为非常规、非连续作业的场所，可因地制宜地在高处、悬崖垂直面上、井口、坑口设置工作支点，且不受地面起伏的限制。

(2) 结构与材质。通常由金属框架主体、吊索、手摇式绞盘、保护链等组成，支脚可伸缩调节，材质以轻质铝合金为主，常用一字架（图2-92）、三脚架（图2-93）、A型架（图2-94）等类型。

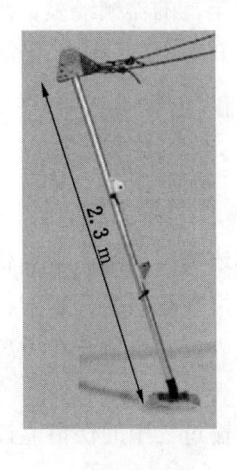

图2-92　一字架 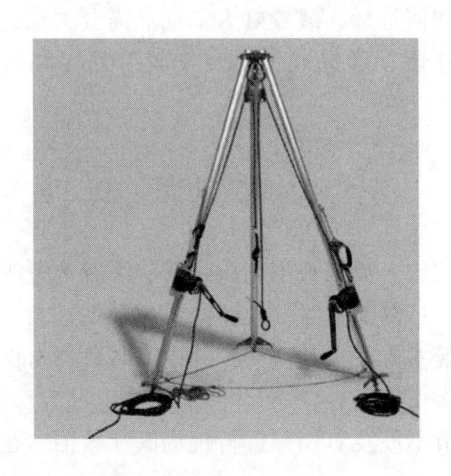　　　　　　图2-93　三脚架

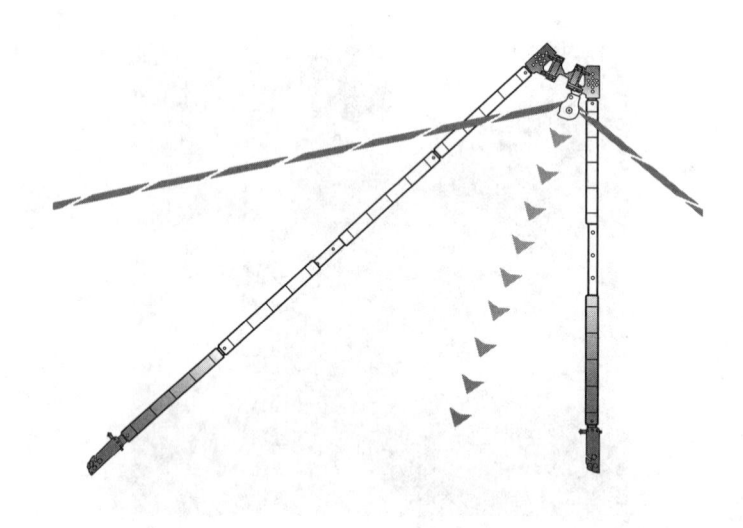

图 2-94　A 型架

（3）参考技术参数。符合 CE EN 1496 认证标准，MBS 为 22 kN，提吊负荷 ≤180 kg。

（4）使用注意事项。不同厂商生产的支架技术参数有所不同，使用前务必仔细阅读说明书，熟练掌握安装方法，并进行准确的使用测试，验证是否符合救援场景的使用需要；不得对装备进行随意改造，存储保养方法与金属类装备一致。

各种锚点的优势迥异，至于使用哪种锚点，则取决于地形、装备以及承重等因素。如何选择、放置好人工锚点需要大量的练习和丰富的器械经验，操作者必须非常谨慎，确保人工锚点安置好后，在可能出现的受力方向上不会移动或脱出。

第四节　伤患类装备

当被救人员因被困悬崖峭壁、溪谷沟堑等危险环境或因伤病而不具备自主离开救援现场的能力时，救援队员应根据被救人员和救援现场情况，制定相应的绳索救援技术方案将其撤离，并借助装备器材保护被救人员，避免其在撤离过程中遭受二次伤害。

本节不涉及对伤患进行现场医疗救治、在撤离运输过程中的伤情监控、治疗等内容。

第二章　山地搜救技术装备

一、个人安全防护类

（1）头盔：保护被救人员头部，与救援队员头盔通用。

（2）安全带：包括但不限于全身式安全带（图2-95）、坐式安全带（图2-96）、三角吊带（图2-97）等。

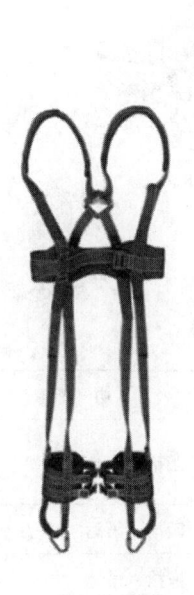

图2-95　担架固定专用全身固定安全带

图2-96　狭小空间专用安全带

图2-97　三角吊带

三角吊带须符合 CE EN 1498 TYPE B 认证，分为无肩带和有肩带两类，具有多种尺寸的快速连接挂点，适合不同体型人士穿戴，可以在最短时间内将人员疏散。

（3）护目镜/太阳眼镜：避免伤患的眼睛被紫外线、强风等伤害。

二、担架

山地搜救中，各种类型的担架在使用场景和使用方式上具有一定的针对性，最常用的担架兼具水平拖拽和垂直提吊功能，并具备安全性和舒适性。伤患在担架上的捆绑固定、担架与绳索系统的挂接属于较为复杂的专项绳索救援技术，需要多加训练并熟练掌握。

（一）担架的常用种类

常用的担架按结构、功能、材质不同，可分为简易担架、通用担架（图2-98）和特种担架，见表2-15。由于材料科技的进步，坚固、质轻的合成材料被大量使用，使得担架的承受力、耐用性、轻便性及舒适度得到很大的提高。

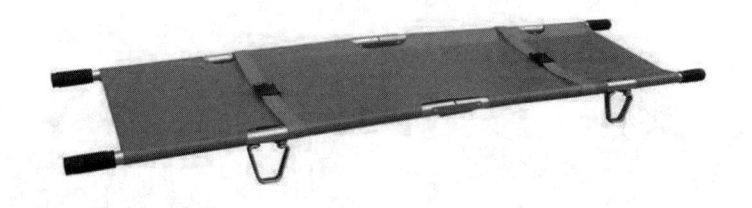

图2-98 通用铝合金折叠担架

表2-15 不同类型担架性能对比

类型	材料	特点	功能
简易担架	竹木、金属杆、绳索、布料、藤蔓	低稳定性、简单易制	搬抬
篮式担架	金属、尼龙、聚乙烯、ABS	高保护性、可悬挂性	搬抬、吊运
卷式担架	聚乙烯、ABS	高保护性、可悬挂性	拖拉、吊运
铲式担架	聚乙烯、铝合金	长度可调节、重量轻	搬运严重的头部外伤或脊柱损伤的人员
脊椎固定板	聚乙烯	高固定性、低保护性，部分具备漂浮性	吊运（须配合卷式或篮式担架）、搬运

（1）脊椎固定板。脊椎固定板适用于狭小空间救援及搬运脊椎受伤患者，常以EPE珍珠棉制造，自重轻、体积小、便于携带，可在水上漂浮。可以配合头部固定器、颈椎固定托使用，如图2-99所示。

（2）铲式担架（图2-100）。具有可拆合设计，一般用于有严重头部外伤或脊柱损伤的人员，可在搬运过程中避免加重伤情。

（3）卷式担架（图2-101）。可用于拖拽、搬抬、狭小空间救援等，一般

第二章　山地搜救技术装备

图 2-99　带头部固定器的脊椎固定板

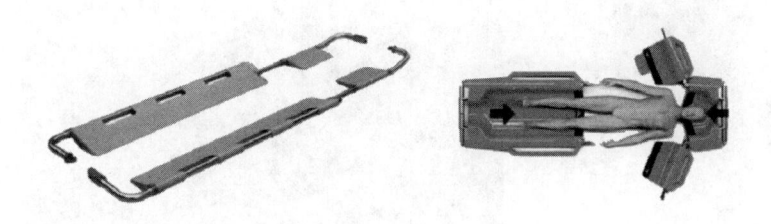

图 2-100　铲式担架

无硬性支撑。在使用过程中要注意伤患有无脊柱伤，操作人员若无丰富经验，容易使伤患受到挤压窒息；如果进行吊运，需要注意担架吊运带的连接位置。部分厂商生产的卷式担架内置颈托、脊柱板，价格较贵。

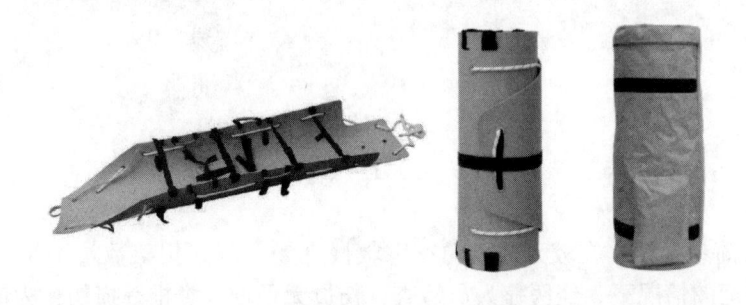

图 2-101　卷式担架

（4）篮式担架（也叫筐式担架）。篮式担架采用双体下沉式设计，可搭配头部固定器、颈托、防护面罩使用，也可以将伤员固定在脊椎保护板上后再放入篮式担架，更有效地保护伤者。可用于高空水平和垂直吊运。篮式担架分为一体式和可拆装折叠两类，材质有高强度塑料、不锈钢、铝合金、钛金几类。其中可拆装折叠钛金制造的担架因重量轻、强度高（载重拉力达 7 kN），在山地搜救中使用广泛，如图 2-102 所示。还有一些担架可配置把手、轮子，便于不同地形的运输，如图 2-103 所示。

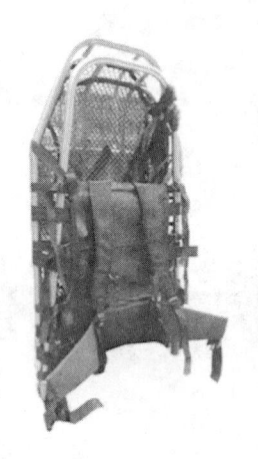

图 2-102　可拆装钛金属篮式担架及运用

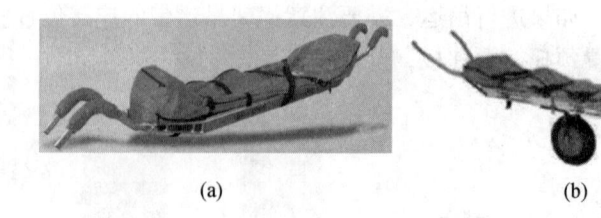

(a)　　　　　　　　　(b)

图 2-103　可配把手、轮子的担架

（5）简易担架。在较大规模的灾害救援现场，制式担架数量不足且伤患需要担架转运的情况下，经医疗人员检查，伤员无颈椎、脊椎等损伤，为快速完成转运，救援队员可以利用身边各种材料自制担架，但要注意担架的牢固度和舒适性。不同工具制作的简易担架如图 2-104~图 2-106 所示。

第二章　山地搜救技术装备

图2-104　绳索编制担架

图2-105　地布制作担架

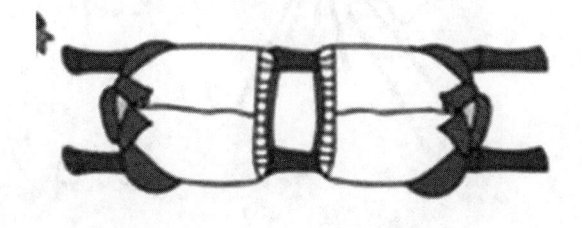

图2-106　外衣制作担架

113

(二）担架配件

（1）头部固定器（图 2－107）。由两个塑料涂层的实心泡沫、一个粘贴底板和两条头部固定带组成，可与各类担架快速连接固定。两侧开放式耳孔设计便于观察病人的耳部情况，防水塑料涂层可有效防止病人血液或体液渗入，易于清洗和消毒。

（2）防护面罩（图 2－108）。热塑聚碳酸酯材质的透明防护罩，可以替代头盔和护目镜，为担架中的伤患提供更好的保护和更高的舒适度。可以避免运输过程中雨水、冰雪、落石、灌木等对伤患造成二次伤害，同时，便于救援人员、医护人员观察伤患病情。

图 2－107　头部固定器　　　　　图 2－108　防护面罩

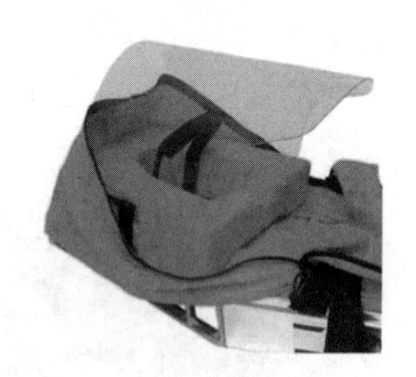

（3）挂接带。与拖吊系统、直升机等进行挂接的织物连接带，分为固定长度、可调节长度两类，不同制造商生产的担架，对应有不同运输场景的制式挂接带可选择，也可用扁带连接，如图 2－109 所示。

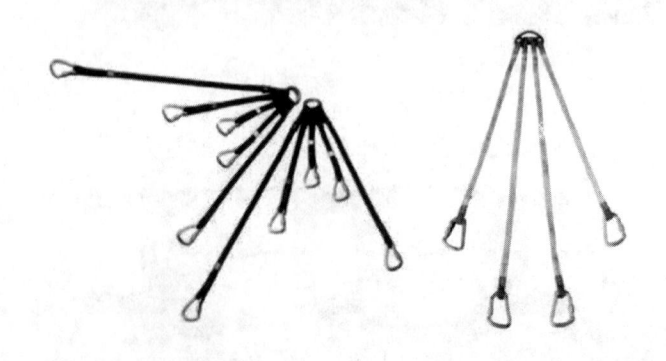

图 2－109　不同类型的担架挂接带

（4）捆绑固定带。为提高运输中伤患身体的稳定性，用缠绕方式使用长扁带将伤患身体捆绑固定在担架上。

（5）背夫带。供人力搬运担架时使用，使用可调节加发泡海绵衬垫的背夫带能提高搬运人员的舒适度，也可以用 120 cm 长扁带代替。

第五节　辅　助　装　备

一、生命探测仪器

活着的人都有生命体征，身体会有温度、呼吸、心跳，会产生二氧化碳气体，而这些是生命探测仪用来收集定位幸存者的依据，也可用于跟踪搜救人员。

生命搜索仪与其他声音、影像探测仪，红外线、热成像探测仪，搜救犬等一起工作，将使整体搜救效果大幅度提高。

（一）远红外探测仪

远红外探测仪是利用人体和其他物体的温差，来辨别幸存者的。任何物体的温度只要在绝对零度以上都会产生红外辐射，人体也是天然的红外辐射源。但人体的红外辐射特性与周围环境的不同，红外生命探测仪就是利用它们之间的差别，以成像的方式把搜索目标与背景分开，但玻璃会隔离人体热能信号。

（二）热成像仪（被动式红外夜视仪）

红外夜视仪是利用光电转换技术在夜间和微光下观察目标的精密光电子仪器。它分为主动式和被动式两种：前者用红外探照灯照射目标，接收反射的红外辐射形成图像；后者不发射红外线，依靠目标自身的红外辐射形成"热图像"，故又称为"热成像仪"，如图 2 - 110 所示。

夜间山地搜救中，使用夜视仪的主要目的是寻找、发现待救人员。使用注意事项如下：

（1）热成像仪应保存在外套中，其环境要求是 5 ~ 40 ℃，相对湿度不超过 80%。

（2）必须在夜间使用，不能接触强光，白天不能使用。

（3）白天检查时，不能打开镜头盖，否则很容易损坏。

（4）须使用质量好的锂电池或碱性电池，劣质电池会影响使用效果，并容易损坏器材。

图 2 - 110　热成像仪

山　地　搜　救

（5）尽量避免雨水或雾气，防止摔、碰、撞。

（6）镜头不要经常擦拭，如需擦拭请用镜头纸或擦镜布，注意不要划伤镜片。

（7）长期保存（超过两周）时请将电池取出，防止电池流液损坏器材。

二、无人机

无人驾驶飞机简称"无人机"，英文缩写为"UAV"，是利用无线电遥控设备和自备的程序操纵装置的不载人飞行器。民用无人机主要用于影视航拍、农林植保、电力巡检、安防应急、航空测绘等领域。近年来，无人机作为航空救援体系中的一员，在应急救援领域的应用越来越广泛，如空中监视、测绘、通信、喊话、紧急救援、应急照明等。具有成本低、易于操作、灵活轻便、功能多等特点。

（一）民用无人机在山地搜救中的运用

（1）前期侦查、测绘。无人机可以突破地形、环境限制，开展机动侦查，同时还能够通过合理部署，实时监控救援现场情势，为指挥中心精准、及时制定救援计划和灵活调整救援部署提供关键依据。

（2）人员搜索、救助。无人机可以灵活集成红外摄像头、热成像仪等关键救援装备，协助救援人员搜索幸存者；另外，无人机还能搭载呼吸器、救援绳、救生圈等器材，在极端情况下为被困人员提供及时救助。

（二）性能介绍

以通用性较广泛的四旋翼无人机（图 2－111）为例，其可折叠、容易携带，空中续航时间为 30 min 左右，最高飞行海拔可达 5000 多米，最远遥控距离 7 km，支持 4K 视频拍摄，可使用智能手机和遥控器操作，如图 2－112 所示。

图 2－111　四旋翼无人机　　　　图 2－112　遥控操作无人机

第二章　山地搜救技术装备

（三）使用注意事项

1. 相关法律法规

目前我国关于无人机的法律法规主要有以下几部。

（1）针对无人机企业：《民用无人驾驶航空器经营性飞行活动管理办法（暂行）》。

（2）针对无人机登记：《民用无人驾驶航空器实名制登记管理规定》。

（3）针对无人机驾驶员：《民用无人机驾驶员管理规定》。

2. 操作和维护保养

参见制造商的产品说明书。

三、通信与导航器材

山地搜救中，常用的通信与导航器材有手机、手持无线对讲机、手持卫星导航仪、卫星电话、无线中继台等，产品种类繁多，各救援队伍可以根据自身需求和运用环境进行采购，器材的功能和使用注意事项以制造商说明书为准。

卫星电话（图 2-113）是基于卫星通信系统传输信息的通话器，也就是卫星中继通话器。卫星中继通话器是现代移动通信的产物，在山地搜救中，其主要功能是填补现有通信（有线通信、无线通信）终端无法覆盖的区域。特点是覆盖范围广，信号不易受到台风、洪水、地震等自然灾害的影响。但由于卫星资源有限，卫星通话资费相对昂贵。

图 2-113　卫星电话

山 地 搜 救

第三章　山地搜救现场作业

在山地搜救中，实施解救的前提是熟练运用搜索技术，将发现目标的概率增至最高，在可用的资源下以最少的时间、最快的速度完成拯救生命的任务。因此，掌握搜索理论知识对于山地搜救队员来说非常重要。

第一节　搜索技术基本知识

一、搜索的概念

搜索在一般意义上是指试图找到某人或某物的动作。搜索英文"search"的同义词是"find""seek"，也有"detect"（侦查）的意思。在山地搜救中，搜索和救援是结合在一起的（Search and Rescue，SAR），是为身处危难或即将遇到危险的人提供搜索和救援。山地搜救可以分为四个阶段，简称为"LAST"，包括定位（locate）、抵近（access）、稳定（stabilize）和转运（transport）。这四个阶段基本包含了搜救的全过程，每一个阶段的结束，就意味着下一个阶段的开始。救援队伍须确定各阶段的行动目标和计划，按计划推进并进行相应的能力准备。从某种意义上讲，成功的搜索是山地搜救成功的开始，也是至为关键的第一步。

二、成功搜索的基本要素

成功搜索意味着要快速地在正确的地方找到正确的目标。行动前制定好搜索计划，可以提高搜索成功率。搜索计划主要包含搜索对象、搜索范围、搜索方式、搜索工具和搜索管理。

与建筑物倒塌搜索、水上搜索不同的是，山地搜索处于相对开放的环境，搜索目标可能仍在移动，所以山地搜索更接近侦查或追踪的概念，是基于受困者的行为分析和山野户外能力评估来开展搜索。因此，关于受困者详细信息的收集非常重要，这一点在独行失联人员的搜索中尤为重要。

达成成功的山地搜索需要具备的基本要素可概括为以下两点。

（1）在正确的地方搜索。山地搜救队伍需要依据掌握的信息和线索确定正确的搜索范围和方向，从而制定搜索计划。

（2）以正确的搜索方式发现要搜索的目标。山地搜救队伍通过在搜索区域内不断找到的线索来评估并完善搜索计划，并以正确的搜索方式找到目标。

在搜索过程中，山地搜救队伍应根据收集的信息和搜索的成果，持续评估搜索区域和搜索方法，不断提高搜索成功率，最终完成搜索任务。

三、搜索成功的概率

在山地搜救行动中，经过信息收集和整理，以及对山地搜索基本要素的研判，可大致推算出搜索成功的概率。

（1）区域概率（Probability of Area，POA）。区域概率是指所搜索的物体位于该范围的概率。提高区域概率的方法就是全面覆盖搜索范围。当搜索目标在搜索范围内时，搜索区域的概率会是一个总和为 1 的概率分布，如图 3-1 所示。

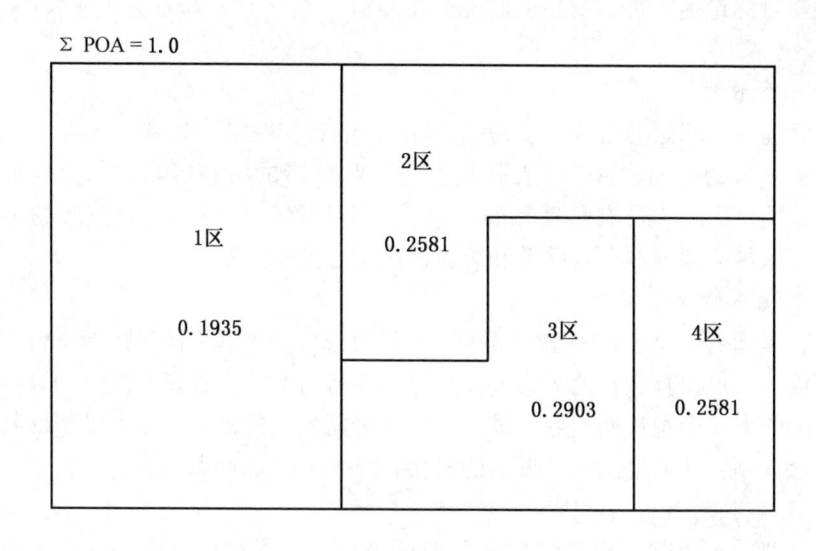

图 3-1　搜索区域的概率

（2）发现概率（Probability of Detection，POD）。发现概率即所搜索的对象能被发现的概率。提高发现概率的方法为制定合理的搜索计划并采用相应的搜索方式。

（3）成功概率（Probability of Success，POS）。即搜索成功的可能性。搜索成功概率的计算公式如下：

$$POS = POA \times POD$$

成功的搜索当然是众望所归，而好的搜索计划有利于提高搜索成功的概率。然而正如公式所呈现的，即使区域概率为70%，发现概率同样为70%，理论上搜索的成功率却只有49%。

实际上，影响山地搜索成功率的因素很多，特别是搜索独行的完全失联人员，搜索成功的概率都比预期偏低，所以，希望每一次搜索都能成功是不现实的。

第二节　搜索目标与搜索范围

一、搜索目标

搜索目标包括人员、物品、痕迹三大类别。

（一）人员

1. 信息收集

搜索前要尽可能地了解失踪者的体貌、年龄、性格、兴趣、职业、有无疾病、服装（鞋的尺码和款式、衣服颜色等）和携带的装备等相关信息，帮助确定搜索范围。失踪人员有移动和静止两类，不断移动会增加搜索范围的不确定性，救援队员应根据其可否移动和可否回应调整搜索策略。

2. 行为分析

对收集到的信息进行失踪人员个性和行为分析，能够估计失踪者是否知道自己的处境、会做出什么样的行为反应、是否保持清醒、是否具有生火和寻找临时庇护所的能力、会选择向何处行进以及最终可能到达的地点等，可以帮助制定和调整搜索计划，从而增加成功搜索的机会。

1）影响失踪者行为的因素

（1）性格与习惯。例如性格是内向还是外向，喜欢社交还是独来独往，是否抽烟、喝酒、吃口香糖等零食（什么牌子），个人的价值观或宗教信仰等。

（2）心理状况。了解近期有无特殊影响情绪的事件，有无已知的心理疾病或持续用药情况，有无官司或债务问题等。

（3）健康情况。整体健康和体能状况如何，有无已知的身体疾病，裸眼视力如何等。

第三章　山地搜救现场作业

（4）经验。有无登山、攀岩经验，有无野外露营或独自出行经验，山野行进速度如何，如果行进时迷路是否有能力采取有效应变，以往有无失踪经历（地点和次数）等。

2）可以协助搜索的因素

（1）搜寻到失踪者搭建的紧急庇护所、生过的营火等，这些表明其有强烈的求生欲望，以及对抗自己遇到的困境的意愿。

（2）失踪者丢弃的装备和衣物，表明其状况正在恶化。

（3）没有发现任何的自救动作，说明失踪者放弃了所有的自救行动。

（4）观察哪些小路是容易进入搜索区的。

（5）天气和能见度，这些可能影响失踪者的行动。

3）失踪者的行为特点

根据美国的501个失踪者个案中的行为模式统计分析结果，得出失踪者中有43%能够自己走出山野，54%向山下走，20%沿等高线平行，25%向山上行；90%在24 h内被找到；失踪者的平均步行速度约为3.2 km/h；33%的失踪者会选择继续在夜间探路（极大地增加了发生意外的风险）。总体而言，迷途者一般具有以下特性。

（1）约1/3会沿着好走的路径走。

（2）地形障碍通常会有效限制或改变行进方向。

（3）在行进路线上的两点间迷失，通常是由路径中的模糊点造成的。

（4）90%的待援者不会超出计划起始点9 km。

（5）迷途者可能为完成既定计划忽略新的路径。

4）行为分类

按照年龄和心理状态，对失踪者的行为分类如下。

（1）1~3岁小孩。倾向于没有特别目标而漫无目的徘徊，一定会找一个地方躺下休息或睡觉。

（2）3~6岁小孩。较有行动力和明确的目标，一定会尝试寻找回家的路，也会寻找可以睡觉的地方；有些则不敢接近陌生人。

（3）6~12岁小孩。常会走向熟悉的环境，企图跑掉或躲藏起来；有些害怕大人，有些不愿回答或者说出自己的姓名。8岁以下的小孩，因为怕黑，喜欢朝上爬。

（4）年长者（65岁及以上）。通常老迈及听力不佳，心理状态有时会像小孩，部分记忆力差，容易走失。

（5）心理上有障碍者（所有年龄）。即使没有受伤也不愿意进行自救。

（6）心情沮丧的人。不愿意大声说话，倾向于寻找显眼的地点和依据感觉探索出路。

根据身份，对失踪者行为分类如下。

（1）健行登山者。非常信任导航和标记，容易在不清晰或隐蔽的步道上发现其踪影；常因抄近路而迷路，自信可以找到出路，认为被搜救是很丢人的，于是越走越远；新手迷路时容易朝溪谷走，因为相信溪流会流经城市。

（2）猎人。常因太专注于打猎而忘了定位和导航，常被引进陡峭和植被茂密的地区；或因走得太远而晚上无法返回。

（3）采草药、挖竹笋的人。通常不具备求生技术，专心于低头寻找，而没有前进计划，经常走得很远。

（4）钓鱼的人。大部分因太深入山区，或想找人少的溪河，从而迷路或滑落溪谷受伤。

（5）攀岩者。通常都在指定的路线上，大部分是天气原因被困或发生坠崖事件。

5）分析失踪者的行动和所处位置

根据上述分类和分析，基本可以预测失踪者的行动和所处的地区。不同类型的失踪者具有不同的个性和体能经验，在迷路后会有不同的求生反应，移动的速度和距离也不同。失踪者在较平坦的地区会比在山区走得远，复杂的地形会限制失踪者的行动。事发时的天气状况可能造成中暑、失温、落水等，这会限制失踪者的行动，甚至会给其生命造成威胁，因此需要提高搜救的紧迫度。地形和恶劣天气会导致失踪者迷路或受伤，如果其自身还患有心血管疾病、糖尿病、阿尔茨海默病、严重过敏症等也会增加意外发生的概率。一般在失踪后17 h内找到失踪者的情况下生存率较高，超出17 h生存率会越来越低；若搜救对象已无生命体征，一般会在死亡后24~72 h产生气味，周边会有蝇虫等。

（二）物品

在搜索过程中，发现的物品能够指示救援队员失踪者的行进方向以及其他信息，对于搜索成功有很大帮助。因此，物证的搜集、保存、保护以及甄别非常重要。搜救的物品（物证）包括以下两种。

（1）失踪者的物品。如找到确认或怀疑是失踪者的物品，需要记录找到的位置、时间，并在周边寻找更多的线索；如不能确认，需要带回或者拍照回传后由家属确认。

（2）其他物品。在现场可能会找到第三者的物品，如以往遗留的物品、搜索人员遗留的物品，或者其他进入现场人员的物品等，这些物品也需要进行甄别，避免和失踪者的物品混淆，给搜索带来不必要的干扰。

（三）痕迹

痕迹是指失踪者或者搜索人员留下的印迹，如足迹、鞋印、损折的草木、滑坠的痕迹、失踪者留下的地标物、发出的求救信号（如哨音、灯光、火光）等。以足迹为例，在野外足迹的明显次序为：后跟印、脚掌部分的内缘印、前脚掌印、内缘侧滑印、完整的鞋印。如果能够掌握失踪者的身高体型、鞋子的品牌及鞋底的样式、纹路等信息，会对搜索提供很大的帮助[1]。

从刑侦和追踪角度，痕迹学是通过事件发生后的痕迹，推理出痕迹发生的原因和过程，是对时间的反向指证。通过痕迹的发现、甄别、研判，能够比较直观地推理出失踪者的步伐、身心状态、行进方向等，为进一步搜索提供直接的线索。

需要注意的是，痕迹搜索是基于现场保护的前提进行的，对痕迹的收集往往是在搜索初期，在快速搜索小组模拟失踪者行进路线和行为模式时开展，一旦大规模搜索行动开始，想要搜索到有价值的痕迹就非常困难了。因此，在搜索过程中，由于人力和时间的局限，需要对搜索区域分阶段搜索时，应该隔离保护、清空未搜索区域，避免现场被破坏。

二、搜索范围（区域）

在确定搜索范围时，除了综合评估失踪人员的年龄和性别、身心健康和体能状况、山地户外活动的经验和能力、活动的方式和路线、携带的装备和食物饮水以外，还需要结合事发时的天气状况、能见度、所处的地形地貌特点等因素，划定可以或可能的搜索范围，才能定下实际搜索范围。

（一）搜索起点和终点

搜索必须有确切的搜索起点和终点。搜索起点可以参考以下三点。

（1）有目击者（或摄像头）见到（拍到）失踪者的最后位置（PLS）。

（2）确定是失踪者所在或经过的最后位置（LKP），如失踪者的营地、痕迹等。

（3）搜索的计划起始点（IPP），通常位于 PLS 或者 LKP 附近，同时方便到达或便于搜索队伍集结的位置。

原则上会将 IPP 作为搜索起点。搜索队伍会在起始计划点设置事故控制站

---

[1] 人的身高(cm) = 脚印长度(cm) ×6.876。通常足迹面积是 27 cm×9.5 cm～43 cm×11.5 cm。

(ICP)或流动指挥车（MCU）。

搜索起点通常是失踪者最后出现的位置、山道入口、机动车道尽头、山顶等。

（二）搜索区域（路线）的确定及划分

1. 搜索区域的确定

（1）可以的搜索范围。

（2）可能的搜索范围。

（3）可以的搜寻半径公式（R）是

$$R = TS$$

式中 T——失踪者行进时间，h；

S——失踪者行进速度，km/h。

$$可能的搜索范围 = \pi R^2$$

如经过 4 h，失踪者的速度为 4 km/h，则 R 为 $4 \times 4 = 16$ km，可能的搜索范围为 $3.14 \times 16^2 = 804$ km^2。

上述行进速度和距离计算的依据是"拿史密夫定律"。通常，计算出来的可能搜索范围的面积非常大。在评估时，了解失踪者的户外知识水平以及活动范围，可以帮助我们缩小可能范围，还可以用来估算搜索需要的时间。

☞ 拓展知识

拿史密夫定律（Naismith's Law）

1892 年，苏格兰登山家拿史密夫根据西方人的体能规律总结出一条关于徒步旅行者行进速度的计算方法。健康成年人在正常负重（不超过体重的1/4）情况下，走平路速度为 4 km/h，上山速度为 400 m/h，下山速度为 800 m/h。

$$全程时间 = 平面行走时间 + 上升时间 + 下降时间$$

以上公式不包括中途停留休息、天气和体能消耗等因素。由于"拿史密夫定律"不是为亚洲人体能设计的，建议参考该定律核算时间总量后多加 10% ~ 15%。

2. 搜索区域的划分

按照地形加网格把整个搜索区域划分成若干个区域，而地形则以合水线及分水线（山脊和山谷）来划分。

3. 搜索区域覆盖

所有搜索区域都要进行网格化覆盖，必要时可以重复搜索同一区域，如图 3-2 所示。

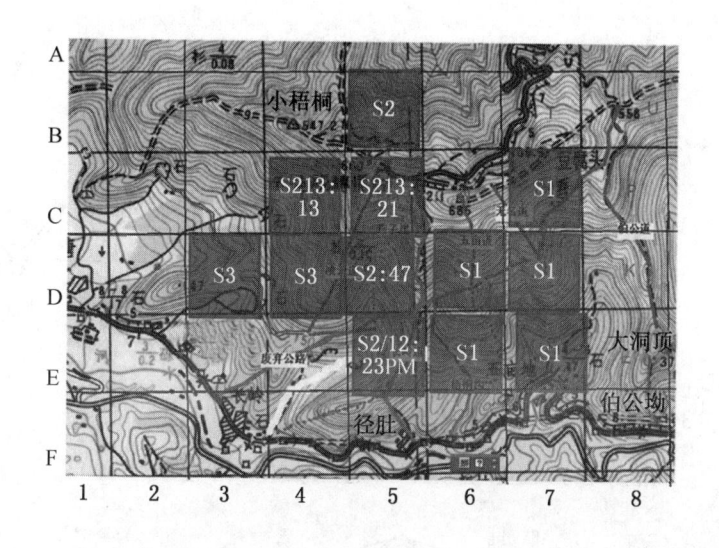

图3-2 搜索区域覆盖

第三节 搜索方式与搜索管理

一、搜索方式

(一) 搜索类型

(1) 按照搜索主体划分：人力搜索、动物搜索、设备搜索。
(2) 按照搜索场地划分：陆地搜索、水域搜索、空中搜索。
(3) 按照搜索时间划分：白天搜索、夜晚搜索。

(二) 搜索队形

(1) 印第安式搜索：采用纵队方式，适用于狭窄的林道或小路，以及夜间搜索，是山地搜索中运用的最主要的搜索方式，如图3-3所示。

(2) 并行式（线式）搜索：采用横队方式，适用于开阔区域，常用于大规模搜索，如图3-4所示。

(3) 等高线式搜索：依山势及山脊展开搜索，可视为变形的并行式搜索，如图3-5所示。

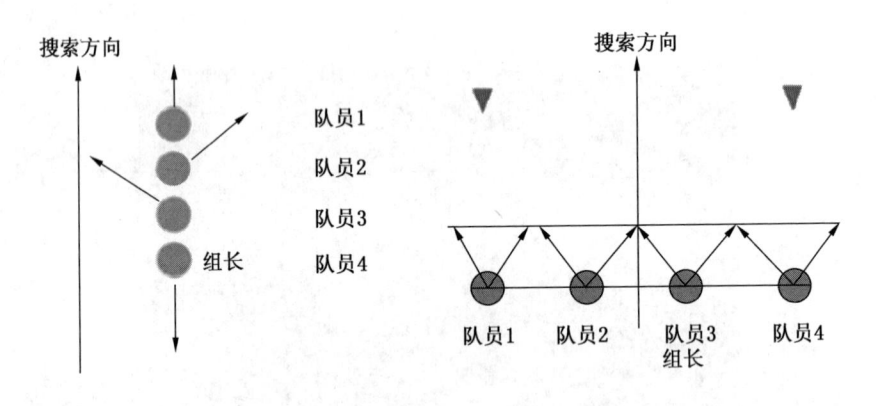

图3-3 印第安式搜索

图3-4 并行式搜索

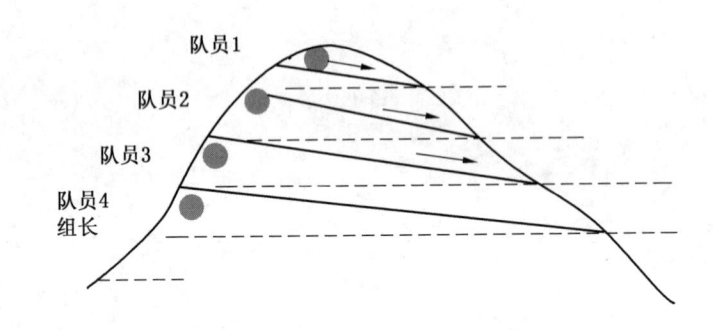

图3-5 等高线式搜索

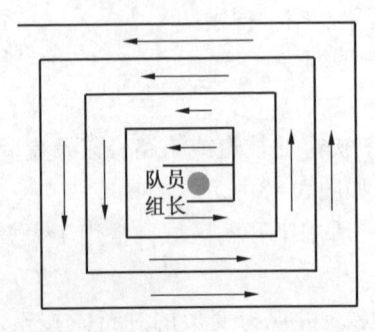

图3-6 扩大正方形式搜索

（4）扩大正方形式搜索：适用于发现线索后，有效、快速、彻底覆盖较小面积，更多地运用于海上船只和飞机的搜索，如图3-6所示。

（三）搜索策略

（1）第一级，有计划地快速搜索：快速搜索可能性大的地区及获取搜索地区的资料反馈给指挥中心。以熟练、自给自足、机动灵活的搜索行动作初步迅速的搜索；详细了解反映的情报；调查有价值的线索；等等。

（2）第二级，有效搜索：通过快速搜索扩大地区、搜索可能性高的地区、搜索情报所指的地区来高效率寻找线索。

（3）第三级，彻底搜索：使用最彻底的方法进行缓慢、有系统的搜索。搜索范围可重叠，以达到更好的覆盖率；同一范围可能再次搜索。

二、搜索管理

（一）定义

搜索管理即在搜救过程中，根据搜救方案，通过充分协同搜救队伍，建立有效通信，对搜索小组进行实时管理，在最短时间内，最大限度地实现搜索区域的有效覆盖。必要时，搜索小组可以建立前进营地以提高效率，也可以通过布置控制线来有效控制失踪者的活动范围，以提高搜索成功率。

良好的搜索管理能够合理利用现有资源，使信息沟通高效透明，提高搜索区域正确性、搜索方案准确性以及提高搜索小组执行力，达成有效搜索。

（二）信息收集管理

信息收集是山地搜救最基础的工作，也是目前很多救援队伍容易忽视的问题。必须指出的是，没有信息收集研判而盲目依赖经验和现场搜索能力，其结果往往事倍功半；反之，卓有成效的信息收集工作，能够引导搜救队伍尽快确定搜索区域并制定搜救方案。信息收集评估的主要内容如下。

（1）失踪者状况评估：失踪者人数，年龄，健康状况，野外经验，食品饮水及衣物，装备情况，随身物品，环境适应程度，失踪时间或已知生存时间，个性特点等。

（2）客观环境评估：地形地貌，植被及动物分布，过去、现在及未来一段时间的天气预报，地质灾害可能性评估，灾害性气候评估，动植物伤害评估等。

（3）失踪者行为历史记录：失踪时间，地理位置，有无地理坐标，已知时间点及位置，已知或可能遇见失踪者的区域及时间，已知或可能遭遇的危险等。

（4）通信条件评估：手机信号覆盖区域，对讲机信号覆盖区域，中继台方位选择等。

（5）搜救队伍构成及信息：搜救队伍的组织架构，指挥系统，联系方式，对讲机频率，环境熟悉程度，装备及物资准备情况，搜索计划及行程安排等。

（6）资讯信息：媒体及网络资料，其他各种有关信息等。

（三）搜救队伍的协同

如果搜索区域较大，需要较多人员同时进行搜救，山地搜救现场就会有多支救援队伍。此时指挥中心需要根据搜索方案，结合队伍能力做好分工和协同。

山地搜救的形势复杂多变，指挥中心需要根据现场力量的实际情况做好梯队配置，以便轮替和应对突发状况；同时要根据搜索区域的大小和地形特点，做好配置一个或多个（级）前进营地的计划。

（1）抵达报备。掌握队伍的人数、装备、能力、后勤及后续力量抵达情况。

（2）分工协同。根据能力、熟悉程度以及装备配置分配搜索区域，明确协同机制、后续梯队配置，做好通信保障、后勤保障支持以及前进营地配置计划。

（3）方案实施。各搜索队伍（小组）按计划抵近，开展搜索，定期汇报汇总，评估搜索成果，优化调整搜索方案，持续开展搜索或暂停搜索等。

（四）通信覆盖

指挥中心应对搜索区域的通信状况做出合理的评估和预判，在没有手机信号、对讲机也无法直接通联的区域，可架设无线电中继电台或使用通信保障小组提供的中转设备进行通信覆盖，避免出现搜索队伍无法通联的状况。无线电中继及通信保障小组的选址，需要参考通信保障小组的建议，必要时使用信号覆盖模拟图进行评估。

（五）搜索小组的实时管理

搜索小组从出发抵近搜索区域到完成计划区域的搜索后返回，全程应做好轨迹记录、信息记录并上报，在通信不畅的区域，设置通信员中转通联。搜索小组如果需要进一步分工搜索，需要确保在无线电通联的范围内，设置汇合点和计划汇合时间，坚持最少三人同行的原则，避免出现落单或脱队。同时搜索小组也要保持与指挥中心的通联，确保信息上报与指令下达能够畅通。

指挥中心应在指挥平台上分别标注各救援队搜索小组的实时位置、工作进展、人员动态，对通信不畅、失联、长时间没有上报信息的搜索小组加以关注，对搜索到有价值的目标或线索的队伍提供人力和技术支援，针对突发气象、地质灾害或其他危及救援人员的突发事件，应实施中止搜索或撤离的方案。

（六）搜索区域的管理

确定搜索区域，对搜索区域进行划分，根据搜索分区的可能性进行评估。如因人力、地形及其他因素无法一次性覆盖所有搜索分区，应从可能性高的搜索区域开始，可能的话对搜索区域进行区域划分隔离，使用人力或自动报警装置设置控制线，如失踪者进入或离开控制区，能够及时发现或提示。完成覆盖的区域，也应做好区划隔离，避免重复搜索。

（七）搜索工具

（1）对讲机。搜救队伍应约定通联频率，遵守通联规范。

（2）卫星导航。确保抵近及搜索区域被覆盖，有轨迹记录。

（3）等高线地图。使用薄膜及记号笔，在分区搜索地图上进行标记，便于汇报和确认搜索任务。

（4）记录工具和标识。搜索小组信息员应做好信息记录，医疗人员做好伤情处置记录，如发现搜索目标和线索，应在地图上进行标记和记录，有关线索应做好记录，必要时使用物证袋进行收集并上交指挥中心进行甄别。

（5）反光路标及其他标记物。导航人员和收尾队员对搜索路线进行标记和确认，避免搜索人员由于路标不清晰导致队伍分散或失联，在完成搜索后，可以根据路标安全撤离。

第四节　搜索定位与导航

导航即寻找路线、抵达目的地的整个过程。定位即在地图上判定自己位置的过程。

山地搜救中，通过地形图的判读与运用，结合卫星导航设备，指挥中心能判定搜救方向、划分搜救范围、派遣适合的搜救小组；救援队员在搜索中使用地图和卫星导航设备确定自身和待救者的相对位置，分析评估地形，寻找最佳行进路线并不断修正，以维持最高的行动效率；待救人员也可以通过提供定位来提高获救效率。

一、地图导航

地图是按照一定数学法则，用规定的图式符号和颜色，把地球表面的自然和社会现象，有选择地缩绘在平面图纸上的图。

按不同标准可以有不同种类的地图，按其具体应用可分为旅游地图、交通地图、城市地图、等高线地形图、航海地图等。

要实现通过地图准确进行导航与定位，首先要掌握地图三要素、等高线的种类和常见的地形地貌特点等知识，并通过不断进行地图与指北针结合运用的实操训练，熟练掌握测量方位角、标定地图、确定站立点的操作方法。

（一）地图三要素

无论哪种类型的地图，都须具备比例尺、图例、方向三个要素。

1. 比例尺

1）概念

地图比例尺即图上距离相比实地距离缩小的程度。地球表面积很大，要把其绘制在平面图纸上,就必须将其按一定比例缩小。缩小时,地图上任意两点间的长度与相应实地长度必须保持一定的比例关系,这个比例关系就叫地图比例尺(图3-7)。

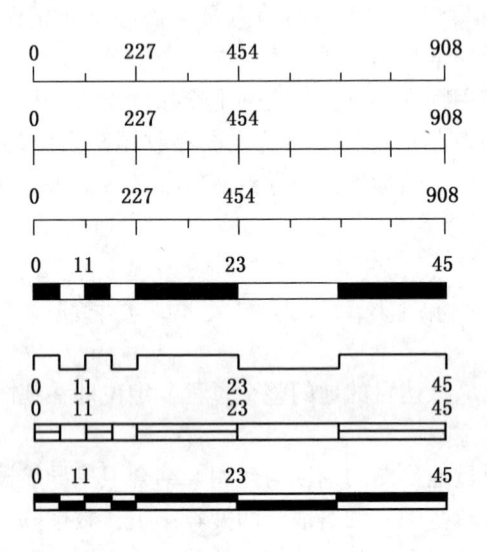

图3-7 比例尺

2）表示方法

（1）数字比例尺:用比例式或分数式表示比例尺的大小。如1∶50000000、1/50000000。

（2）线段比例尺：在地图上画一条线段,并注明地图上单位长度所代表的实际距离（图3-7）。

（3）文字式：在地图上用文字直接描述。如"图上1厘米相当于地面距离500米""比例尺为五万分之一"。

3）特点

（1）数字比例尺的分子通常是1。如1∶50000,即缩小到五万分之一。

（2）比值依分母决定。分母小则比值大,比例尺就大；分母大则比值小,比例尺就小。如1∶50000＞1∶100000。

（3）当图幅面积一定时,比例尺越大,其包含的实地范围就越小,但图上显示的内容越详细；比例尺越小,其包含的实地范围就越大,但图上显示的内容更简略。

2. 图例

在地图上表示不同地理环境要素，如山脉、河流、城市、铁路等所用的符号称为图例。这些符号所表示的意义，常注明在地图的边角上。图例是表达地图内容的基本形式和方法，是现代地图的语言，是读图和用图所借助的工具，包括各种地图符号、文字说明、地理名称和数字等。

3. 方向

（1）正北，即北极点，所有经线均向正北汇集。地图上以指北针表示正北。

（2）方格北，又名地图北，即地图的正上方。地图的方向为"上北，下南，左西，右东"。

（3）磁北，是指北针所指的北方，即地球磁场的北方。指北针测量的目标方位称为磁北方位。

（二）地图其他要素

1. 地图符号

地图内容是通过符号来表达的，地图符号是表示地图内容的基本手段，它由形状不同、大小不一、色彩多样的图形和文字组成（图3-8）。广义的地图符号是指表示各种事物现象的线划图形、色彩、数学语言和注记的总和，也称为地图符号系统。狭义的地图符号是指在图上表示制图对象空间分布、数量、质量等特征的标志，包括线划符号、色彩图形和注记。

图形特点	符号及名称		
与平面形状相似	居民地 	河流、苗圃 	公路、桥梁 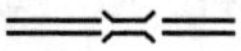
与侧面形状相近	突出阔叶树	烟囱	水塔
与有关意义相应	变电所	矿井	气象站

图3-8 图形特点、符号和名称

1）类型

常用地图符号有点状符号、线状符号、面状符号、说明和配置符号。点状符号表示居民点、独立地物等；线状符号表示道路、河流、等高线等（图3-9）；面状符号表示湖泊、水域、森林等（图3-10）；说明和配置符号主要用来说明、补充上述三种符号不能表示的内容。如表示街区性质的晕线、表示江河流向的箭头等。在表示某些地区的植被及土质分布特征时，如草地、果园、疏林、道旁行树、石块地等，地图符号只表示地物的实地分布情况，并不表示地物的真实位置和数量。

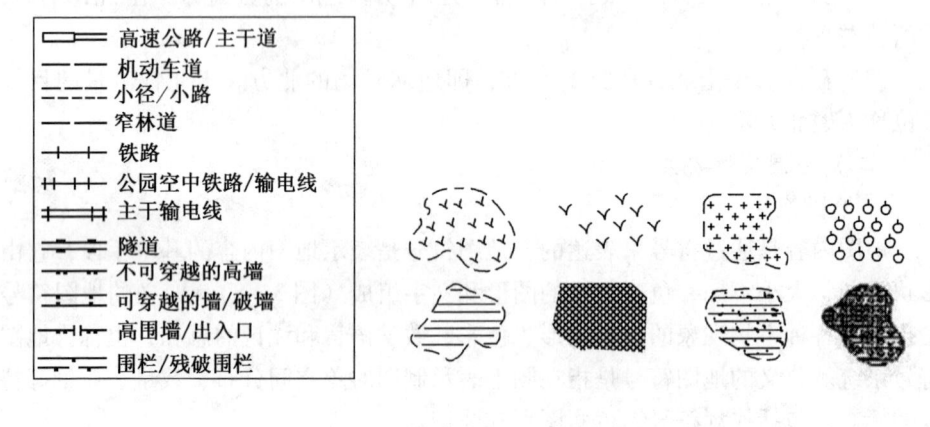

图3-9 线状符号　　　　　图3-10 面状符号

2）颜色

地图符号采用不同的颜色来提高地图表现力，使地图层次分明、清晰易读。目前我国大陆出版的地图主要为四种颜色（表3-1、图3-11）。

表3-1 地图颜色

颜色	适用范围
黑色	人工物体：居民地、独立地物、管线、垣栅、道路、境界及其名称与数量注记等（如图3-11中"宋村""王庄"等）
绿色	植被要素：森林、果园等的普染；1978年后出版的绿色植被符号及注记等（如图3-11中"苹果园""松林"等）
棕色	地貌要素：等高线及其高程注记、地貌符号及其比高注记、棕色土质特征、公路土壤等（如图3-11中等高线）
蓝色	水系要素：河岸线、单线河及其记和普染、雪山地貌等（如图3-11中"清河"）

132

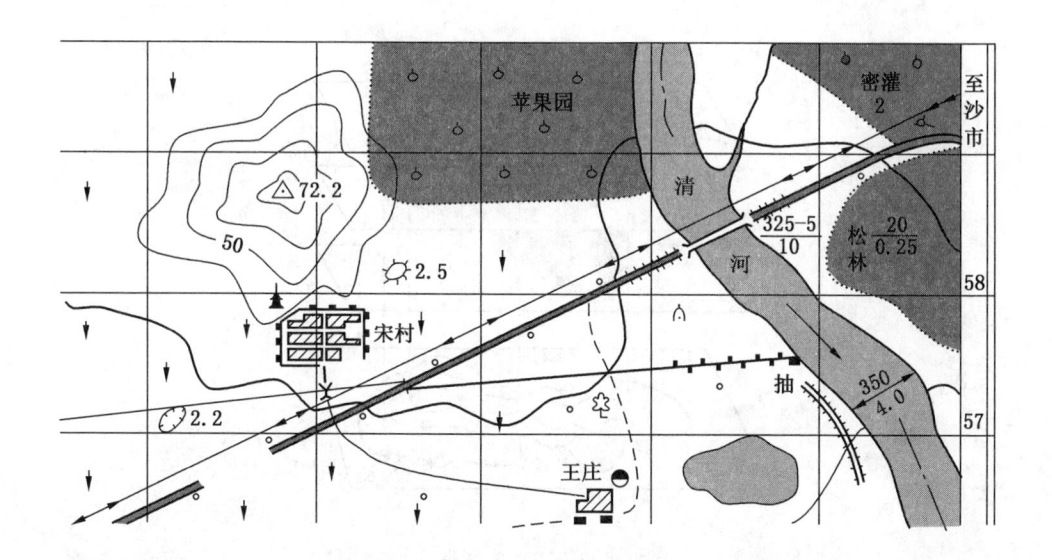

图 3-11　实际地图颜色

2. 地图坐标系

（1）常用的坐标系包括地理坐标（经纬度坐标）和平面直角坐标（UTM 坐标）。

（2）经纬度经常用度、分、秒表示，度、分、秒间的进制是 60 进制。

（3）UTM（通用横轴墨卡托格网系统）坐标是一种平面直角坐标，大比例尺地图 UTM 方格主线间距离一般为 1 km，因此 UTM 方格有时候也被称作方里格。

（三）等高线地形图

等高线地形图是用等高线来表现地面起伏形态的地图。

1. 等高线概念

将地图上海拔相等的各点连接而成的线称为等高线，如图 3-12 所示。等高线不仅能表示出地面的高低起伏状态，还可根据它求得地面的坡度和高程等。

（1）等高线的特点。①每条等高线都是闭合曲线；②同一等高线上各点的高程相等；③在同一幅地图上，等高线多的海拔高，等高线少的海拔低；④等高线稀疏处坡度缓，等高线密集处坡度陡，等高线重合处则有断崖；⑤等高线的弯曲形状与实地相似。

（2）等高线种类和用途。等高线分为首曲线、计曲线、间曲线和助曲线四种，如图 3-13 所示。①首曲线又叫基本等高线，是按规定的等高距从平均海水

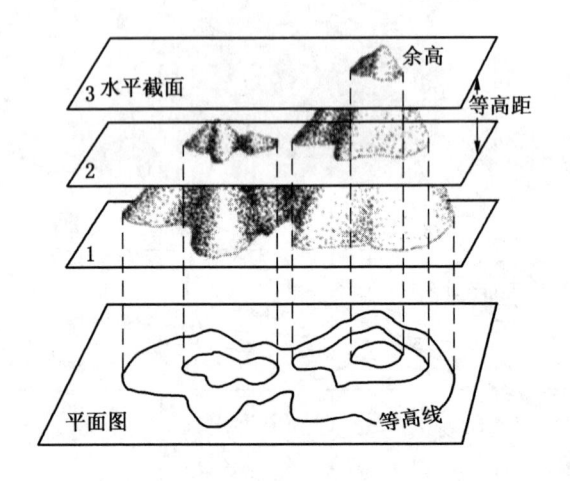

图 3-12 等高线

面起算而测绘的细实线（线粗 0.1 mm），用以显示地貌的基本形态；②计曲线又叫加粗等高线，是从首曲线开始，每隔四条加粗（线粗 0.2 mm）描绘的一条粗实线，用以计算图上等高线的数目和判定高程；③间曲线又叫半距等高线，是按 1/2 等高距测绘的细长虚线，用以显示首曲线不能显示的局部地貌；④助曲线又叫辅助等高线，是按 1/4 等高距测绘的细短虚线，用以显示间曲线仍不能显示的局部地貌。间曲线和助曲线只用于局部地段，除显示山顶、凹地时各自闭合外，一般只画一段；表示鞍部时，一般对称描绘，终止于鞍部两侧；表示斜面时，终止于山脊两侧。

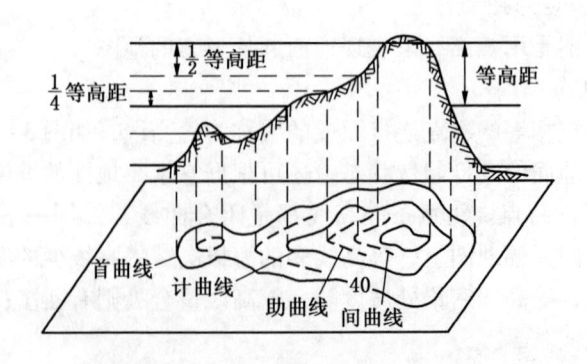

图 3-13 等高线种类及等高距

此外，为了表示斜坡方向，在独立山顶、凹地处，绘制一条与等高线垂直的短线，称为示坡线，不与等高线相连的一端指向下坡方向。

2. 等高距

等高距是相邻两个水平截面之间的垂直距离。在地图上，相邻两条等高线代表的高度差即为等高距，如图 3-13 所示。等高距的大小，在很大程度上决定着地貌表示的详略。等高距越小，等高线越多，地面表示得就越详细；等高距越大，等高线越少，地貌表示得就越概略。

3. 高程和高差

高程是地面上某点高出平均海水面的高度，即海拔，又名真高、绝对高。两点高程之差为高差，即比高，又名相对高，如图 3-14 所示。我国现行的地面的高程规定采用 1985 年国家高程基准。

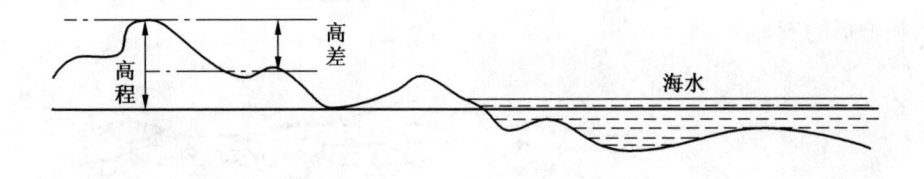

图 3-14　高程和高差

4. 等高线与地貌识别

地貌虽然千差万别，但它们都由某些基本形态所组成。这些基本形态包括山顶、凹地、山背、山谷、鞍部、山脊和斜面等。不管地貌多么复杂，均可将其分解成若干基本形态加以认识。

1）山顶、凹地

比周围地面突高隆起的部分称为山。山的最高部位称为山顶。图上表示山顶的等高线呈小的闭合环圈状。山顶依其形状可分为尖顶、圆顶和平顶三种。比周围地面凹陷，且经常无水的低地为凹地。大面积的凹地称为盆地。图上表示凹地的等高线是一个或数个小闭合环圈。为了区别凹地与山顶，表示凹地的环圈都要加绘示坡线，如图 3-15 所示。

2）山背、山谷

山背是从山顶到山脚的凸起部分，很像动物的脊背。下雨时，雨水落在山背上向两边分流，所以最高凸起的棱线又叫分水线（图 3-16a）。依山背的外形，分为尖的、圆的和平齐的三种。

圆山顶　　　　尖山顶　　　　平山顶　　　　凹地

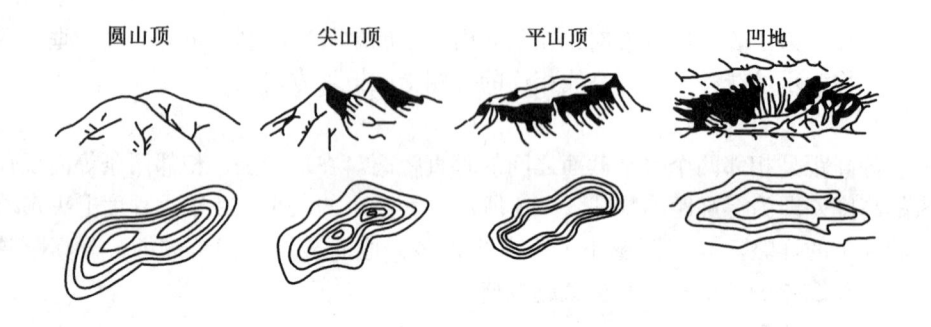

图 3-15　山顶和凹地标识

山谷是相邻山背、山脊之间的低凹部分。由于山谷是聚水的地方，所以最低凹部分的底线为合水线（图 3-16b）。根据山谷横剖面的形状分为尖形的、圆形的和槽形的三种。

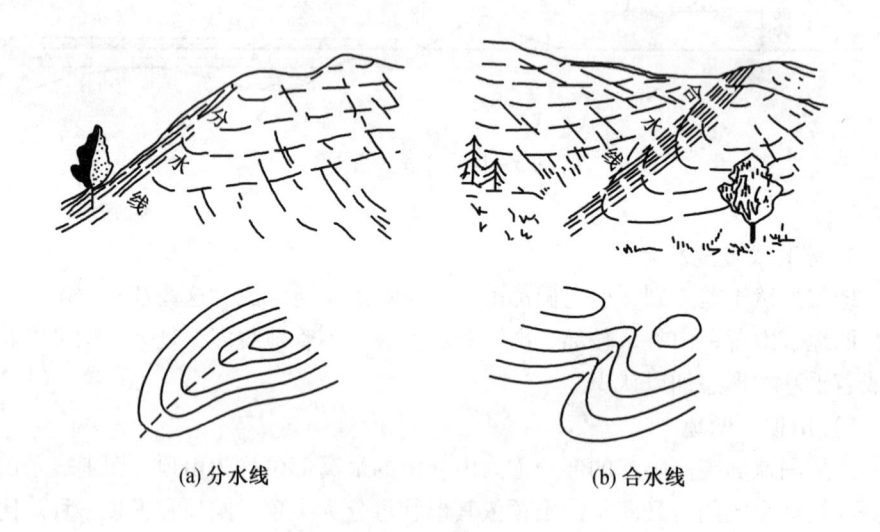

(a) 分水线　　　　　　(b) 合水线

图 3-16　分水线和合水线

3）鞍部

鞍部是相连的两山顶间的下凹部分，其形如马鞍状，如图 3-17 所示。

4）山脊

山脊是由数个山顶、山背、鞍部相连所形成的凸棱部分。山脊的最高棱线叫山脊线，如图 3-18 所示。

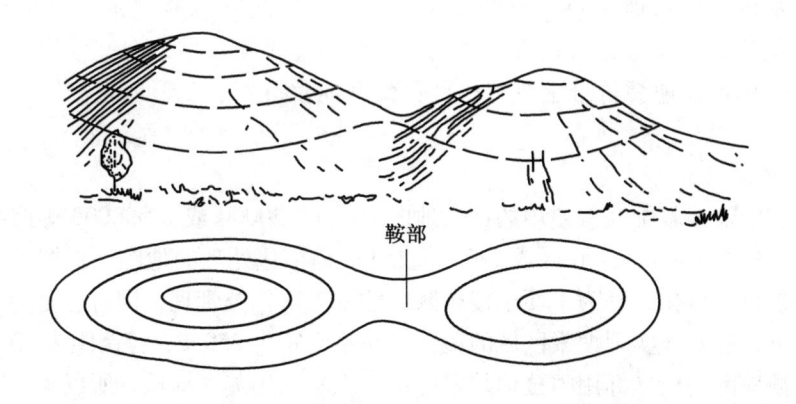

图 3-17 鞍部

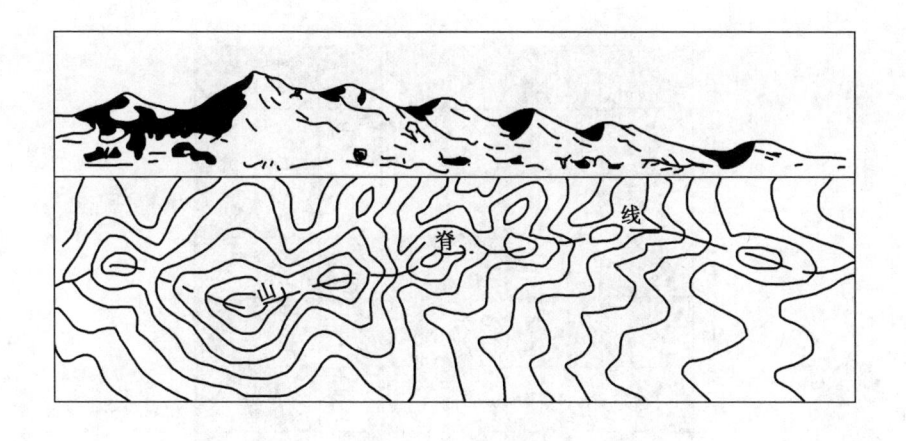

图 3-18 山脊线

5）山脚、山腰

山脚是山体最下部位，下接平地或谷地。山脚是等高线由密变疏的明显部位。山腰是指山顶到山脚的中间部分。

6）斜面

斜面是指从山顶到山脚的倾斜部分，又叫斜坡或山坡。

5. 地貌符号

用等高线表示地貌的方法，虽然比较科学，但它毕竟是一种相当简化的曲线图形。由于地貌形态复杂多变，不论等高距选择得如何正确、描绘得如何精细，都不可能逼真地反映地形的全貌，在等高距之间总有"落选"的微小地貌，这是等高线本身无法克服的缺点。因此，还必须采用地貌符号，才能弥补等高线之不足。地貌符号主要有三种：微型地貌符号、变形地貌符号、土质特征符号。

6. 搜索地图

目前山地搜救中经常使用的搜索地图为在1∶20000或1∶50000等高线地图的基础上进行400 m×400 m或250 m×250 m栅格化处理的地图。指挥中心对搜索区域进行栅格化，是为了便于搜救队伍的分工协作及管理，同时也是为了量化搜索任务，有效地实现搜索区域的覆盖。网格间距为250 m，等高距为10 m。

格栅地图的横坐标用阿拉伯数字标识，纵坐标用英文标识。所以某一特定搜索范围的标识就可以用横坐标+纵坐标来标识，如图3-19中395高地为B6区，205高地为F2区等。

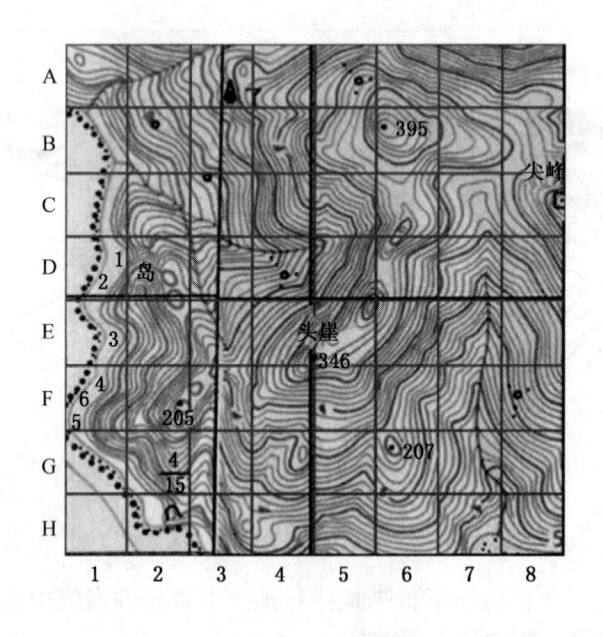

图3-19 格栅地图

（四）指北针

指北针（图3-20）是一种用于指示方向的工具，广泛应用于各领域的方向判读，如航海、野外探险、城市道路地图阅读等。它也是登山探险不可或缺的工具。

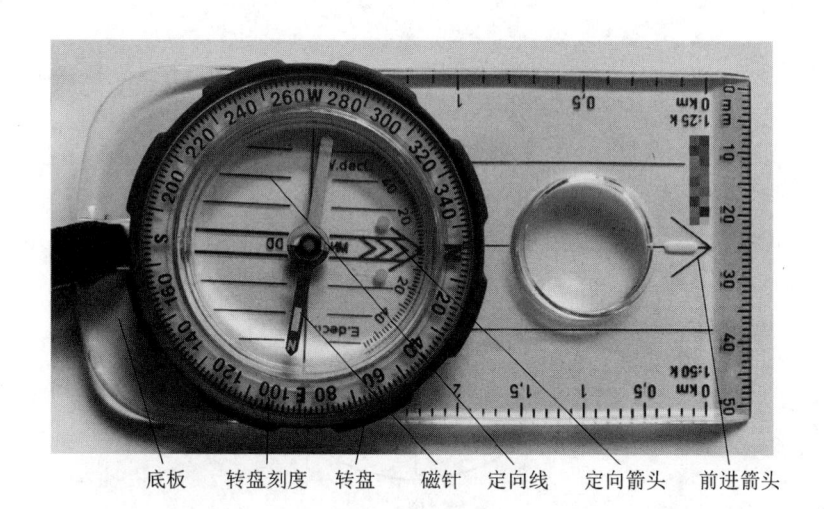

图3-20 指北针
底板　转盘刻度　转盘　磁针　定向线　定向箭头　前进箭头

1. 基本功能

指北针是利用地球磁场的作用来指示北方方位，它必须配合地图寻找相对位置后才能了解自己身处的位置。

2. 式样

指北针式样繁多，山地户外广泛使用的带刻度转盘和透明底板的指北针，是西维氏式指北针的一种。

3. 维护保养

（1）放置指北针时，不要靠近铁等磁性物质，以免损耗磁性。

（2）不可用测绘尺敲打，以免影响测量精度。

（3）转盘勿变形，以免影响瞄准和看读分划，表面要保持光洁，不要用脏布、手去揩擦。

（4）指北针不用时应收起放入盒中，注意不要碰撞。

（五）方位角

方位角是从某点的指北方向线起，依顺时针方向至目标方向线间的水平夹角，常用"度"和"密位"作单位。方位角常用于判定方位、指示目标和保持行进方向，如图3-21所示。

（六）地形图判读

1. 标定地图

地图的方位为上北、下南、左西、右东。标定地图，就是使地图方位与实地

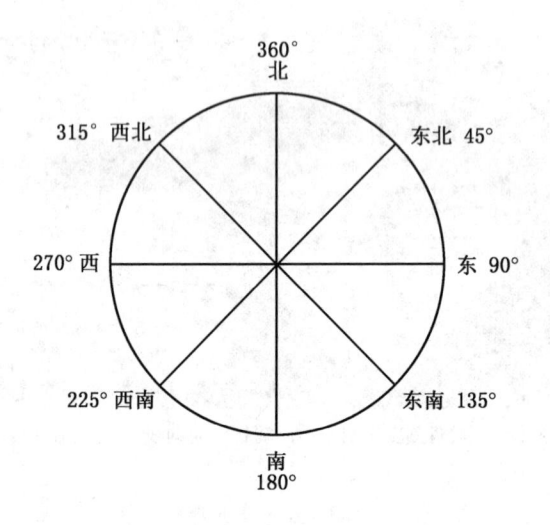

```
        360°
         北
315° 西北      东北 45°

270° 西          东 90°

225° 西南      东南 135°
         南
        180°
```

图 3-21 方位角

方位相一致，这是地图与实地对照的前提。常用方法如下。

（1）概略标定。在实地判明方位后，将地图的上方对向现场的北方，地图即已概略标定。这种方法简便迅速，是现场标定地图最常用的方法。

（2）用指北针标定。地图保持水平状态，然后将指北针平放于地图上，转动地形图，让指北针的磁针与地图北方向一致，地图被标定。

（3）利用直长地物标定地图。利用直长地物（指道路、河渠、土堤、电线等）标定地图，应先在图上找到这段直长地物的符号，对照两侧地形，使地图和现场的关系位置概略相符；再转动地图，使图上的直长地物符号与现场对应的直长地物方向一致，地图即已标定，如图 3-22 所示。

（4）采用明显地形点标定地图。在明显地形点上使用地图时，可依明显地形点标定地图，标定时，首先确定站立点在图上的位置；再选一图上和实地都有的远方明显地形点（如山顶、独立地物等）作为目标点；然后将指北针直尺（或三棱尺）的边切于图上站立点和该目标点上，并转动地图，通过照门、准星照准实地目标点，地图即已标定，如图 3-23 所示。

（5）依北极星标定地图。晴夜间，可利用北极星标定地图。标定时，先面向北极星，并使地图上方朝北，然后转动地图，使东（或西）内图廓线（即真子午线）对准北极星，地图即已标定。

第三章 山地搜救现场作业

图 3-22 直长地物标定地图

图 3-23 依明显地形点标定地图

2. 确定站立点

将自己所在位置,准确地标绘在地图上,称为确定站立点。确定站立点是基本功,只有位置明确,才能方位清晰、行动自如。常用方法有估测法、后方交会法、截线法。

山 地 搜 救

1）估测法

估测法是在对照了站立点附近地形的基础上进行的。当站立点在明显的地形点上时，从图上找到该地形点，即站立点的图上位置。如果站立点不在地形点上，但附近有明显地形特征时，可先标定地图，对照站立点周围的地形细部，分析站立点与周围地形特征的关系位置，即可目估判定站立点的图上位置，如图3-24～图3-26所示。

图3-24 估测站立点

图3-25 利用相对位置确定地形

第三章　山地搜救现场作业

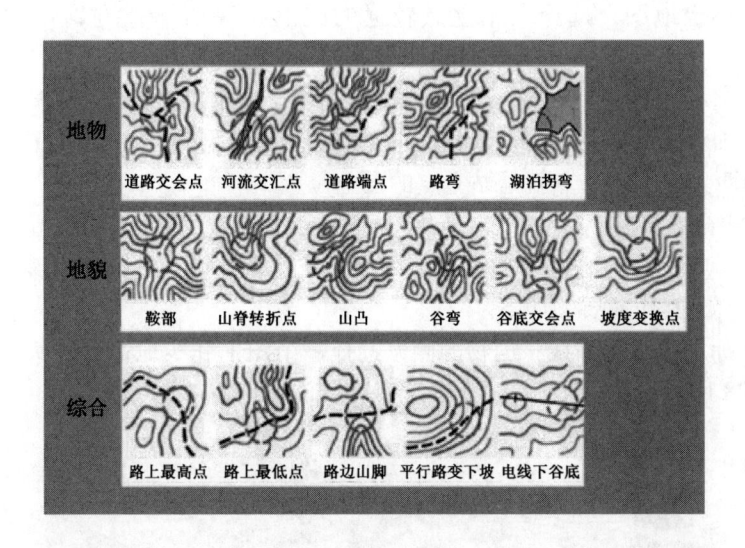

图 3-26　明显地形点

2) 后方交会法

当站立点附近地形特征不明显，但周围有两个以上图上、现场都有的地形点时，可采用后方交会法（图 3-27）确定站立点，其作业要领如下。

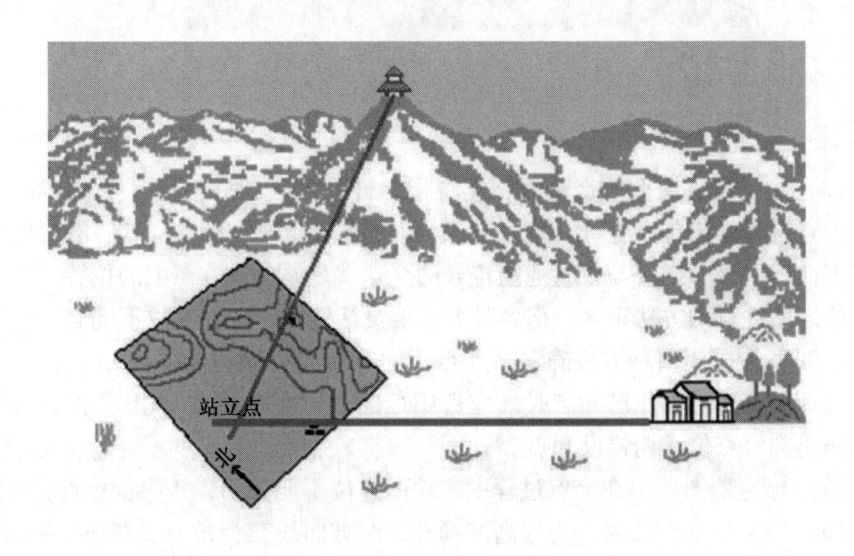

图 3-27　后方交会法

143

（1）标定地图，选择离站立点较远的图上和现场都有的 2～3 个明显地形点。

（2）将指北针直尺（或三棱尺）边分别切于图上两个地形点符号的定位点上（可插细针）；依次瞄准现场相应的地形点，然后分别沿直尺边向后画方向线，图上两方向线的交点就是站立点的图上位置。

3）截线法

当站立点在线状地物（如道路、河流、土堤等）上时，可利用截线法确定其图上位置，其作业要领如下。

（1）标定地图。在线状地物的侧方选择一个图上和实地都有的明显地形点，如图 3-28 所示。

图 3-28　图上和实地对照

（2）进行侧方交会。交会时，先将指北针直尺（或三棱尺）边切于图上相应地形点符号的定位点上（可插细针），再瞄准现场该地形点，然后沿直尺边向后画方向线，该方向线与线状地物符号的交点就是站立点在图上的位置。

确定站立点的方法很多，但各种方法要灵活运用，并注意以下问题。

（1）不论采用何种方法确定站立点，均应首先仔细分析研究站立点周围地形。选择明显地形点作已知点时（宜选用近的、精度高的），图上位置一定要找准，防止判错点位，用错已知点。

（2）标定地图后，在定点过程中，地图方位不能变动，并注意检查。

（3）当采用交会法时，为提高准确性，两方向线交会角一般在 30°～150°之间。条件允许时，要用另一个地形点进行交会以检验。如三条方向线不交于一点而出现示误三角形，其最大边长不超过 1.5 mm 时，取三角形中心为站立点图上位置；超过 1.5 mm 时，应找出原因，重新作业。

（4）对照地形时，应首先抓住已知点多而且精度高的主要方向进行对照。定点时，要以精度高的已知点为定点依据，同时要重点对照和采用其他定点方法进行检查。

（5）夜间确定站立点的方法基本上与白天相同。但是，由于夜间能见度不良，给对照地形以及在现场寻找地形点和向地形点瞄准带来了困难。因此，要注意夜间对照地形、确定站立点的图上位置的特点和要领。

（6）夜间对照地形时，应先在图上仔细研究。最好能做到"心中有图"，对一些重要的地形，还应当"心中有数"，即记住其方向、距离和特征。然后到现场实地研究，对照测证研究的结果。对照时，要尽量利用能看见的居民地的轮廓、山脊线、由地貌起伏形成的天际线的轮廓，以及反光的地物（河流、道路、场地等），并尽可能由低处向高处观察、由暗处向明处观察。另外，还可利用一切光亮来观察周围地形。

（7）确定站立点的图上位置时，要尽量选用近的地形点。一般用指北针标定地图，采用极距法作业。当能见度差、向地形点瞄准有困难时，可在点位上用灯光显示。

3. 按地图行进

（1）选择行进路线。行进路线是根据任务、地形和装备等情况在图上选出的最佳行进路线。选择时，应着重考虑和研究路线上与行动有关的地形因素，如地貌起伏、沿线居民地、森林地、山垭口以及桥梁、渡口等。在越野行进时，应使每一转弯点都保证有明显的方位物。在夜间行进时，则应注意选定夜间便于识别的方位物。为便于行进中掌握方向，在路线选定后，还应在沿线选定明显突出、不易变化的目标作为方位物，如行进线上的转弯点、岔路口、桥梁、居民地的出入口、城市中的广场和突出建筑物，以及沿线两侧的高地等。

（2）在图上标绘行进路线。标绘行进路线和方位物，就是将选定的行进路线（起点、转折点和终点）和方位物，用彩色笔醒目地标绘于图上，并按行进顺序进行编号，以便行进中对照检查。必要时也可专门制作行军路线略图。

（3）量取里程和计算时间。在图上量取行进路线上各段里程和计算行进时间，注记在图上或工作手册上。如行进路线上地貌起伏较大时，还应当将图上量得的水平距离，按不同的坡度改正为实地距离。为了便于掌握行进速度和时间，需要时可将改正后的各段距离，根据预定行进速度换算为行进时间。

（4）熟记行进路线。一般按行进顺序，把每段的里程、行进时间、经过的居民地、两侧方位物和地貌特征，特别是道路的转弯处、岔路口和居民地进出口附近的方位物及地形特征等都熟记在脑中，力求做到"胸中有图，未到先知"。

总之，图上准备可概括为一选、二标、三量算、四熟记。

（七）地图与指北针导航实操练习

1. 标定地图

（1）地图保持水平状态，然后将指北针平放于地图上。

（2）转动地形图，让指北针的磁针与地图北方向一致，地图即被标定。

2. 实地测量方位角

（1）指北针保持水平状态，前进箭头指向目标物。

（2）转动转盘，使定向箭头（定向北）与磁针箭头（磁针北）重合。

（3）阅读刻度线上的读数，即为站立点和目标物之间的方位角。

3. 导航——西维氏三步法

（1）用指北针的直尺边连接地图上两点，同时前进箭头的方向平行指向目标点（即图上测量方位角）。

（2）转动转盘，使定向箭头（定向北）和地图北平行。

（3）保持转盘不动，在水平状态下转动指北针，使定向箭头（定向北）与磁针箭头（磁针北）重合，前进箭头指向的方向即为目标方向。

二、卫星导航与定位

在搜索中，纸质地形图与电子卫星导航设备、手机导航 APP 结合运用，可以帮助救援队员快速定位、利用已有航迹和经纬度坐标导航行进，尤其当被困人员能够提供自身位置坐标时，救援队员可以据此规划救援路线，更快速定位和接近被困人员。同时，记录各搜索小组的行动轨迹、记录搜索中发现有效线索的坐标，快速回传至指挥中心做进一步信息研判，提高搜索区域的覆盖率，并作为后期总结和资料记录使用。

（一）卫星定位系统

卫星定位系统是覆盖全球的自主地理空间定位的卫星系统，允许小巧的电子接收器确定它的所在位置（经度、纬度和高度），经由卫星广播沿视线方向传送的时间信号精确到 10 m 范围内。接收机精确计算的时间以及位置，可以作为科学实验的参考。

目前全世界共有四大卫星导航定位系统，其中美国的 GPS、俄罗斯的格洛纳斯（GLONASS）、中国的北斗已经完成全面组网，只有欧盟的伽利略系统还在艰难前行。

中国北斗卫星导航系统是中国自行研制的全球卫星导航系统（简称 BDS），也是继 GPS、GLONASS 之后的第三个成熟的卫星导航系统。北斗卫星导航系统（BDS）和美国 GPS、俄罗斯 GLONASS、欧盟 GALILEO，是联合国卫星导航委员会已认定的供应商。

北斗卫星导航系统由空间段、地面段和用户段三部分组成，可在全球范围内全天候、全天时为各类用户提供高精度、高可靠的定位、导航、授时服务，并且具备短报文通信能力，已经初步具备区域导航、定位和授时能力，定位精度为分米、厘米级别，测速精度 0.2 m/s，授时精度 10 ns。

（二）航迹（轨迹）

航迹是依据手持卫星导航定位仪或手机 APP 记录采集的一系列山地活动的位置点，每个点至少包括日期、时间、经度、纬度、海拔信息，有的轨迹记录仪还包含速度等信息。

第四章　山地搜救绳索技术

在山地搜救过程中，由于地形复杂、天气多变，救援任务通常面临着各类阻碍和挑战，为了安全、高效地实施救援行动，往往会用到大量绳索技术作为救援手段。本章涉及的绳索救援技术适合在山地环境下使用。所有的救援人员应在充分做好风险控制、安全管理后使用相关技术，在最大限度保障安全的前提下实施救援。

第一节　常用绳结

绳结一般指绳索通过有规律的编织后，发生变形、摩擦、挤压而达到某项功能的可使用部位。绳结种类繁多，但好的绳结需满足以下要求：打法简单、受力易解、容易检查、性能高。绳结性能是指打结后绳索破断拉力强度与未打结直绳的破断拉力强度的比值。

绳索标定的抗拉强度是测试拉拽没有弯曲的直绳获得的性能数据，八种绳结性能参考值见表4-1。测试时所有绳芯都均匀受力，性能得以最大化。绳索的任何弯曲都会使内部绳芯产生内外径差，从而造成绳芯受力不均而影响性能。

表4-1　八种绳结性能参考值

绳结名称	性　能	绳结名称	性　能
单结	60%~65%	双渔人结	65%~70%
双8字结	70%~75%	平结	43%~47%
布林结	70%~75%	蝴蝶结	61%~72%
水结	60%~70%	无张力结	100%

绳结编制手法多样，下面简要介绍单结、水结、双8字结等十三种山地搜救中常用的绳结。打结时应注意绳股平顺、工作绳环大小合适、绳结收紧、绳结余绳为绳径的10倍。

第四章　山地搜救绳索技术

一、单结

单结（图4-1）是其他绳结的基础，众多绳结由此演变而来，但是单结一般不能单独使用。

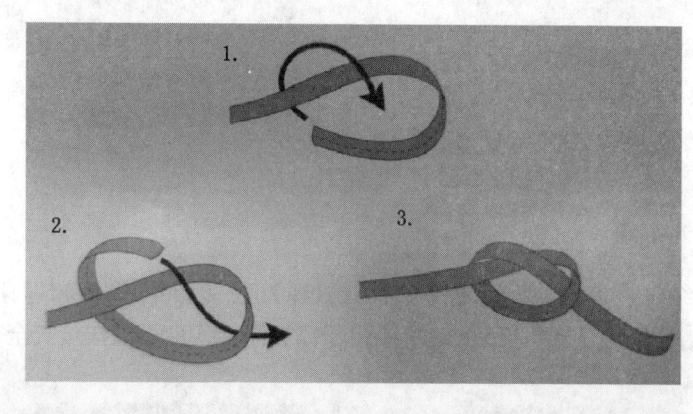

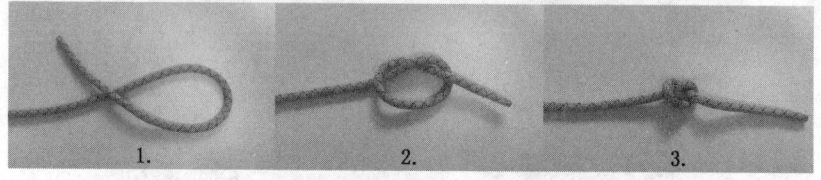

图4-1　单结打法

二、水结

水结是由一个绳头沿另一绳头上的单结反向穿绕而成，如图4-2所示。绳结性能达60%~70%，主要用于连接散扁带。

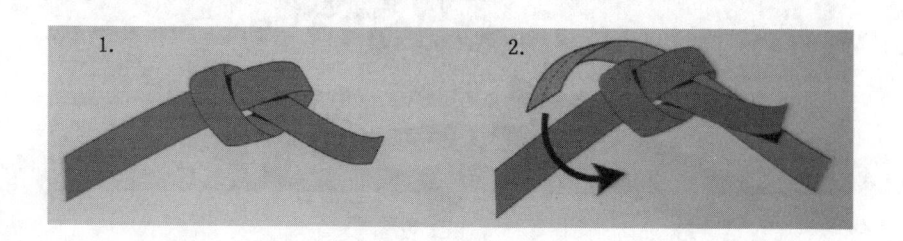

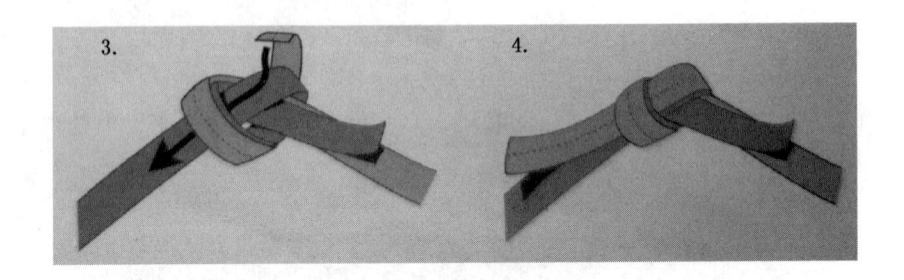

图 4-2 水结打法

三、双 8 字结

双 8 字结是最重要的绳结之一，有双股绳打法（图 4-3）和返穿打法（图 4-4）。绳结性能达 70%~75%，主要用于锚点绳结，也可以挂接安全带与系统。

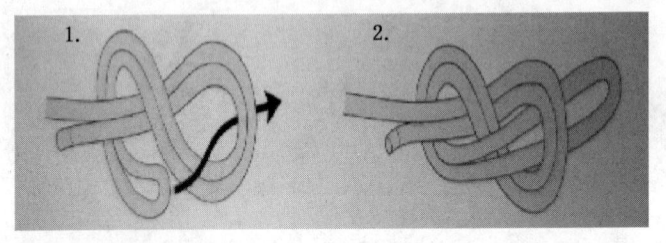

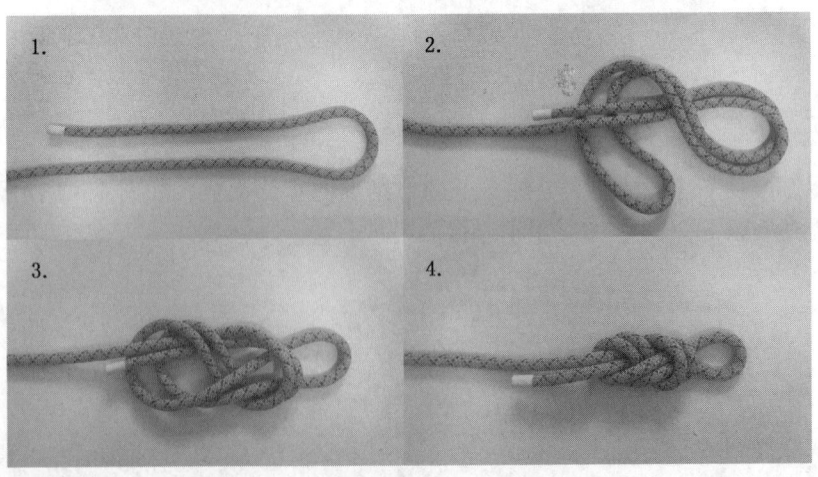

图 4-3 双 8 字结双股绳打法

第四章　山地搜救绳索技术

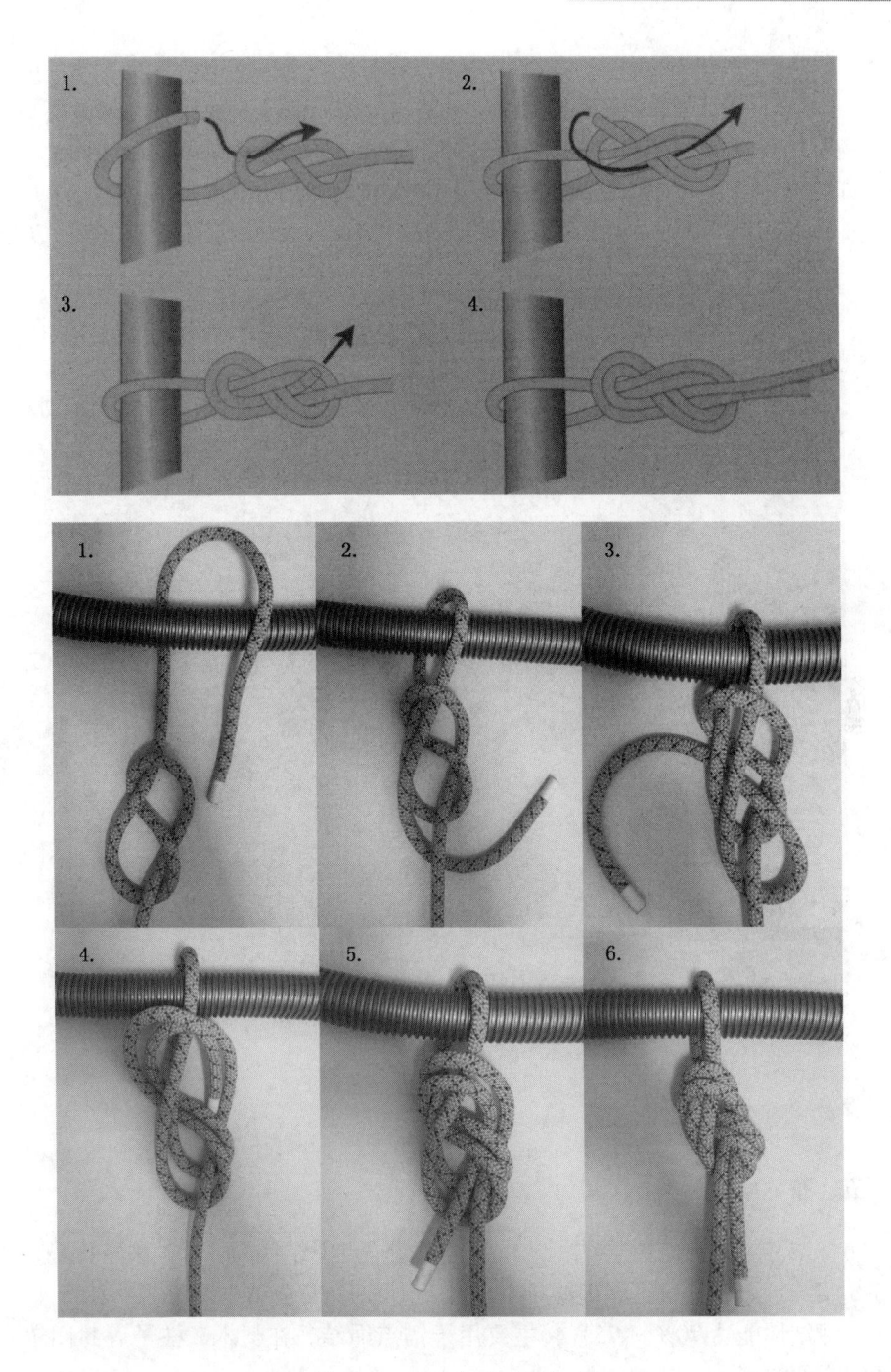

图4-4　双8字结返穿打法

四、兔耳结

兔耳结是在双 8 字结的基础上变形而来的，适合连接相距较近的两点保护站，如图 4-5 所示。绳结性能达 75%，主要用于锚点绳结。

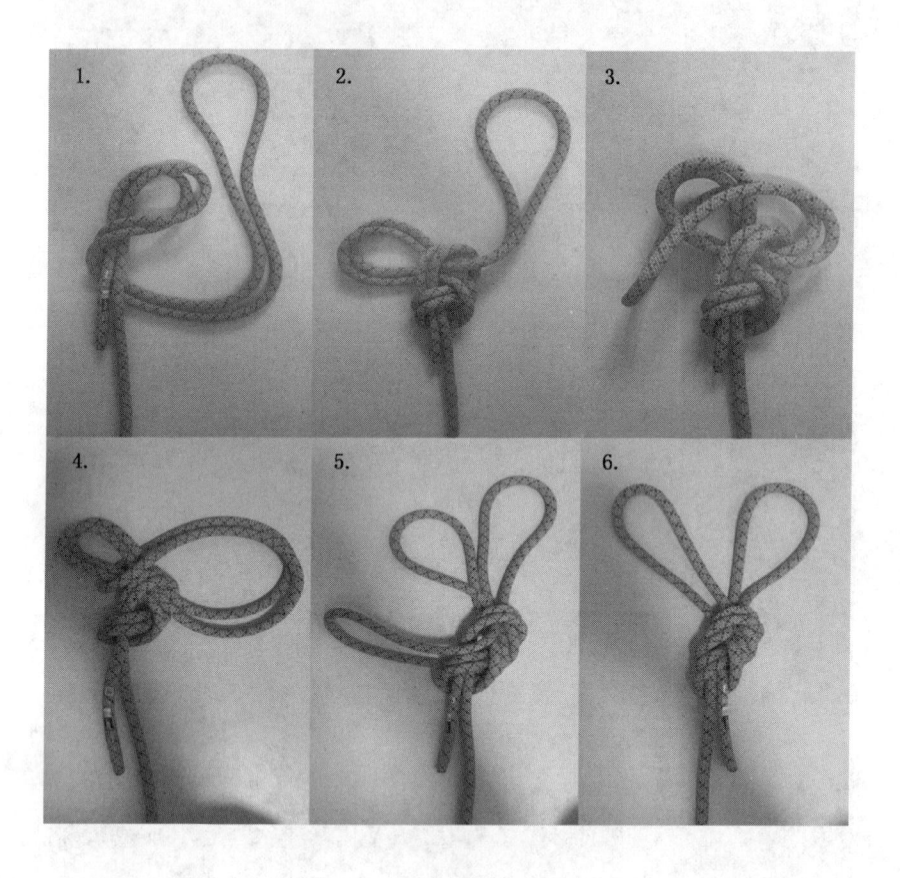

图 4-5　兔耳结打法

五、布林结

布林结又名称人结、腰结，常作为封闭端锚点绳结使用，有其独特优势，相对双 8 字结也更容易解开，但必须在绳结后加一个安全结以防松脱，如图 4-6 所示。绳结性能达 70%~75%，主要用于锚点绳结，在树木、柱子等封闭锚点使用时方便快捷。

第四章　山地搜救绳索技术

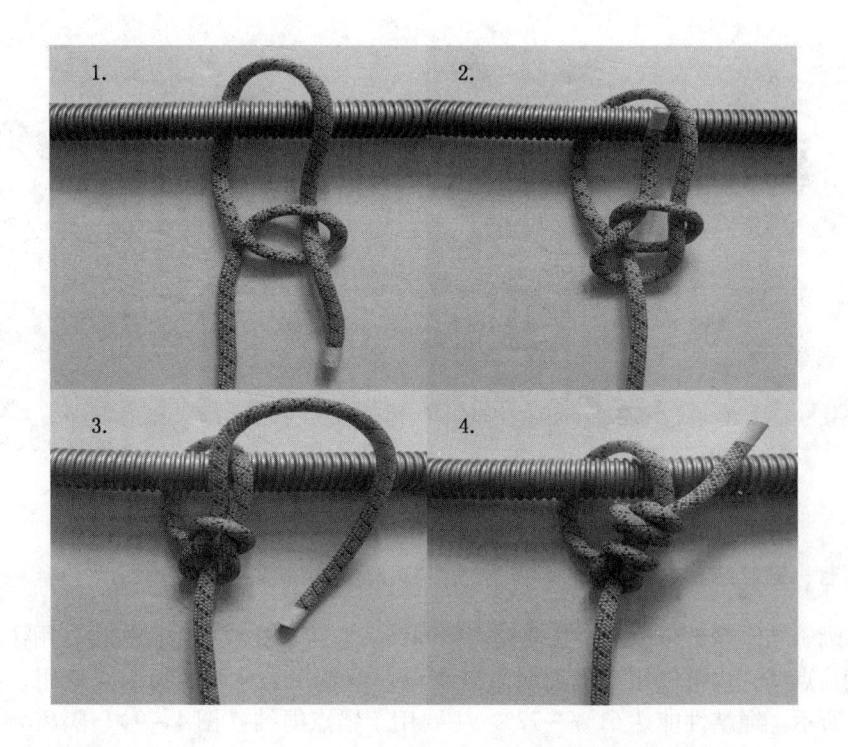

图4-6　布林结打法

六、平结

平结因绳索折返了180°，造成绳结性能显著下降，一般只在不影响安全的接绳中使用。打法口诀是"左压右，右压左"，如图4-7所示。绳结性能在45%左右，主要用于联结两条直径和材质相同的绳索。

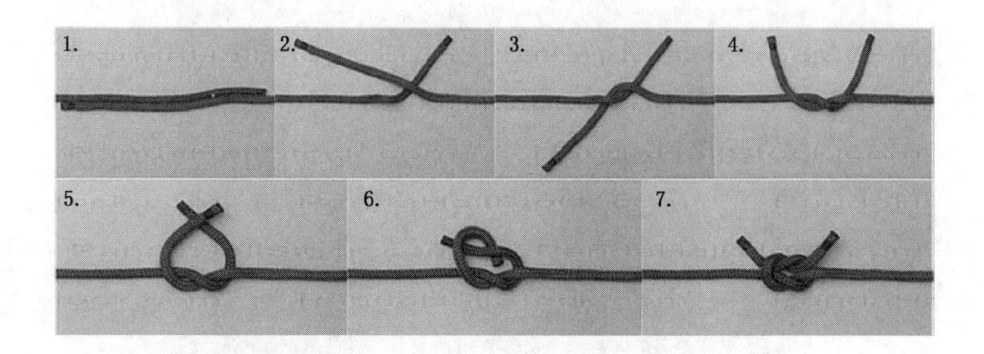

山 地 搜 救

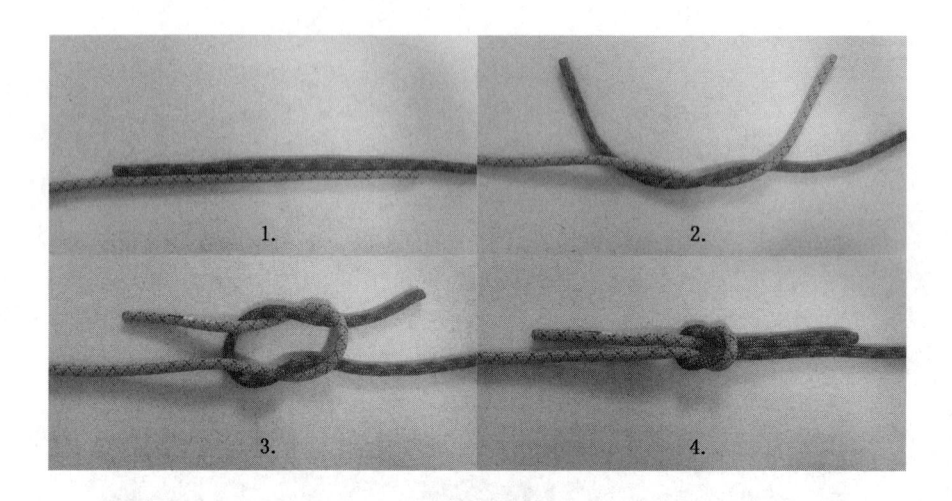

图4-7 平结打法

七、蝴蝶结

蝴蝶结是少数可以三个方向受力的绳结。它可以在绳索中段打出，用作绳索中段锚点结，也可以用于隔离绳索破损点，或者作为路绳的抓手点使用，如图4-8所示。绳结性能达61%~72%，主要用于锚点绳结（图4-9）、隔离绳索破损点（图4-10）等。

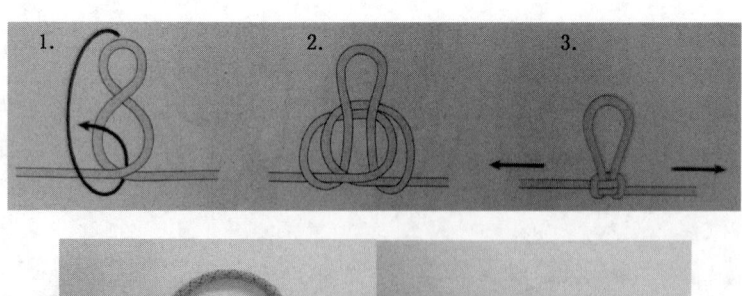

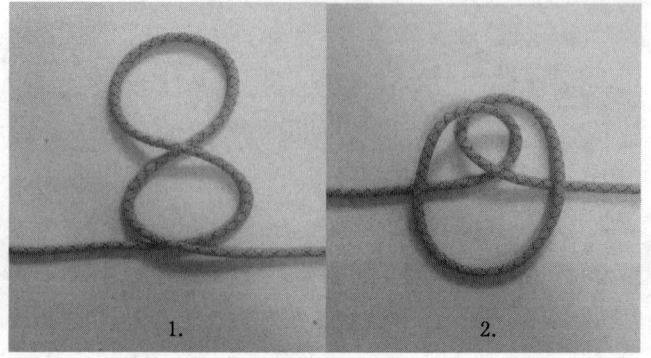

154

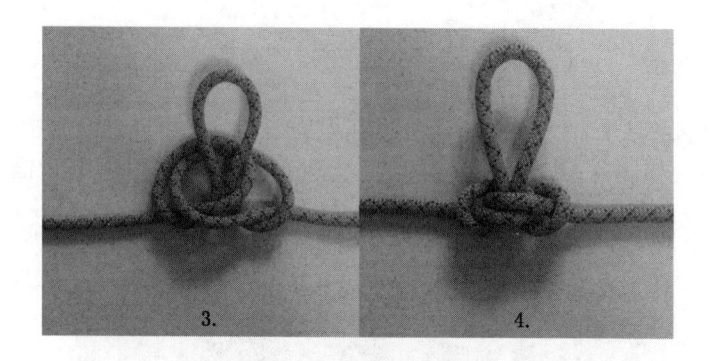

图4-8 蝴蝶结打法

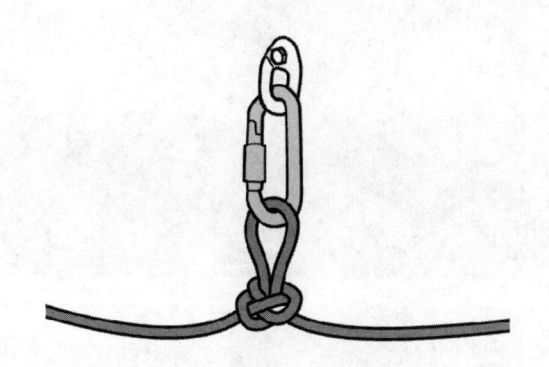

图4-9 蝴蝶结作中间锚点

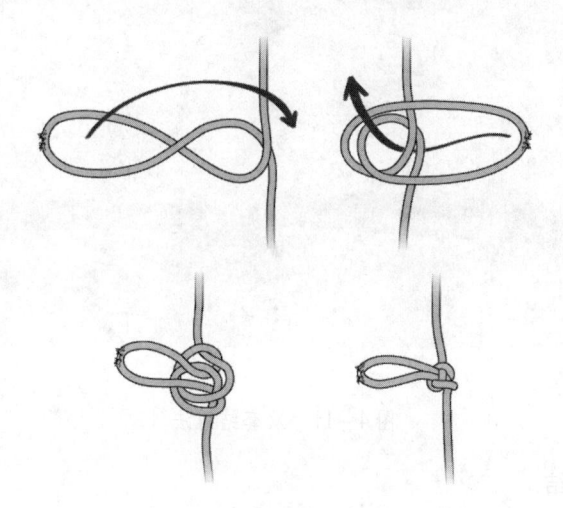

图4-10 蝴蝶结隔离破损点

155

八、双套结

双套结又称丁香结、卷结，既可以在绳头编制，也可以在绳索中段使用，并且方便调节，如图4-11所示。绳结性能达62%，主要用于中间锚点、绳梯、三脚架等。

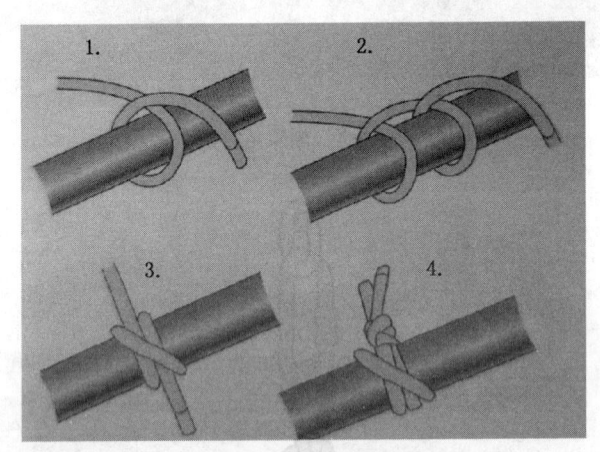

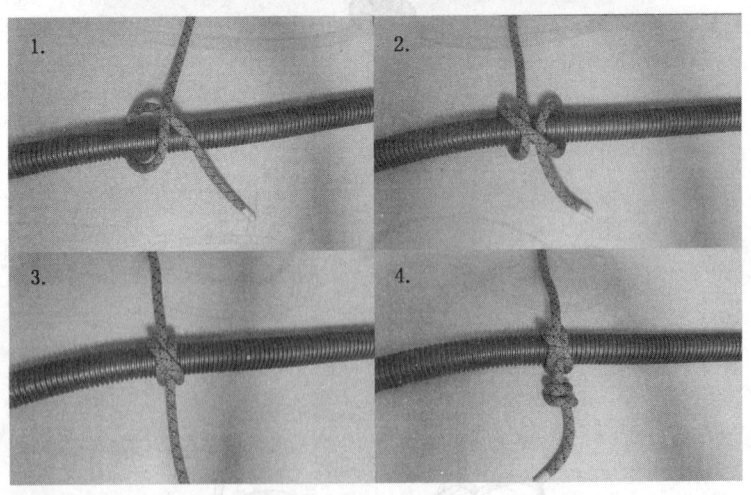

图4-11 双套结打法

九、双渔人结

双渔人结可以连接两根直径和材质相同的绳索，或者将一根绳索两头联结形

第四章　山地搜救绳索技术

成绳圈，受力后非常稳固，不容易解开，是制作抓结辅绳圈最适合的绳结，如图4-12所示。绳结性能达65%~70%，主要用于连接两根绳索、制作绳圈等。

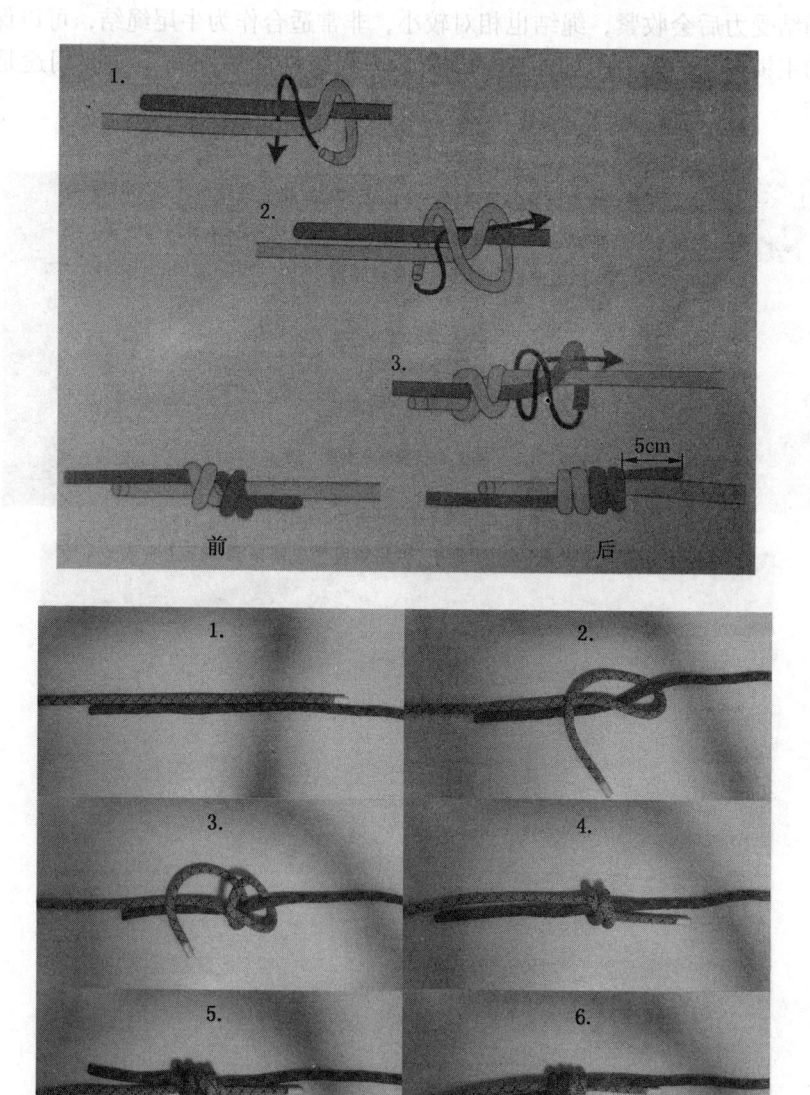

图4-12　双渔人结打法

十、桶结

桶结受力后会收紧，绳结也相对较小，非常适合作为牛尾绳结，可以保持牛尾上的主锁在长轴受力，如图 4-13 所示。绳结性能达 69%，主要用途是作牛尾绳结。

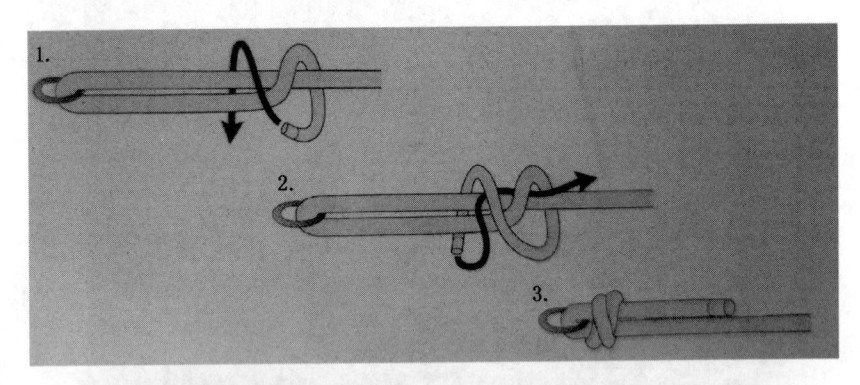

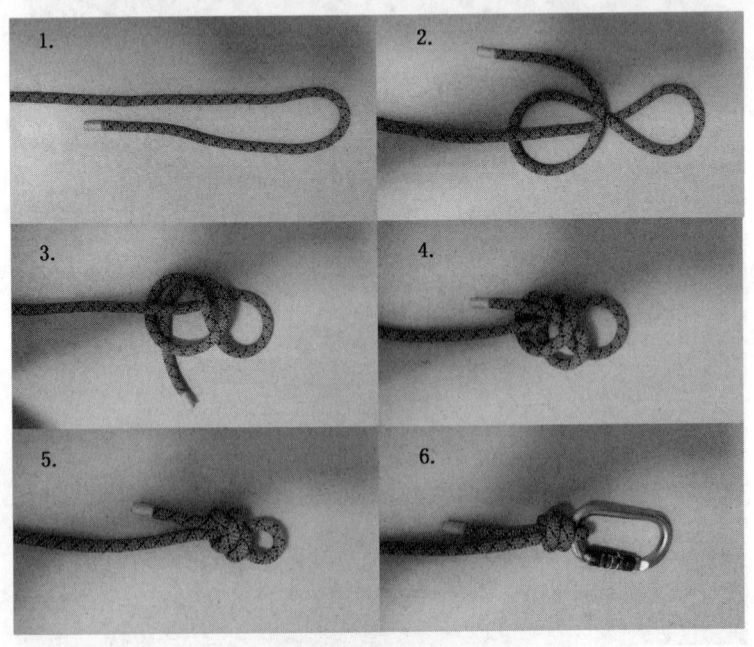

图 4-13 桶结打法

十一、普鲁士抓结

普鲁士抓结是最常用的摩擦抓结，与法式抓结及克式抓结相比，适用范围更广。在一根短绳上打双渔人结，形成一个辅绳圈，然后用其绕主绳套三圈即可形成普鲁士抓结，如图4-14所示。主要用途是摩擦制动、下降保护、提拉保护等。

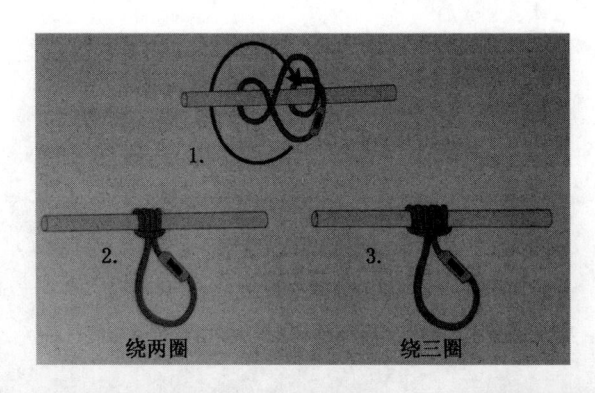

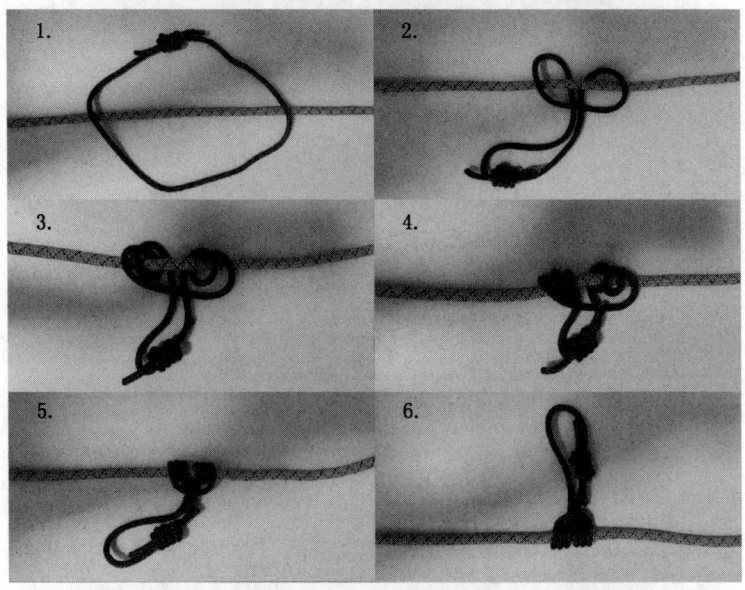

图4-14 普鲁士抓结打法

十二、意大利半扣

意大利半扣是一个特殊的绳结，可以作为滑动摩擦结用于个人应急下降、释放人员和物资；作为摩擦制停结用于提拉系统；在锁定后也可作为锚点绳结，应用于横渡绳桥等高负载场景。它在承受大负载时仍可以轻松解除锁定并释放负载，如图4-15所示。绳结性能达60%，主要用途是下降、锚点、摩擦制停。

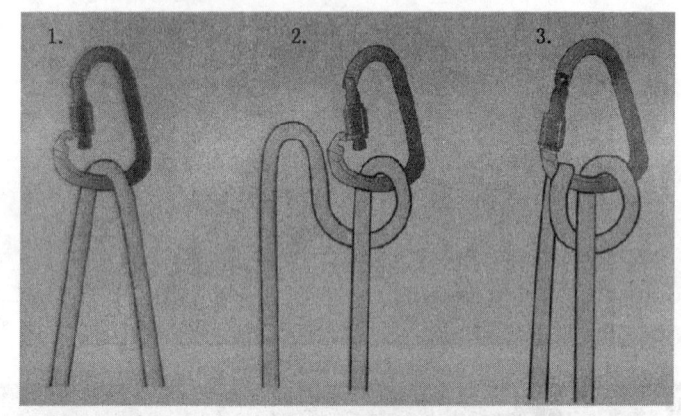

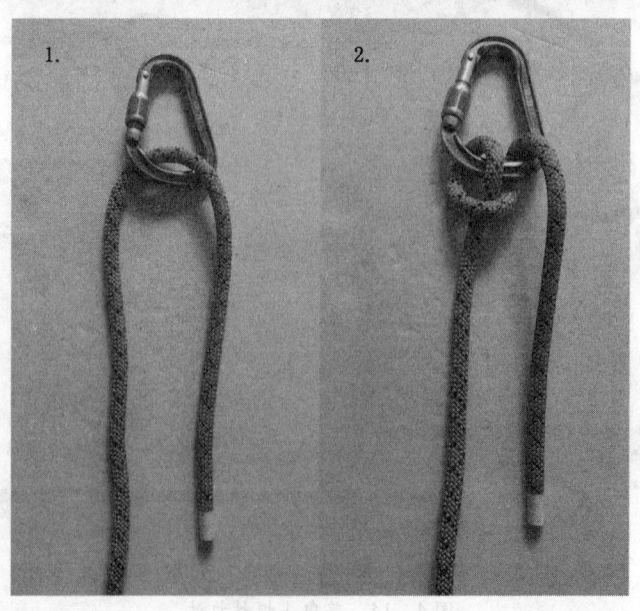

图4-15 意大利半扣打法

第四章　山地搜救绳索技术

意大利半扣的锁定如图4-16所示。

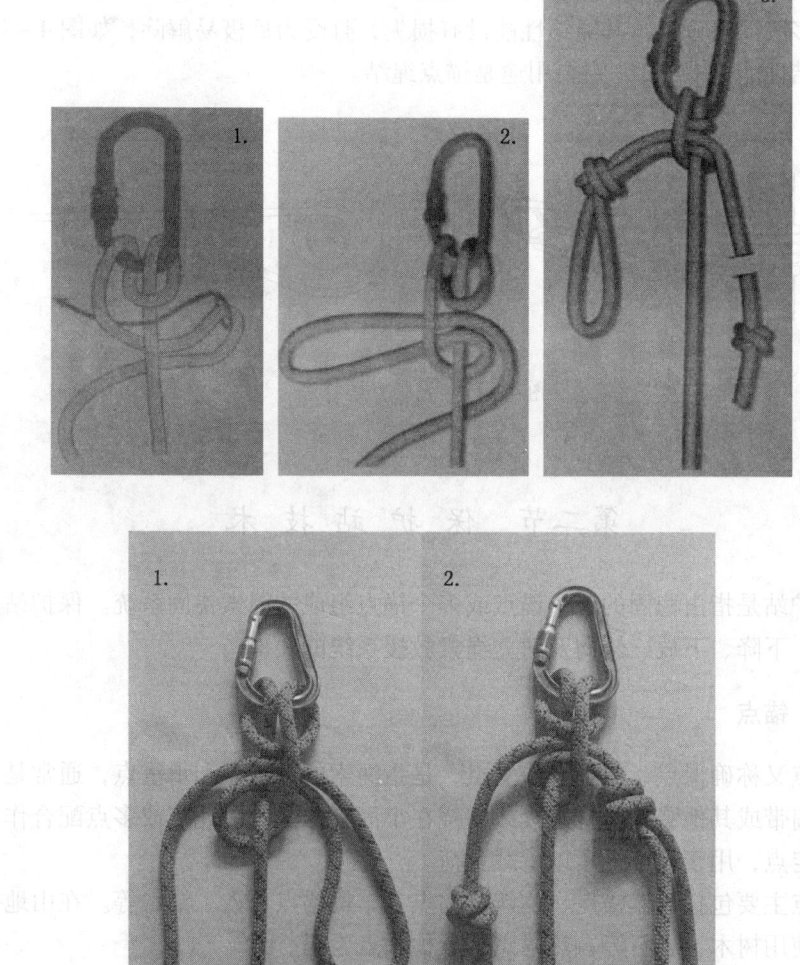

图4-16　意大利半扣锁定

161

十三、无张力结

无张力结性能优异、原理简单，适合在大树、石柱等粗壮锚点上架设。因其受力被多股绳段分担，其绳结性能没有损失，且受力后极易解除，如图4-17所示。绳结性能达100%，主要用途是锚点绳结。

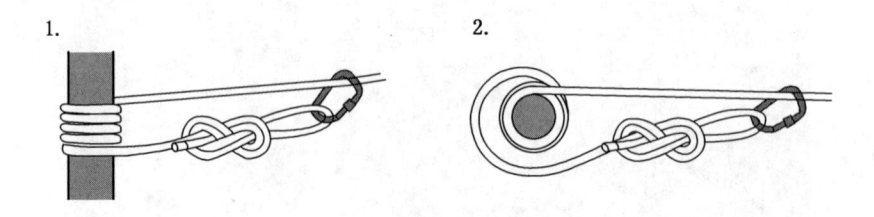

图4-17 无张力结打法

第二节 保护站技术

保护站是指由稳固的单个锚点或多个锚点组成的绳索锚固系统。保护站是建立拉升、下降、下放、转向及建立绳索救援系统的关键。

一、锚点

锚点又称确保点、保护点或支点，是指绳索的系缚点和承重点，通常是利用绳索、扁带或其他装备器材系紧或缠绕在牢固物体上，以此点或多点配合作为操作的固定点，用于连接绳索以承载负荷。

锚点主要包括自然锚点、构筑物锚点、车辆锚点、人工锚点等。在山地搜救中一般使用树木、岩石等自然锚点，其他锚点为辅。

以树木作为锚点时，应选择生长茂盛，直径不小于10 cm，无明显虫蛀、腐烂、破损等情况的树干。连接位置应接近地面，以减少杠杆作用。

以岩石作为锚点时，应选择稳固可靠的岩石，并用衬垫等保护材料做好防磨措施。优选石柱、石洞及埋入地面一半以上，且背部不容易使绳圈沿受力方向滑落的岩石。岩石平均重量以 2.5 t/m^3 估算。

使用电锤在岩石上钻孔，安装膨胀螺栓，连接挂片设置锚点也是较常使用的方法。特别是在需要做岩壁间横向移动时有其特殊作用。使用挂片作为锚点时需要注意：①打孔前要用岩锤敲击岩石，确认岩质坚固无空鼓后才能作业；②不论岩面朝向，打孔必须垂直于岩面；③注意挂片角度与受力方向设置正确，消除杠杆作用；④螺栓尽量在剪切方向受力，而非拉拔方向受力；⑤救援时必须同时使用三个间距 20 cm 以上的挂片锚点。

此外，还可以使用建筑物、道路护栏、车辆等设置锚点；使用岩钉、岩塞在石缝中设置锚点；使用钢钎在泥地设置锚点；使用大型灌木丛设置锚点；甚至使用救援人员配合地形作为人体锚点。应在安全的原则上根据现场综合情况谨慎、灵活地设置锚点。

二、保护站的设置原则

无论是在人工场地还是在自然场地，保护站设置都需要遵循独立、均衡、备份三大原则。

（1）独立。独立是指在两点或多点保护站中，每个锚点要相对独立，能够单独受力，不得设置在同一个物体上。如在以树木为锚点的保护站中，如果只在一棵树的不同位置连接两条扁带设置保护站，树木因不稳固而失效，则两条扁带均随之失效。此时即违反了"独立"原则。当有坚不可摧的"强壮锚点"——承载负荷达到 36 kN 的梁柱、巨石、大树等可供使用时，如确信其足够安全，那么锚点设置不受"独立"原则限制，如图 4-18 所示。

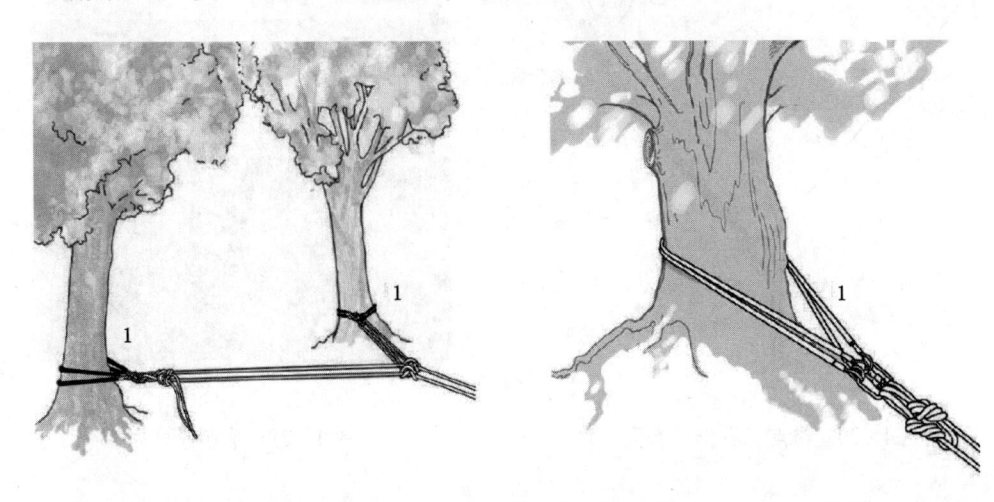

图 4-18 锚点"独立"原则示意图

(2) 均衡。均衡是指保护站受力后，每个锚点都应保持均衡受力状态，这样才能平均分配负荷，如图4-19所示。

(3) 备份。备份是指在保护站设置好后，在另外一个独立的位置再连接一个锚点作为备份。这在雪山、攀冰等锚点不稳定的自然场地实施救援时尤为重要，在人工场地及评估保护站足够安全时可以不做备份。如图4-20所示，最右侧连接的冰锥为备份锚点。

三、保护站类型

(一) 单点保护站

(1) 用扁带环绕大树或石柱、石洞等锚点，扣入主锁，如图4-21所示。注意避免扁带形成图4-22左侧的杠杆受力状态。

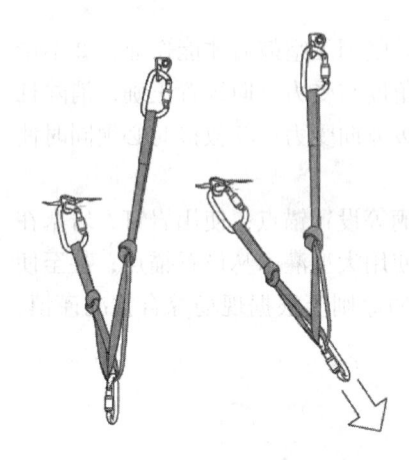

图4-19 锚点"均衡"原则示意图

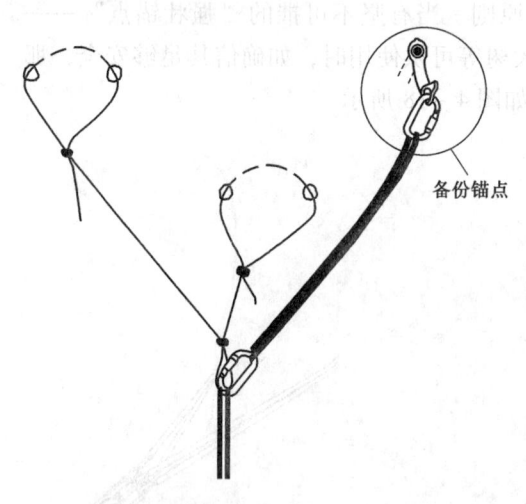

图4-20 锚点"备份"原则示意图

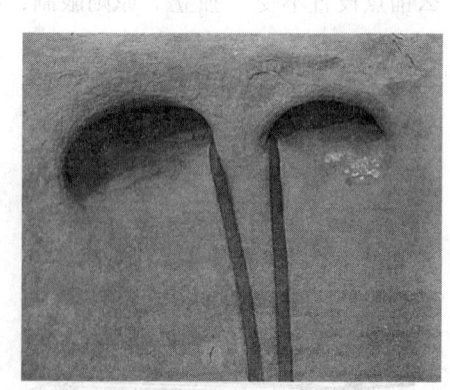

图4-21 单点保护站

(2) 散扁带绕三拉二，如图4-23所示。
(3) 绳索打8字结，如图4-24所示。
(4) 绳索打布林结，如图4-25所示。

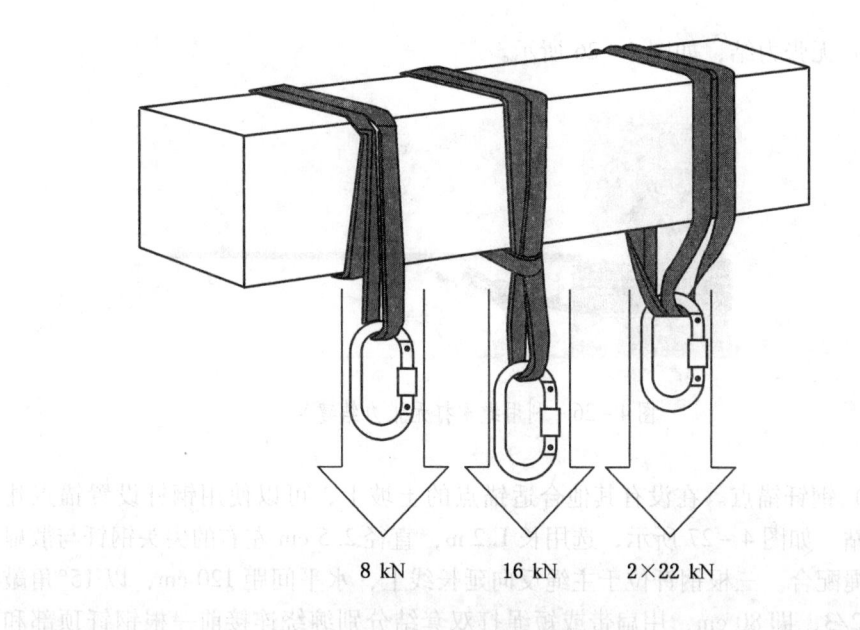

第四章　山地搜救绳索技术

8 kN　　16 kN　　2×22 kN

图4-22　扁带使用的受力图

图4-23　散扁带建站绕法　　图4-24　利用绳索打8字结建站　　图4-25　利用绳索打布林结建站

165

（5）无张力结，如图 4-26 所示。

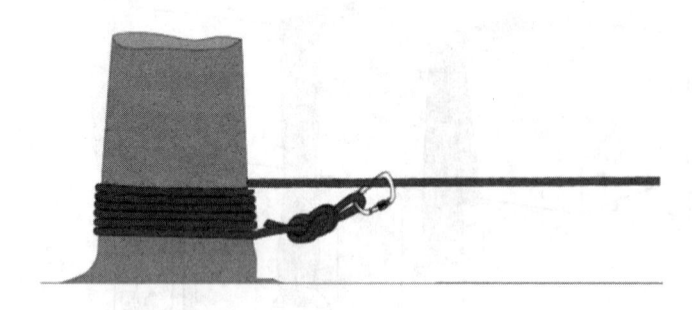

图 4-26　利用绳索打无张力结建站

（6）钢钎锚点。在没有其他合适锚点的土坡上，可以使用钢钎设置锚点建立保护站。如图 4-27 所示，选用长 1.2 m，直径 2.5 cm 左右的尖头钢钎与散扁带或短绳配合。三根钢钎位于主绳反向延长线上，水平间距 120 cm，以 15°角敲入土中 2/3，即 80 cm，用扁带或短绳打双套结分别缠绕连接前一根钢钎顶部和后一根钢钎与地面交界处，并绷紧扁带或短绳，使所有钢钎均匀受力。绷紧方式可根据携带器材选择，用短棒旋转绷紧，或者用倍力系统收紧。

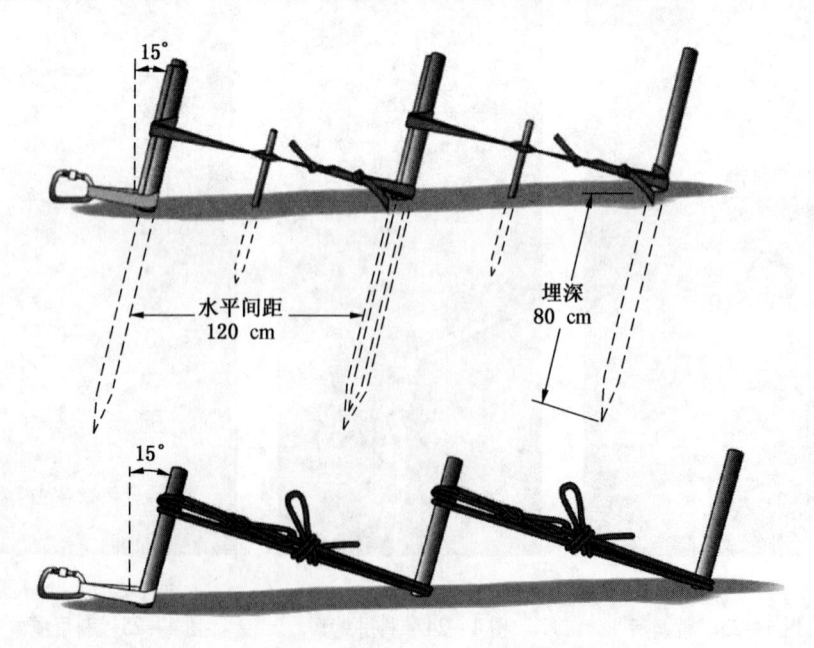

图 4-27　钢钎锚点保护站

如土质不够紧密，可以增加钢钎数量以提高系统强度。在更松软的沙地上可以按图4-28所示设置V形或品字形钢钎锚点。

（二）两点保护站

如果现场找不到合适的"强壮锚点"，或者想要调整绳索的工作位置，可以设置两点保护站。

两点保护站锚点间的角度，是除了锚点位置选择外还需要考虑的一个重要因素。两点之间的夹角越小，每个点所承受的力也越小，直至夹角为零，两点受力分别为总负载的一半。推荐两点保护站锚点夹角在60°以内，最大不超过90°，锚点受力计算方法如图4-29所示。

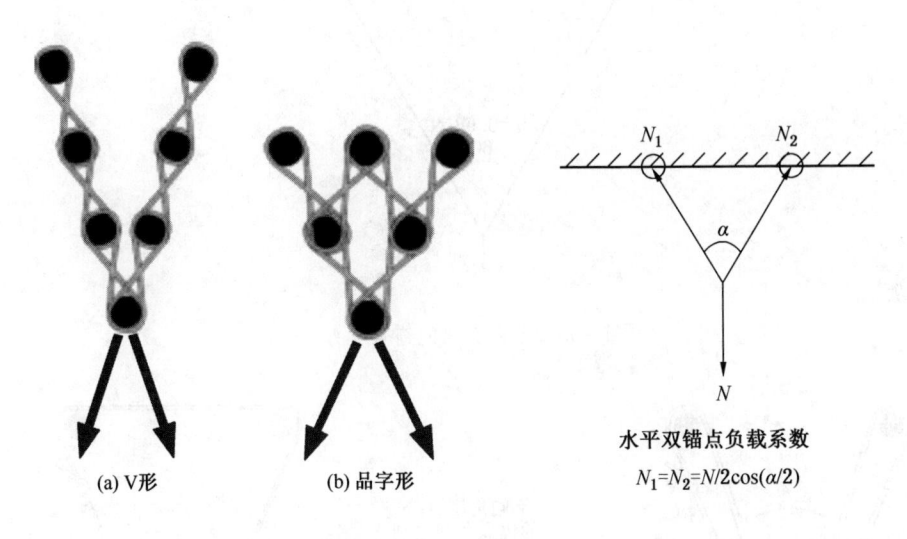

水平双锚点负载系数
$N_1=N_2=N/2\cos(\alpha/2)$

图4-28 钢钎设置类型　　　图4-29 两点保护站锚点受力计算方法

根据计算，不同夹角的锚点受力情况如图4-30所示，不同绳套保护站设置的受力情况如图4-31所示。

（1）用扁带设置两点保护站，如图4-32所示。或如图4-33所示，在扁带上打结，以减小锚点失效后的冲坠力。

（2）兔耳结，如图4-34所示。

（3）8字结+蝴蝶结，如图4-35所示。

（三）三点保护站

如因现场锚点条件限制，无法设置单点和两点保护站，可以按以下方法利用工作绳设置三点保护站系统。

山 地 搜 救

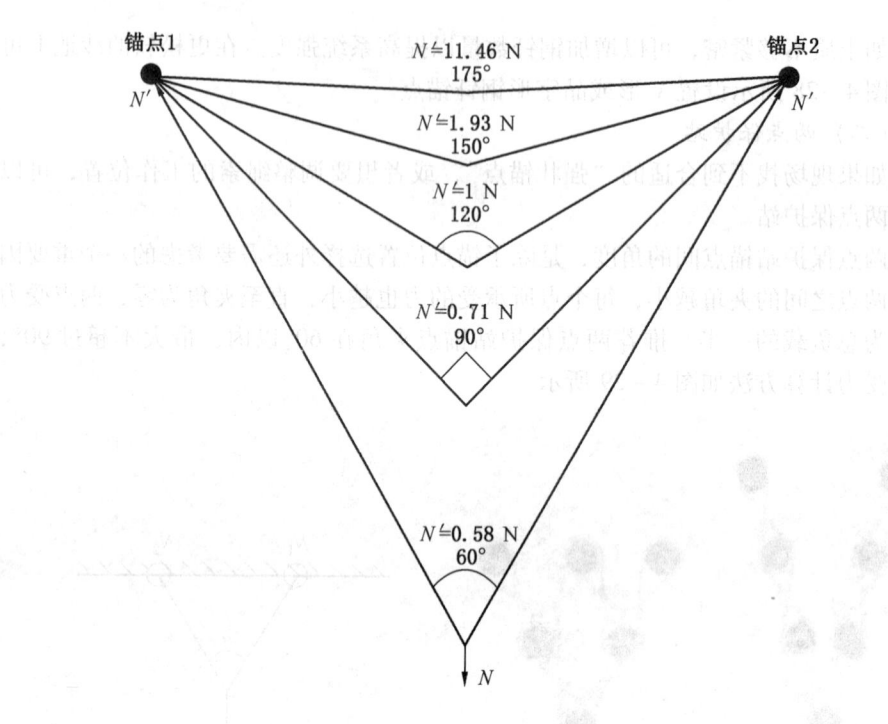

锚点1　　　　　　N≒11.46 N　　　　　　锚点2
　　　　　　　　　175°
　　　　　　N≒1.93 N
　　　　　　　150°
　　　　　　N≒1 N
　　　　　　　120°
　　　　　　N≒0.71 N
　　　　　　　90°

　　　　　　N≒0.58 N
　　　　　　　60°

　　　　　　　　N

图 4-30　不同夹角的锚点受力

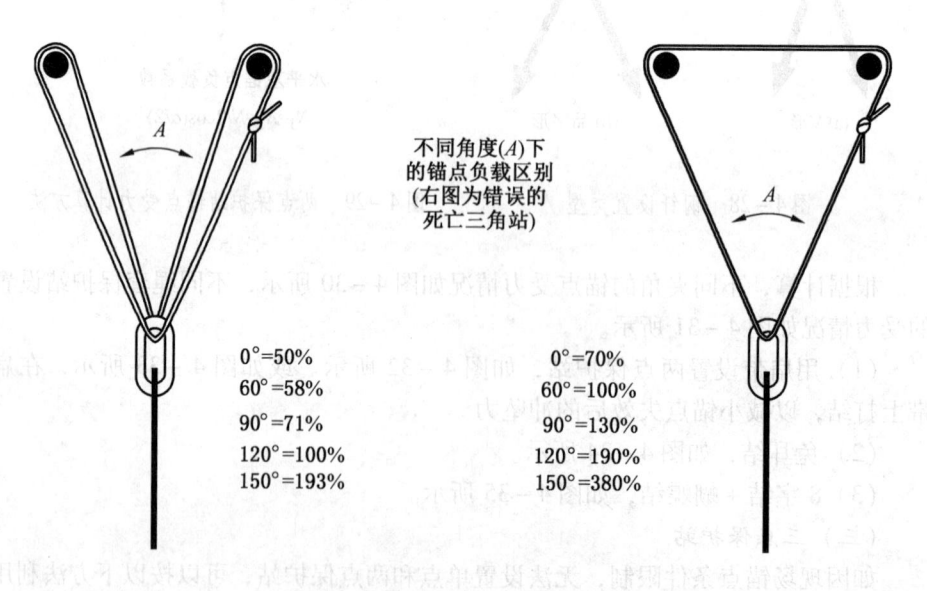

不同角度(A)下
的锚点负载区别
(右图为错误的
死亡三角站)

0°=50%　　　　　　0°=70%
60°=58%　　　　　60°=100%
90°=71%　　　　　90°=130%
120°=100%　　　120°=190%
150°=193%　　　150°=380%

图 4-31　绳套保护站设置受力对比

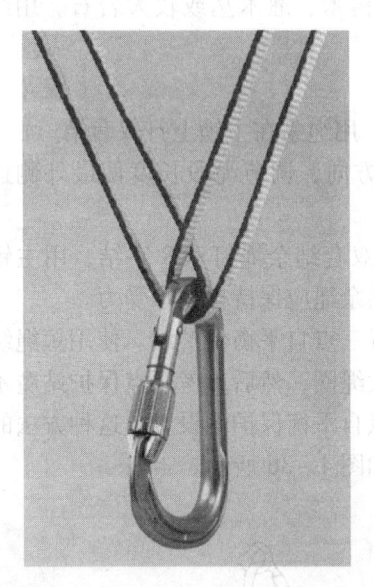

第四章　山地搜救绳索技术

图 4-32　扁带建站 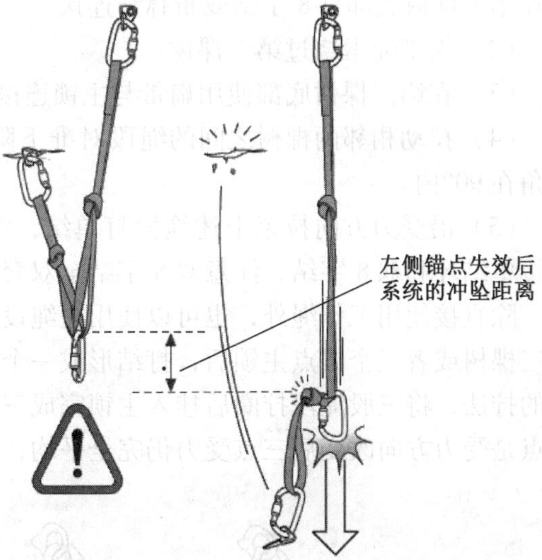　　　　图 4-33　在扁带上打结建站

左侧锚点失效后系统的冲坠距离

图 4-34　兔耳结建站 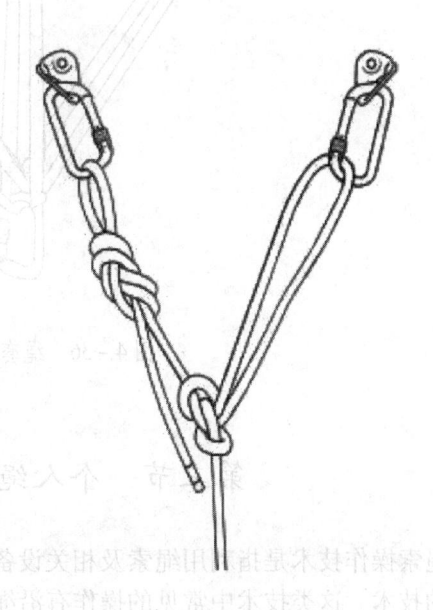　　　　图 4-35　8 字结+蝴蝶结建站

169

（1）评估现场环境，寻找适合作为锚点的树木、灌木丛或较大岩石。用绳索在第一棵树底部打8字结或布林结连接。

（2）携带绳索绕过第二棵树。

（3）在第三棵树底部使用扁带与主锁连接。用绳索在主锁上打双套结。

（4）拉动相邻两棵树之间的绳段对准下降方向，调节绳段长度使最外侧边夹角在90°内。

（5）沿受力方向拉紧上述绳段打单结，将双套结余绳打双8字结，用主锁连接单结环和双8字结，注意双8字结至双套结余绳应保持松弛不受力。

除直接使用工作绳外，也可以使用短绳设置三点自平衡保护站。使用短绳绕过三棵树或者三个锚点主锁后，打结形成一个大绳圈，然后参考两点保护站魔术扣的拧法，将三股绳段拧圈后挂入主锁完成三点自平衡保护站设置。这种方法的优点是受力方向改变后三点受力仍完全平均，如图4-36所示。

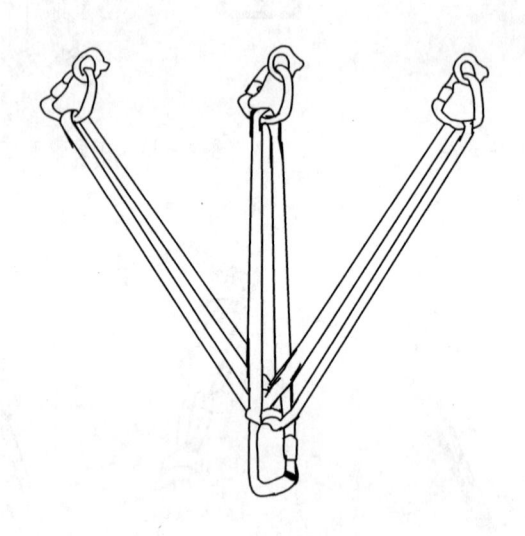

图4-36 绳套建保护站

第三节 个人绳索操作技术

绳索操作技术是指利用绳索及相关设备在高空环境进行位置移动和人员物资转移的技术。这类技术中常见的操作有沿绳下降、沿绳上升、绳索转换、伤员疏散等。目前国际上有单绳（SRT）和双绳（DRT）两大操作体系。在实际救援中

第四章　山地搜救绳索技术

应根据现场环境、人员、器材、技术能力选择合适的绳索救援技术方案。本教材结合目前国内实际，在个人绳索技术方面介绍单绳技术，在团队救援方面介绍双绳技术。

一、简易安全带的制作

山地搜救行动多发生在交通不便、物资运送困难的区域。在救援现场，如发现携带物资不足，需要因地制宜、采取使用器材较少的技术方案，或者用其他器材代替。如现场安全带数量不足，为加快救援速度，可用多种方法制作简易安全带，以下介绍使用散扁带制作安全带的方法，如图4-37所示。

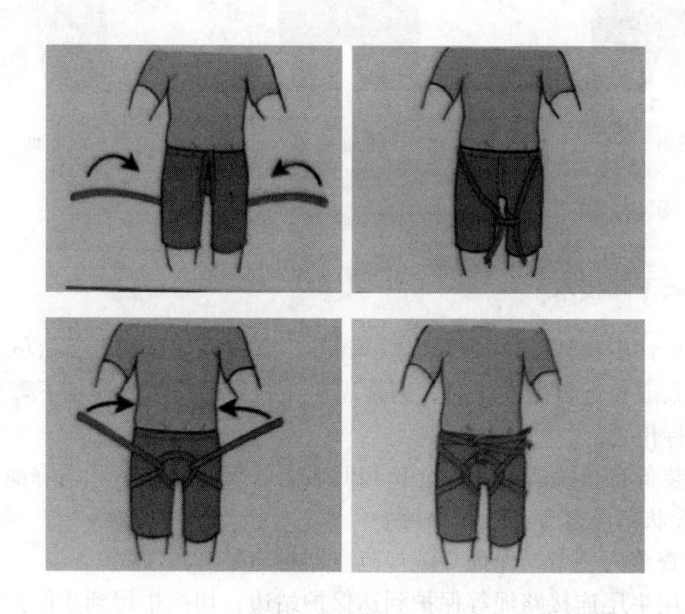

图4-37　简易安全带制作

（1）用6 m散扁带对折，中点别在正面裤腰中。

（2）扁带向后穿过两腿中间，沿两腿外侧绕到前方，将扁带的两端分别穿过裤腰上的绳环。

（3）把扁带的两端向外拉，然后缠到身后，用力拉紧扁带使悬吊时更加舒适。将剩余的扁带缠在身上，缠完为止。

（4）用平结将扁带两端连接，使安全带绷紧。用主锁将腰环和稍低的扁带环扣在一起。

简易胸部安全带可使用 120 cm 机缝扁带或 3.5 m 散扁带制作，如图 4-38 所示。

背面　　　　　　　　正面　　　　　　　　正面

图 4-38　简易胸部安全带制作

二、基础下降技术

运用场景：山地搜救中，在陡崖、深谷、溪涧等环境，救援队员需要自上而下地进行搜索或接近被困人员时，通常需要在架设保护站、连接下降绳索后，沿绳下降至目标位置。

需要的装备有救援队员个人全套 PPE 装备、保护站装备和下降绳。

（一）管状下降器带抓结下降

（1）检查个人装备，保证穿戴规范、器材充足。

（2）使用牛尾连接路绳等保护到达保护站边，切换牛尾到达保护站。

（3）在主绳上打普鲁士抓结挂主锁，测试抓结后挂入安全带右侧腿环。

（4）拉出一段抓结与保护站间的主绳，安装下降器到保护环并测试。

（5）提高身体重心，拉高下降器以缩短到主绳绳结的距离，并拉起抓结辅助制动。右手向下拉抓结下方的主绳，身体缓慢受力，重心转换到下降器上。

（6）全面检查后解除牛尾，左手推松抓结，让抓结停留在两手之间，开始下降。

注意事项：有坠落风险的区域需要用牛尾做好自我保护；抓结测试要确定有效；当重心转换至下降器时，牛尾不得受力；下降时要平缓，避免快速下降和跳跃式下降。

（二）管状下降器带抓结延长下降

为增加安全带与下降器之间的操作空间，可以使用延长下降器下降。主要步骤如下。

（1）检查个人装备，保证穿戴规范、器材充足。

（2）使用牛尾连接路绳等保护到达保护站边，切换牛尾到达保护站。

（3）在主绳上打抓结挂主锁，测试抓结后挂入安全带保护环。

（4）用60 mm扁带穿入攀登环并对折，或者用120 mm扁带在1/3处打单结，拉出一段抓结与保护站间的主绳，安装下降器到对折后的扁带内并测试。

（5）提高身体重心，拉高下降器以缩短到主绳绳结的距离，并拉起抓结辅助制动。右手向下拉抓结下方主绳，身体缓慢受力，重心转换到下降器上。

（6）全面检查后解除牛尾，左手推松抓结，让抓结停留在两手之间，开始下降。

注意事项：有坠落风险的区域需要用牛尾做好自我保护；抓结测试要切实有效；重心转换至下降器时，牛尾不得受力；下降时要平缓，避免快速下降和跳跃式下降。

管状保护器带抓结延长下降操作步骤如图4-39所示。

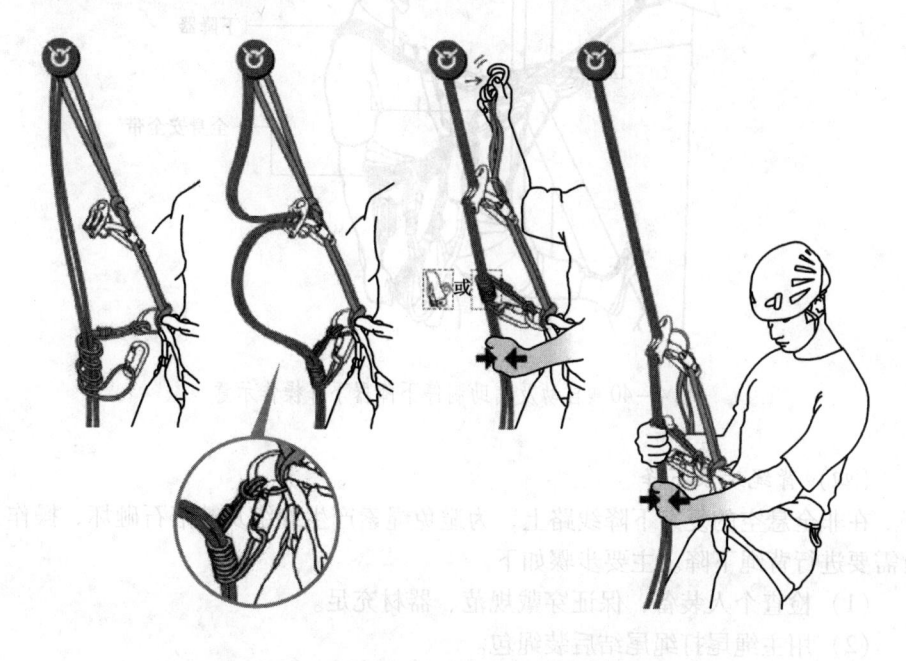

图4-39　管状保护器带抓结延长下降操作步骤

（三）自动及辅助制停下降器下降

（1）检查个人装备，保证穿戴规范、器材充足。

（2）使用牛尾连接路绳等保护到达保护站边，切换牛尾至保护站。

（3）打开保护环上的下降器，安装主绳并测试。

（4）提高身体重心，拉下降器以缩短到主绳绳结的距离，身体缓慢受力，重心转换到下降器上，锁定下降器。

（5）全面检查后解除牛尾，右手控制绳段制动端，左手控制手柄开始下降。

注意事项：有坠落风险的区域需要用牛尾做好自我保护；重心转换至下降器时，牛尾不得受力；下降时要平缓，避免快速下降和跳跃式下降；下降时如需悬停，必须锁定下降器。

自动及辅助制停下降器下降操作如图4-40所示。

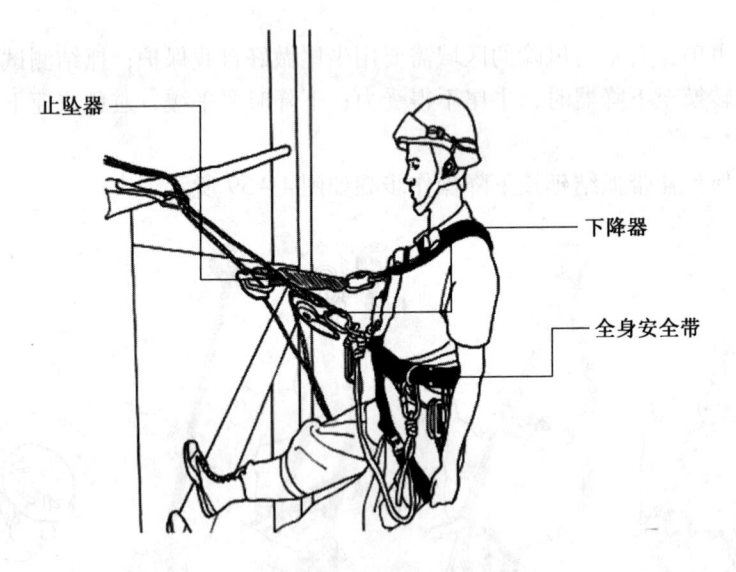

图4-40　自动及辅助制停下降器下降操作示意

（四）背绳延长下降

在非全悬空的复杂下降线路上，为避免绳索产生缠绕及被落石砸坏，操作人员需要进行背绳下降。主要步骤如下。

（1）检查个人装备，保证穿戴规范、器材充足。

（2）用主绳尾打绳尾结后装绳包。

（3）向绳包内捋绳，让绳索自然堆积在绳包内。

（4）将主绳绳头打双 8 字结，用一主锁扣在绳包肩带处。

（5）为下降时方便抽绳，把主绳抽一小段扣在包底外侧织带上。

（6）背上绳包，扣好腰带。

（7）使用牛尾连接路绳等保护到达操作位置，建立和连接保护点后设置保护站。

（8）取下肩带上准备好的主绳挂入保护站。

（9）安装下降器并测试。

（10）提高身体重心，拉高下降器以缩短到主绳绳结的距离，身体缓慢受力，重心转换到下降器上，锁定下降器。

（11）全面检查后解除牛尾，右手从绳包中抽出一段主绳并抓握控制，左手控制手柄开始下降。

注意事项：有坠落风险的区域需要用牛尾做好自我保护；绳包内的主绳须整理平顺；主绳须扣在大包底外侧织带上以方便抽绳；重心转换至下降器时，牛尾不得受力；下降时要平缓，避免快速下降和跳跃式下降；下降时如需悬停，必须锁定下降器。

（五）挂包下降

如因线路较长且背包较重，采用背包方式下降会消耗较多体力及增加风险，此时可以采用挂包方式下降。主要步骤如下。

（1）检查个人装备，保证穿戴规范、器材充足。

（2）背上背包，使用牛尾连接路绳等保护到达保护站边，切换牛尾至保护站。

（3）安装下降器并测试。

（4）提高身体重心，拉高下降器以缩短到主绳绳结的距离，身体缓慢受力，重心转换到下降器上，锁定下降器。

（5）脱下背包，将提手用扁带连接，扣入主锁，挂在下降器的锁背上，缓慢放下。

（6）全面检查后解除牛尾，右手控制绳段制动端，左手控制手柄开始下降。

注意事项：有坠落风险的区域需要用牛尾做好自我保护；背包须连接在下降器的锁背上；重心转换至下降器时，牛尾不得受力；下降时要平缓，避免快速下降和跳跃式下降；下降时如需悬停，必须锁定下降器。

三、基础上升转换下降技术

运用场景：救援队员沿绳下降完成目标区域搜索后，需要沿绳上升返回；需要从下方沿绳上升接近目标区域或被困人员；吊运过程中担架陪护员需要在工作绳上进行短距离上升下降等操作。

简单而言，上升技术就是利用两个单向制停功能的上升器械，交替承受体重从而沿固定绳索上升。最常用的上升系统为"坐-站"系统，也叫"蛙式"系统，技术要领是：坐下时抬起脚和一个上升器，站起来抬起另一个上升器，再重复该循环，如图4-41所示。

图4-41 上升状态

操作步骤如下。

(1) 检查个人装备，保证穿戴规范、器材充足。

(2) 观察现场环境，包括绳索状态、上方情况等。

(3) 胸升贴近自然悬垂的主绳，主绳装胸升并进行受力测试。

(4) 安装手升并测试。注意手升必须与长牛尾连接，并避免长牛尾与主绳、脚踏绳缠绕干扰。

(5) 收紧胸带，一脚套入脚踏带，左手握手升，右手握胸升下方主绳，反复下拉，以减小绳索延展性。

(6) 屈膝、平缓坐下，将身体重量转移至胸升。

(7) 两手同时握住并推高手升，套入脚踏带的腿向臀部正下方发力蹬起，另一腿向前方略抬起保持平衡，两手握手升辅助身体直立。此时身体承重点由胸升转移至手升，胸升随身体直立向上运行。

（8）直立站起后，胸升运行到动作循环的最高位置，平缓坐下，将身体重量由手升转移至胸升。

（9）重复上述步骤（7）与步骤（8）动作，直至上升到需要的高度。

注意事项：贴近自然悬垂的主绳后安装胸升，避免离地后发生摆荡；上绳后拉紧胸带，以利于胸升顺畅走绳；腿向臀部正下方发力蹬起，尽量保持上半身直立、不要后仰。

（一）器械上升转下降

（1）在保护环上安装下降器，并且锁定。

（2）胸升与下降器距离应在一拳左右，如距离过大，可将下降器解除锁定后向上调整收紧，或者进行微距下降以减小距离。微距下降：右手食指放在胸升上方凸轮处待命，套入脚踏带的腿略微发力上站，使胸升不受力后，右手食指迅速按下胸升凸轮，同时发力腿下蹲，由身体带动胸升向下移动。

（3）手升下移至距胸升 20 cm 以内位置。

（4）做绳上直立动作，打开胸升安全开关，使胸升脱离绳索，然后缓慢坐下，将身体重量转移到下降器上。

（5）解除手升，整理绳索及牛尾后开始平缓下降。

注意事项：下降器安装后需要锁定；熟练掌握微距下降动作；解除胸升前，手升需要下移，以避免解除胸升后长牛尾因受力而无法解除。

（二）抓结上升与下降

抓结上升是现代绳索器材发明前最传统的上升方法，学习该技术可以更深刻地理解上升原理，以更好地掌握上升技术。同时抓结技术可以在器材不足的情况下实施行动。具体步骤如下。

（1）检查个人装备，保证穿戴规范、器材充足。调整长牛尾长度到自己额头附近，短牛尾长度到下巴附近。

（2）观察现场环境，包括绳索状态、上方情况等。

（3）在绳索正下方用辅绳圈做一个抓结，并安装在主绳上，用短牛尾连接并测试，挂上脚踏带。

（4）用辅绳圈做一个抓结，并安装在主绳上，高于短牛尾的抓结，用长牛尾连接并测试。

（5）站在地面推高长牛尾抓结，缓慢坐下，身体悬空，让抓结承重。

（6）推高短牛尾抓结，利用脚踏带做绳上直立动作，此时承重点转移到短牛尾抓结上，站起推高长牛尾抓结，并缓慢坐下。

（7）重复步骤（6）即可持续上升。

（8）反向操作步骤（6）即可下降。

（9）为防止抓结松脱造成人员冲坠，每上升 2 m 把身体下方的主绳打一个向下解除的活结。下降时遇到活结，下拉结下主绳即可逐一解开。

注意事项：抓结上升、下降时，两个牛尾长度需要调整合适；不要触碰处于受力状态的抓结；止坠活结的解除方向为向下解除。

（三）抓结上升转管状保护器下降

（1）转换下降时，先将下方主绳打双套结，用主锁挂入保护环锁紧，作为保护点。

（2）将脚踏带挂入长牛尾。

（3）把短牛尾抓结移动到腿部，安全带腿环挂入主锁，锁门朝上，把抓结从短牛尾上摘下，挂入腿环处主锁，锁紧，将短牛尾放回装备环。

（4）在保护环上装管状保护器，装入主绳后，右手握制动端。

（5）用脚踏带站起，向上收紧管状保护器和抓结，让抓结受力，摘除及收纳长牛尾处抓结和脚踏带。

（6）右手控制腿部抓结下方主绳，平缓下降，解除双套结。

（7）继续下降到活结处，打开活结，平缓下降到地面。

注意事项：抓结上升或下降时，两个牛尾长度需要调整合适；不要触碰处于受力状态的抓结；止坠活结的解除方向为向下解除。

四、通过绳结与绳索转换

（一）上升通过绳结

绳结障碍通常是绳索破损后进行打结处理或长度不够而接绳造成的障碍点。通过绳结障碍的步骤如下。

（1）上升，使手升接近但不顶住绳结。

（2）继续上升，尽量提高胸升位置。

（3）紧贴胸升下方主绳，安装下降器并锁定。

（4）拆除手升并安装于绳结上方。

（5）将手升推高，右手在胸升安全开关处准备，做绳上直立动作拆除胸升，并顺势将胸升装于绳结上方，平稳坐下使胸升受力。

（6）拆除绳结下方下降器，继续上升。

注意事项：避免手升顶住绳结造成摘取困难；下降器安装后须锁定。

第四章　山地搜救绳索技术

（二）下降通过绳结

（1）下降至绳结处，锁定下降器或者让绳结顶住下降器。

（2）将手升安装于下降器上方大约 25 cm 处。

（3）做绳上直立，在手升下方 10 cm 处安装胸升，平稳坐下。

（4）拆除下降器并安装于绳结下方，收紧绳索使下降器紧贴绳结，锁定下降器。

（5）做绳上直立，拆除胸升，平稳坐下使下降器承重。

（6）拆除手升，继续下降。

注意事项：下降器安装后须锁定；拆除胸升前，如手升位置偏高，应下移手升，以避免长牛尾受力。

（三）上升通过偏离点

偏离点主要应用于绳索防磨及通过障碍，山地搜救场景下的偏离点通常横向距离较小。

（1）上升至手升接近偏离点主锁，沿主绳向上推高主锁，继续上升。

（2）在偏离点扁带内挂入牛尾。

（3）抓住固定点，拆除偏离点主锁内的主绳，扣入胸升下方主绳。

（4）收回牛尾，抓住尾绳，平缓放绳让自己回到锚点正下方。

（5）如横向距离大于 1 m，在偏离点下方主绳上打一绳结，以便下降通过时使用。

（6）继续上升。

注意事项：在偏离点内挂入牛尾后，须建立连接后才能拆除主锁内的主绳；平缓放绳，避免摆荡；如果横向距离较大，则必须在偏离点下方打绳结。

（四）下降通过偏离点

（1）下降至与偏离点同一水平高度或略低位置，锁定下降器。

（2）在偏离点扁带内挂入牛尾，如横向距离较大，可拉下方主绳，利用预先打好的绳结卡住主锁，靠近偏离点。

（3）拆除偏离点主锁内的下方主绳，扣进下降器上方主绳。

（4）拆除牛尾，打开绳结。

（5）继续下降。

注意事项：下降接近偏离点时，停留位置不要高于偏离点；在偏离点内挂入牛尾后，须建立连接后才能拆除主锁内的主绳；如果横向距离较大，则上升通过时必须在偏离点下方打绳结。

（五）绳索转换

在绳索作业过程中，为通过障碍或在两条绳索间横向移动等，可运用绳索转换技术，从一组绳索转移至另一组绳索。

（1）将第二条主绳用主锁扣入安全带器械环，或者将第一条主绳与第二主绳下端打结连接。

（2）沿第一条主绳爬升至需要高度后，安装下降器，转为下降状态。

（3）将胸升和手升装至第二条主绳上，下拉第二条主绳，使胸升部分承重。

（4）操作下降器，从第一条主绳下降，使重量逐渐转移到第二条主绳上。

（5）在转移过程中，如需提高位置，可进行上升，并控制两条主绳夹角不超过120°。

（6）当第一条主绳不再承重时，拆除下降器，沿第二条主绳继续作业。

注意事项：不操作下降器时，下降器须锁定；转换过程中，两主绳夹角不得超过120°。

（六）上升通过中途锚点

中途锚点在山地搜救场景中通常为防止磨绳及提高多人爬升效率设置。通过中途锚点的步骤如下。

（1）上升接近中途锚点。

（2）挂入牛尾至中途锚点。

（3）转移手升至上段主绳，踩脚踏带将胸升转移到上段主绳，收回牛尾。如横向距离较大，可使用"绳索转换"技术转移到上段主绳。

（4）继续上升。

注意事项：转移手升前，必须将牛尾挂入锚点以增加保护点；通过中途锚点爬升前1 m时，须用脚下压"U"形绳段，以使胸升正常工作。

（七）下降通过中途锚点

（1）下降至中途锚点附近，挂牛尾至中途锚点。

（2）继续下降至牛尾承重，拆除下降器中的上段主绳。

（3）装入下段主绳，踩脚踏绳站起，收紧下降器并锁定。

（4）取下牛尾。

（5）如横向距离较大，可使用"绳索转换"技术转移到下段主绳。

（6）继续下降。

注意事项：踩脚踏绳站起，收紧下降器后须锁定。

五、绳上一对一救援

在救援队进行日常训练或展开救援行动时，队员在下降或上升过程中，因突发伤病或意外而失去行动能力或处于无意识状态，或者因装备失效卡在绳索

第四章　山地搜救绳索技术

上无法移动或脱离。此时，在现场的其他队员须快速展开绳上一对一的疏散救援。

在实际情景中，可能运用的救援技术和方式有所不同，可以根据现场情况，采用上方或下方接近被困者的方式。应选择安全、合理的方式，进行全面的安全评估、冷静细致的操作，同时保障自身安全。

长时间的静止悬吊会阻碍血液循环继而产生悬吊创伤危害生命。因此，必须第一时间对于静止悬吊人员进行救援。本教程模拟现场有两条绳索条件下的救援方式。

（一）伤员处于下降状态时的救援

（1）确认现场环境安全，检查装备情况。

（2）沿第二主绳上升至伤员位置，转换为下降状态，下降器略高于伤员下降器。

（3）膝盖分别顶住伤员腰与膝下，以保护伤员，并且获得更多操作空间。

（4）将自身与伤员的主绳分别放在背后，防止干扰。

（5）用短连接先挂入伤员保护环后，挂入自身下降器的锁背。

（6）用牛尾连接伤员保护环，增加一个保护点。

（7）释放伤员下降器，将伤员重量转移到短连接上。

（8）用一把主锁挂进伤员的胸带与短连接，以维持伤员上身不后仰。

（9）双脚跨骑于伤员腋下，以便后续操作及保护伤员。

（10）在下降器主锁上增加一把摩擦锁，并扣进主绳制动端，以增加摩擦力，右手虎口向上伸直握住制动端，平缓下降至伤员轻微触地。

（11）从安全带上解除下降器主锁，脱离绳索，单膝跪在伤员后背作为依靠，缓慢释放下降器，协助伤员保持屈膝坐姿，等待救护人员到达。

注意事项：避免绳索缠绕；注意不同操作阶段中与伤员身体的相对位置、各连接点的位置；带人下降时增加摩擦力及使用手势；到达地面时处理伤员；全程保护伤员。

（二）伤员处于上升状态时的救援

（1）确认现场环境安全，检查装备情况。

（2）沿第二主绳上升至伤员位置，转换为下降状态，下降器高于伤员胸升约 20 cm。

（3）膝盖分别顶住伤员的腰部与膝下，以保护伤员，并且获得更多操作空间。

（4）将自身与伤员的主绳分别放在背后，防止干扰。

（5）用短连接先挂入伤员保护环后，挂入自身下降器的锁背。

（6）用牛尾连接伤员保护环，增加一个保护点。

（7）将伤员手升脱离牛尾后，安装到离胸升30~40 cm距离，用3 m辅绳的一头打桶结，用主锁扣入伤员保护环，余绳向上穿过伤员手升主锁，接着向下穿过桶结主锁，再次穿过手升主锁形成3∶1倍力系统。

（8）预收紧辅绳，用自身的手升夹住辅绳尾端，脚踩脚踏带使辅绳张紧，伤员胸升内的主绳不受力后拆除，一手握住上方主锁上的辅绳，另一手拆除自身的手升。

（9）两手配合释放辅绳，将伤员重量转移到短连接上。

（10）用一把主锁挂进伤员胸带与短连接上，以维持伤员上身不后仰。

（11）双脚跨骑于伤员腋下，以便后续操作及保护伤员。

（12）摘除伤员手升，整理辅绳以避免干扰。

（13）在下降器的主锁上增加一把摩擦锁，并扣进主绳制动端以增加摩擦力，右手虎口向上伸直握制动端，平缓下降至伤员轻微触地。

（14）从安全带上解除下降器主锁，脱离绳索，单膝跪在伤员后背作为依靠，缓慢释放下降器，协助伤员保持屈膝坐姿，等待救护人员到达。

注意事项：避免绳索缠绕；注意不同操作阶段中与伤员身体的相对位置、各连接点的位置；掌握倍力系统的设置位置和方法；带人下降时增加摩擦力及使用手势；到达地面时处理伤员；全程保护伤员。

六、陪护下降技术

该技术通常用于被救人员有自主行动能力的情况。救援人员通过与被救者有效连接，共用一个下降器下降，一般采用延长下降器进行双人自主下降。

操作方法如下。

（1）建立标准保护站，使用120 cm扁带进行长短边对折，形成不对称延长下降系统，如图4-42所示。

（2）救援人员连接到Y形长边，被困者连接到短边，两股连接端连接下降保护器。

（3）救援人员将抓结与安全带保护环连接，并安装到绳索制动端。

（4）进行测试后下降。

注意事项：伤患应具备行动能力；下降时尽量不使用操作手柄类的自动制停下降保护器；扁带要根据实际情况来选择长度。

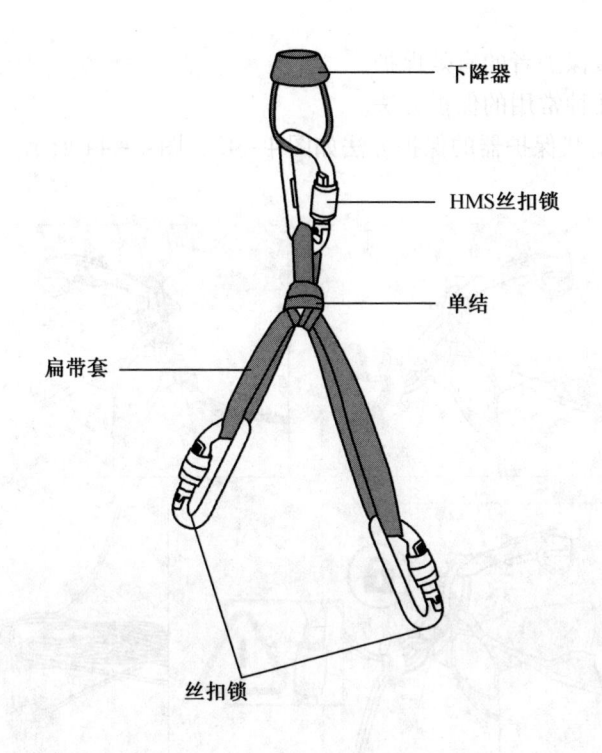

图 4-42　不对称延长下降系统

第四节　复杂地形通过技术

在山地搜救任务中，救援人员往往需要通过各类复杂的地形，如果不使用科学的通过技术，可能会对救援人员的安全产生较大威胁。近年来，救援人员在通过复杂地形时发生滑坠的事故，在我国时有发生。以下介绍几种常见的复杂地形通过技术，使用简单的装备即可安全、快速地通过风险较高的路段。

一、基本保护技术

基本保护技术就是使用基本装备实施保护的技术。在进行基本保护操作时，应先确认保护员所在位置的安全性，若保护员处于不安全状态，应该重新选择保护位置。

基本保护技术中会使用救援活动中常见的保护器来实施保护。保护员通过安全带、主锁、保护器、绳索与被保护者进行有效连接，通过控制保护器内绳索的制动来实现对被保护者的有效保护。

下面介绍几种常用的保护方法。

(1) 使用管状保护器的保护方法如图4-43、图4-44所示。

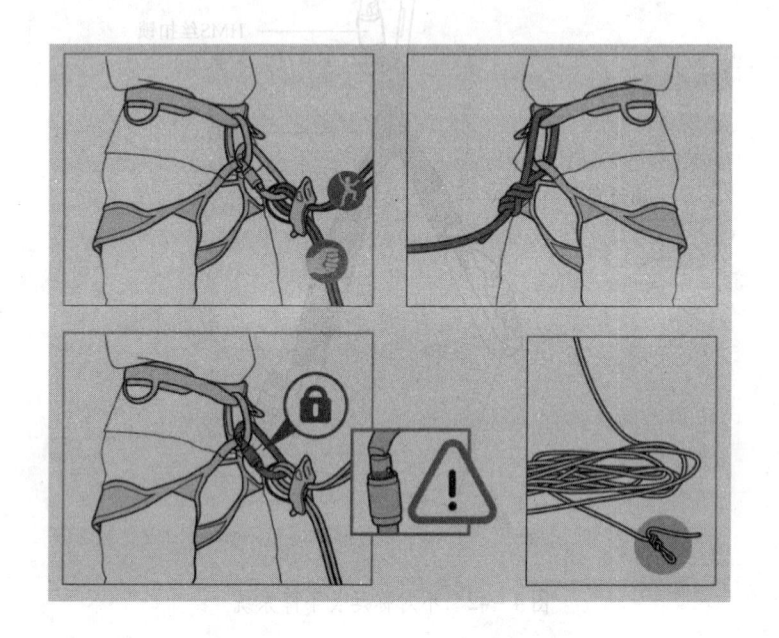

图4-43 管状保护器保护方法

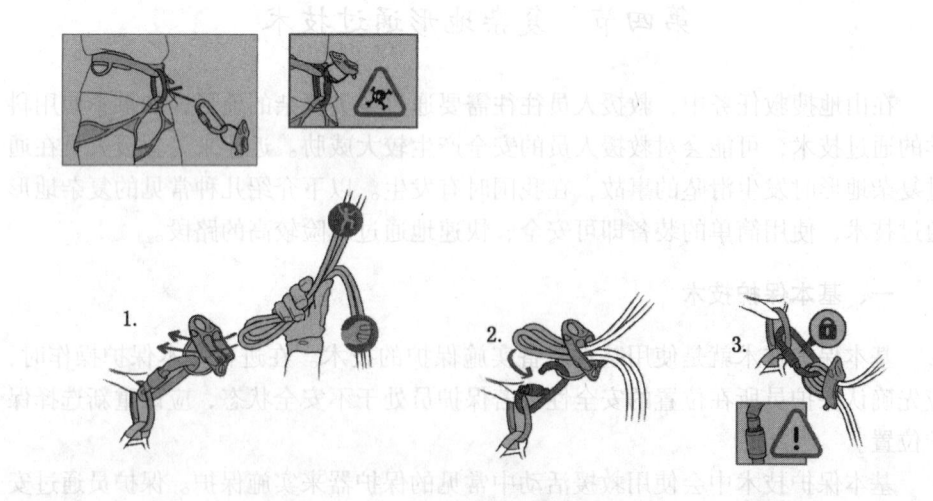

图4-44 管状保护器放绳方法

第四章　山地搜救绳索技术

（2）使用板状保护器的保护方法如图 4-45、图 4-46 所示。

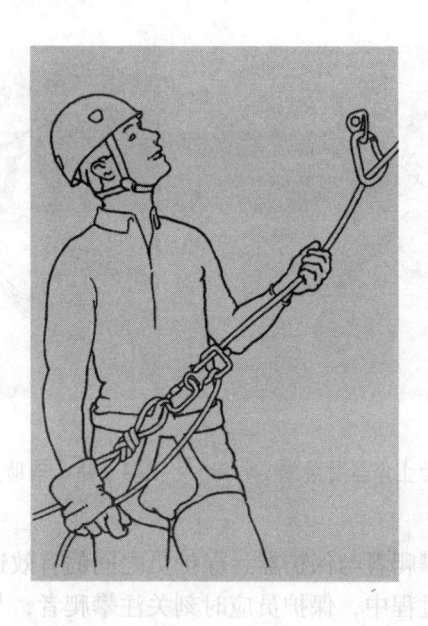

图 4-45　板状保护器保护方法

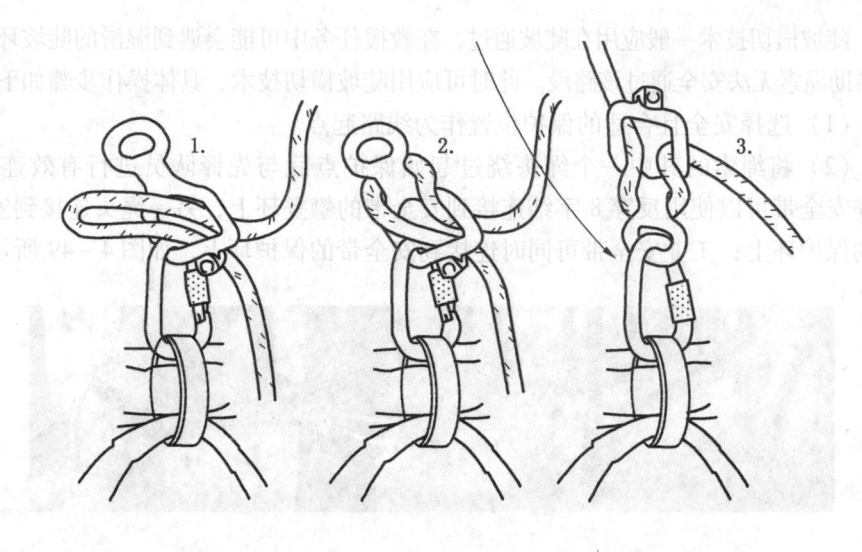

图 4-46　板状保护器装绳方法

(3) 使用辅助止停类保护器的保护方法如图4-47、图4-48所示。

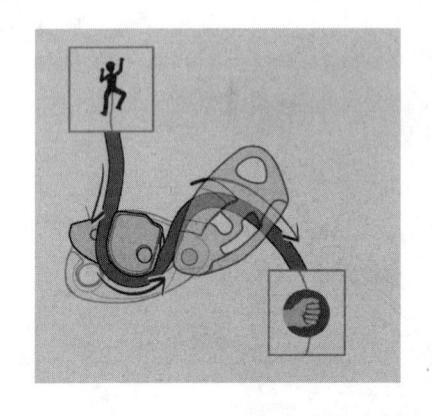

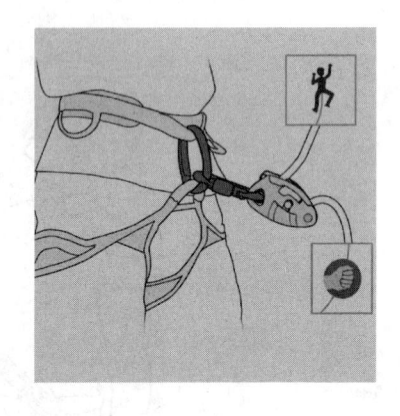

图4-47 辅助止停器材装绳　　图4-48 辅助止停器材保护方法

注意事项：注意攀爬者与保护器、保护员之间的有效连接；绳尾合理使用绳尾结；攀爬者在攀爬过程中，保护员应时刻关注攀爬者，与其保持有效沟通；保护员在未确认攀爬者安全的情况下不得松开制动端。

二、陡坡横切技术

陡坡横切技术一般应用在陡坡通过，在救援任务中可能会遇到湿滑的陡坡环境，不借助绳索无法安全通过该路段。此时可应用陡坡横切技术，具体操作步骤如下。

（1）选择安全且合适的保护位置作为线路起点。

（2）将绳索的其中一个绳头绕过起始保护点后与先锋队员进行有效连接。攀登安全带可以使用反穿8字结连接到安全带的攀登环上，另一绳头连接到安全带的保护环上；工业安全带可同时连接到安全带的保护环上，如图4-49所示。

图4-49 陡坡横切

第四章　山地搜救绳索技术

（3）保护员与起始点保护站连接，做好自我保护，为先锋队员做基础保护操作。

（4）先锋队员与保护员进行保护确认，双方互相检查个人安全装备是否穿戴规范。

（5）先锋队员出发，在起始点安装额外保护点，将两条绳索同时挂入与保护点连接的主锁内。

（6）先锋队员每前进一段距离，需在通过路线沿途设置保护点，并将身上两条绳索同时挂入与保护点连接的主锁。

（7）先锋队员通过危险路段后，寻找适合设置保护站的位置，做好自我保护后建立标准保护站。

（8）建立好标准保护站后，将身上的绳索与保护站进行连接，回收多余绳索，将绳索绷紧，形成通过风险路段的生命线。

（9）沿途队员通过方法：中途队员将抓结安装到生命线上，连接牛尾与抓结，牛尾的另一端直接用主锁连接到生命线上（同时连接两股绳索），如图4-50所示。

图4-50　陡坡横切通过操作

（10）当通过中途保护点时，应使用交换的方式通过节点，不可将生命线从保护点的主锁中取出。

（11）当最后一人通过时，如有条件可将所有沿途保护点的器材设备取下，通过后在安全地带将绳结打开，抽回绳索即可回收绳索。

注意事项如下。

（1）先锋队员出发时一定要在起始点设置额外保护点，与两股绳索尽量有效连接，可防止先锋队员在起步阶段滑坠后将自身重力直接作用在保护员身上。

（2）若路段通过相对容易，沿途队员可不使用抓结，但收尾队员必须使用抓结，此操作可有效防止收尾队员产生过远的滑坠。

（3）起始点绳索一端通过、另一端不通过，可使绳索形成回路，方便回收绳索。

（4）先锋队员与保护员在行进过程中保持有效沟通，当声音传播受阻时，可通过手势、对讲机等手段进行有效沟通。

（5）保护员的关注焦点应在先锋队员身上，一旦先锋队员发生滑坠应立即制动绳索。

（6）做好绳索有序管理。

使用装备清单见表4-2。

表4-2 装备清单

先锋队员	通过队员	保护员	团队装备
个人PPE×1套 主锁若干 保护器×1 扁带套若干	安全带×1 牛尾×1 抓结绳×2	个人PPE×1套 保护器×1	主绳×1

三、陡坡上升技术

救援活动时常会遇到滑坠风险较高但必须向上行进的路段。陡坡上升技术能帮助救援人员安全、高效地通过这类路段，具体操作步骤如下。

（1）到达线路起点，选择安全合适的位置作为上升起点。

（2）先锋队员使用返穿8字结连接至安全带攀登环/保护环，保护员使用现有的保护器为先锋队员实施基础保护操作（五步保护法）。

（3）先锋队员开始沿路线攀登后，应在沿途适当位置设置中途保护点，将绳索挂入与保护点连接的主锁内。当先锋队员发生滑坠时，距离先锋队员最近的保护点可减少先锋队员滑坠的距离。

（4）先锋队员通过危险路段后，选择合理位置做好自我保护后，设置标准保护站。

（5）回收多余绳索后，将身上的绳索固定在保护站上，其他队员可沿路绳依次通过。

（6）其他队员通过时，将抓结与路绳进行连接，牛尾连接抓结绳，边推抓结边上升直至安全位置。

(7) 当上升路线比较曲折、回收绳索可能会遇到阻碍时，最后一名通过队员可将绳尾使用返穿8字结的方式连接到安全带的攀登环/保护环上。

(8) 上方队员将保护器连接到保护站内，将绳索正确安装到保护器内，进行上方保护操作，保护最后一名队员通过危险路段，完成通过操作。

注意事项：先锋队员在上升过程中要在合理间距处设置保护点；通过队员必须使用抓结通过；先锋队员与保护员在行进过程中保持有效沟通，在声音传播受阻的情况下，可使用手势、对讲机等进行有效沟通；在进行上方保护时要正确合理使用不同种类的保护器。

使用装备见表4-2。

第五节 团队绳索救援技术

团队绳索救援技术主要适用于在峡谷、溪谷、悬崖、水域等复杂地形，将被困人员或伤患从高点向低点、从低点向高点、进行水平两点之间的运输转移。

无论采用何种救援系统进行拖拽、提吊或横渡运送，都须在主系统外另加一组独立的副保护系统。在架设救援系统时，救援队员应充分评估地形、运输方向、架设地点、人员和装备配置、使用何种倍力系统等，做好系统安全评估和现场的安全管理。

一、倍力系统

无论是山地搜救还是其他救援领域，在需要拖拽、提吊担架或人员时，为了高效省力，通常会使用大量的倍力系统。

倍力系统也称滑轮组系统或机械增益系统，是通过复杂的滑轮连接方式形成的省力系统。

（一）滑轮和滑轮组

滑轮是杠杆的变形，属于杠杆类简单机械。滑轮有定滑轮和动滑轮两种，组合成为滑轮组。

（1）动滑轮，即轴的位置随被拉物体一起运动的滑轮，滑轮未被固定在某一点上，当系统运行时，滑轮的位置会随时改变。动滑轮可以改变力量的大小，当提起重物时，所需花费的力仅为重物的一半，但提升距离仅为动力端的一半，如图4-51所示。

（2）定滑轮。使用定滑轮时，轴的位置固定不动，当系统运行时，滑轮的位置是固定不动的。定滑轮可以改变力的方向，但不能省力，如图4-52所示。

图 4-51 动滑轮　　　图 4-52 定滑轮

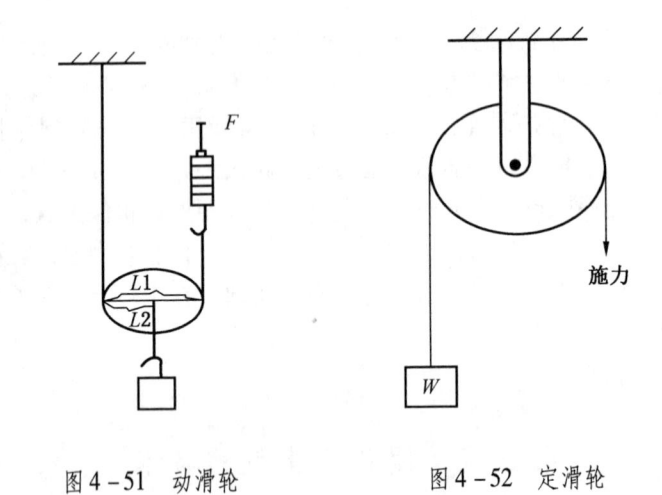

（3）滑轮组，是由一定数量的定滑轮和动滑轮以及绕过它们的绳索组成。滑轮组同时具有省力和改变力的方向的功能，是倍力系统的重要组成部分。使用时应记住"省力费时，省时费力"的概念。

计算滑轮组动力时，均不考虑滑轮效率、重量和摩擦力。通常情况下，通过动滑轮一端有几段绳吊着物体，提起物体所用的力就是物重的几分之一，如图4-53 所示。

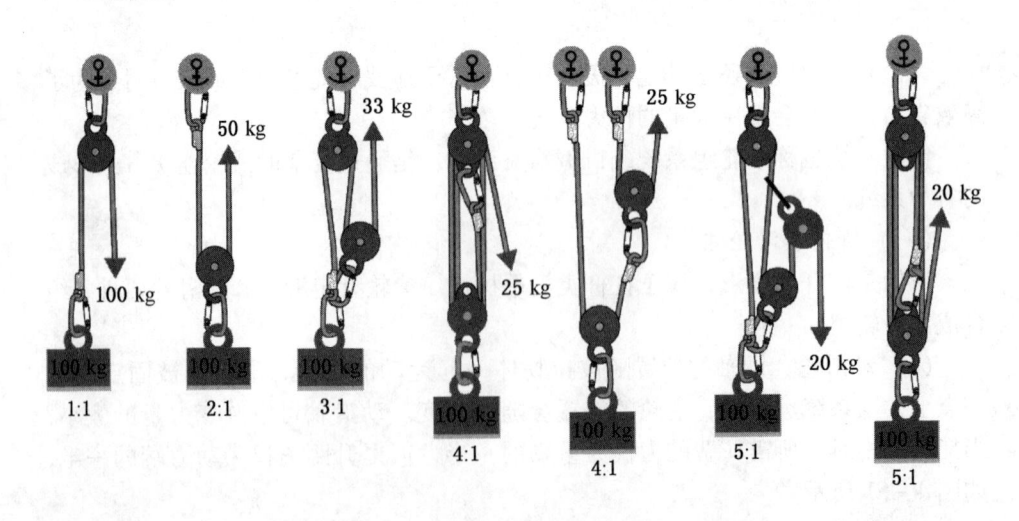

图 4-53 滑轮组受力情况

第四章 山地搜救绳索技术

（二）张力追踪计算方法及山地搜救常用的倍力系统

（1）张力追踪。对倍力系统进行张力追踪时，应从力的输入端开始计算，结点下方绳索力量为上方绳索力量之和，通过动滑轮的力量为2P，通过定滑轮的力量不变，如图4-54所示。

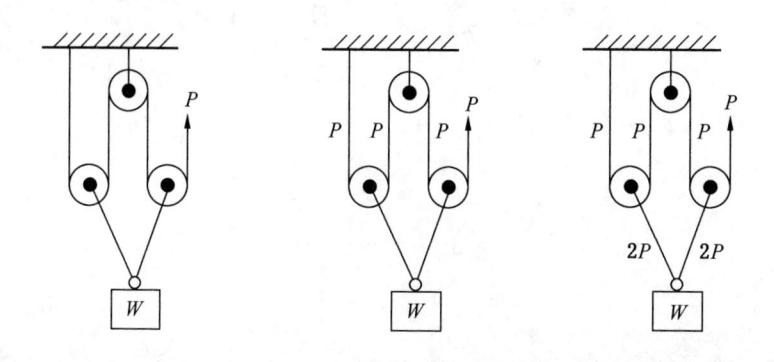

图4-54 张力追踪

（2）常用倍力系统，如图4-55~图4-58所示。

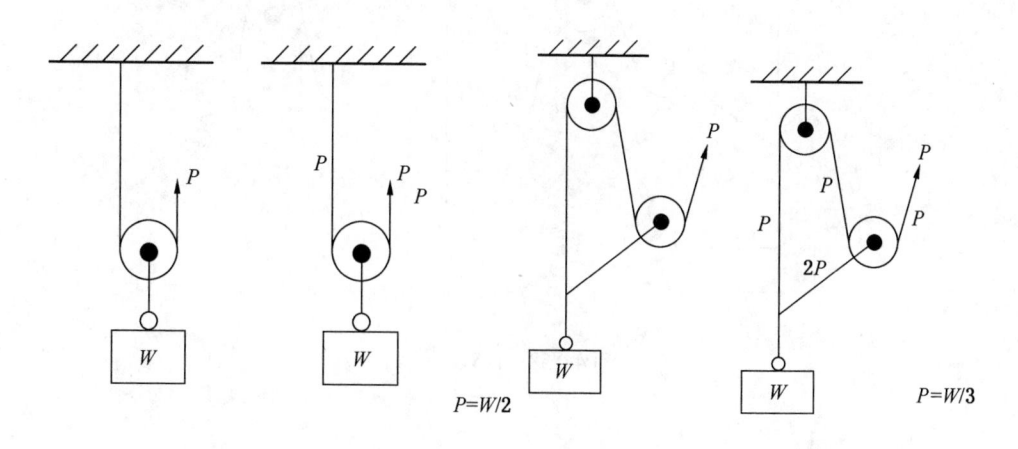

图4-55 1/2系统

图4-56 1/3系统

山地搜救中，救援人员人数多时，通常会使用1/3系统，需要的装备较少、搭建速度较快、效率较高。救援人员人数少时，可以采用较省力的1/5系统。

191

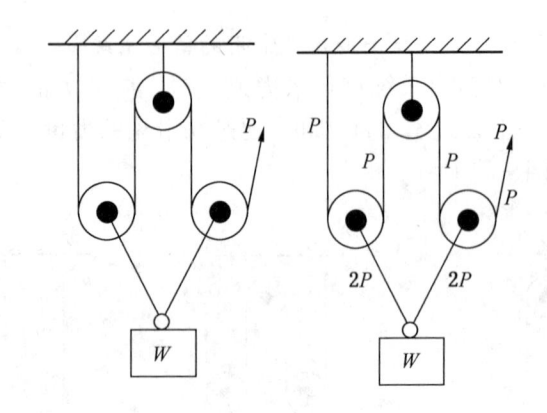

图 4-57 1/4 系统

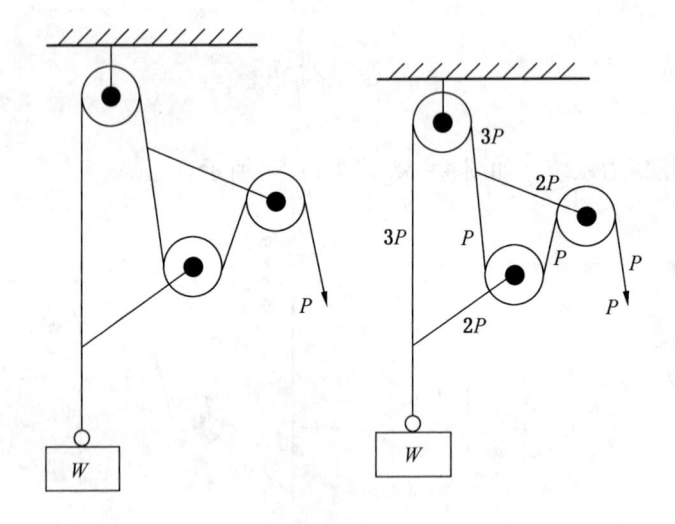

图 4-58 1/5 系统

二、基础提吊技术

基础提吊技术一般用于被救人员坠落悬崖、深井等情况,也是团队救援技术中常用的基础绳索技术。悬崖提吊技术的具体操作步骤如下。

(1) 救援小队选择安全可架设保护站的工作面。

(2) 设置好保护站,在保护站上连接分力板,将 1 个保护器和 1 个单向制停滑轮与分力板连接（保护器作为备份保护，单向制停滑轮端作为主提吊受力）。

（3）将两条主绳分别安装到保护器、单向制停滑轮内，先锋队员可通过自主下降的方式接近被困人员，也可被动下放至被困人员所在位置。

（4）先锋队员接近伤患后，根据实际情况选择伤患处置方案，上方人员准备提吊系统。

（5）上方队员在单向制停滑轮端根据实际情况选择使用1/3或1/5滑轮系统对伤患与先锋队员进行提吊，保护器要根据提吊情况来适当回收绳索，如图4-59所示。

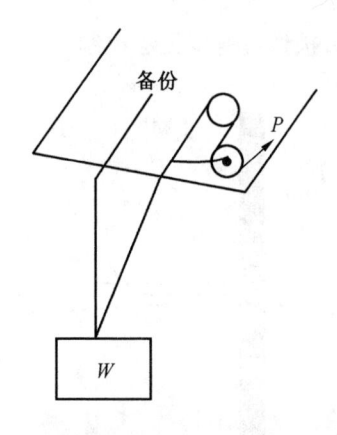

图4-59 提吊简易图

注意事项：先锋队员根据实际情况选择主动下降还是被动下降；向上提吊时，先锋队员与伤患应有两个连接，分别为主提吊绳和备份保护绳索；应注意磨绳点的处置，根据实际情况使用护绳装备。

三、横渡技术（水平吊运技术）

横渡技术又称水平吊运技术，是实现从A点到B点运输的操作技术，在救援时遇到不可通过的峡谷、河流时会用到该技术。该技术也是其他复杂吊运系统的基础操作，具体操作步骤如图4-60所示，为方便理解，将A设为目的地一侧；B为大部队一侧。

（1）使用抛投设备将牵引绳抛投到A，将一条主绳牵引到A并固定（可建立标准保护站，也可用无张力结进行固定，根据实际情况选择），B端建立标准保护站，将第一条绳索绷紧。

（2）先锋队员携带第二条主绳与第三条绳索（牵引功能）通过绷紧的绳索到达A地。

（3）先锋队员将携带的两条绳索进行固定，B端收紧第二条主绳，形成由两条绳索构成的绳桥，第三条绳索作为牵引绳固定在A、B两端。

（4）B端将同轴双滑轮安装到两条主绳上，滑轮下方连接分力板，牵引绳连接分力板最两侧的孔位。

（5）为滑轮做副保护，与导轨绳进行连接，可使用短连接或短固定带。

（6）若两端跨度过大，绳桥受力后可能会使导轨绳下沉过多而坡度变大，牵引绳两端应有保护器来控制牵引绳，防止重量施加到导轨绳后产生重力滑动，

山 地 搜 救

导致被送者速度无法控制。

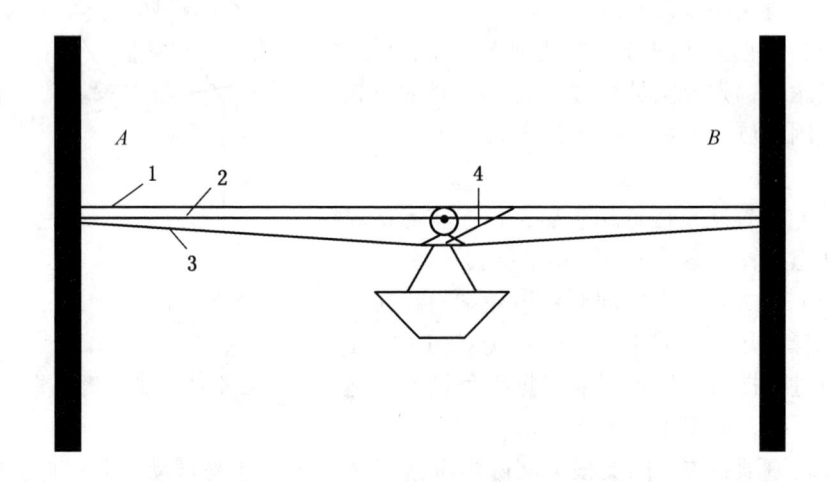

1、2—导轨绳；3—牵引绳；4—滑轮断轴保护
图 4-60 横渡技术

当横渡系统的导轨绳建立好后，还应考虑导轨上所受到的力是否满足静态系统的安全系数（SSSF），这个安全系数是否在可接受范围内。当重物从起始端通过导轨绳移动到目的端时，导轨会随着物体施加的重量产生下沉，假设物体重量为 100 kg，物体移动到绳桥某点时，绳桥下沉形成的夹角为 120°，两端锚点所承受的拉力为 100 kg；当这个角度变成 150°时，两端锚点承受的拉力分别会增加到 192 kg，当这个角度为 170°时，两端锚点承受的力约为 573 kg，如图 4-61 所示。

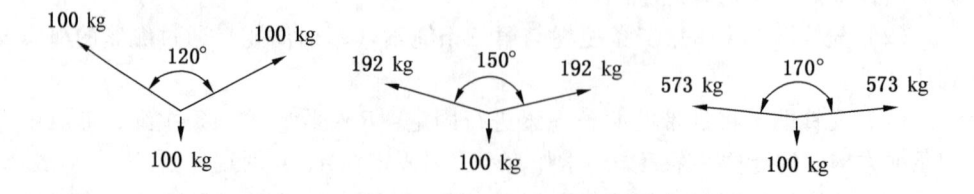

图 4-61 角度与受力的关系

织物类装备的安全工作负荷通常是原有装备的 1/10，金属类的装备为 1/5。在制作绳桥、架设紧绷绳系统时，常常会使用滑轮组来收紧主绳，这需要救援人

194

员考虑拉拽滑轮系统的人数。以 10.5 mm 绳索为例，经过 CE 认证的 A 类主绳至少可以承受 22 kN 的拉力（不同品牌的绳索可能会有更加优秀的表现），一个健康成年人拉力的平均值约等于 400 N，通过 1/3 的滑轮组进行拖拽，最大负重为 1200 N，22 kN 的安全工作负荷为 2.2 kN，通过计算确定进行收紧拖拽的人数：$1.2\ \text{kN} \times X \leq 2.2\ \text{kN}$，得到 $X \leq 1.83$，由于滑轮、保护器的效率小于 100%，一般由 2~3 人进行紧绷绳作业即可。当使用滑轮组提升重物时，如不考虑人数问题，拖拽人数越多，则系统效率越高。

四、T 形吊运技术

T 形吊运技术（图 4-62）是由横渡技术通过增加绳索及器材装备变化而来的，不仅可以实现两点之间的横向运输操作，还可以实现两点间任意点下放的救援技术。该技术适用于深沟、悬崖等场景。

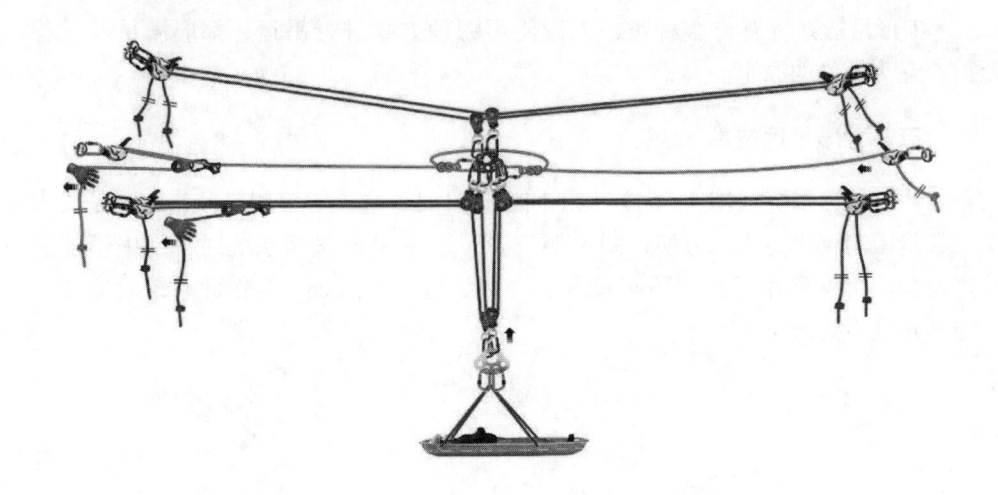

图 4-62 T 形吊运技术

图 4-62 是一个典型的 T 形吊运系统，绳索由上至下的功能如下。

（1）主导轨绳。同轴双滑轮可以同时安装到导轨绳上，也可以使用大型可过绳结单滑轮。

（2）牵引绳，负责两点间横向移动的绳索。

（3）提拉控制绳，由两条组成，负责控制上下移动。

注意事项：有些情况下，救援人员还应考虑滑轮强度，滑轮有时候可能会因

山 地 搜 救

超过负荷导致断轴，因此需要增加额外的备份保护，如图4-63所示。

图4-63 其他类型的T形吊运系统

T形吊运系统有许多种类，无论使用哪种方式进行吊运，都应满足双重保护、互为备份的原则。

五、V形吊运技术

V形吊运系统（图4-64）从下向上提升时，应该为单侧提升，这既是受人员数量限制，也是为了方便控制担架位置。架设V形吊运系统时，空中不能有障碍物。由V形吊运系统还演变出了"交叉拖拉"系统，操作此系统时应注意绳索角度不要大于90°。

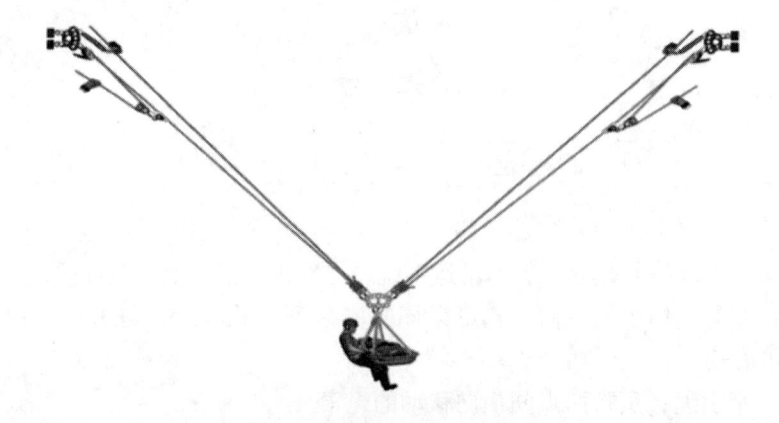

图4-64 V形吊运系统

第六节 担架搬运技术

根据地形环境和天气状况，担架的运输可分为低角度无保护绳直接搬运、低角度保护绳辅助保护搬运、中高角度保护绳直接保护吊运几种类型。中高角度的担架吊运可以结合上一节的团队绳索救援技术进行。低角度无保护绳直接搬运通常适用于较平坦开阔的地段，担架可以不使用绳索进行保护，只需要进行人力搬运即可。本节重点介绍在较为复杂、湿滑地形中，使用绳索辅助移动担架以及保护搬运。

一、担架的固定与系统的连接

担架与绳索系统的连接一般有以下几种方式。
（1）盘绕布林结来捆绑担架的头部，方法如图4-65所示。

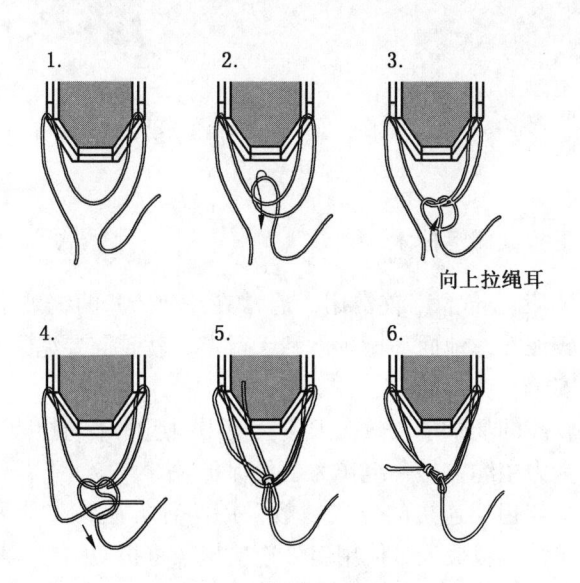

图4-65 布林结连接担架头部

（2）使用散扁带进行连接，方法如图4-66所示。
（3）使用内普鲁士抓结与担架进行连接，如图4-67所示。
（4）使用扁带与担架进行连接。

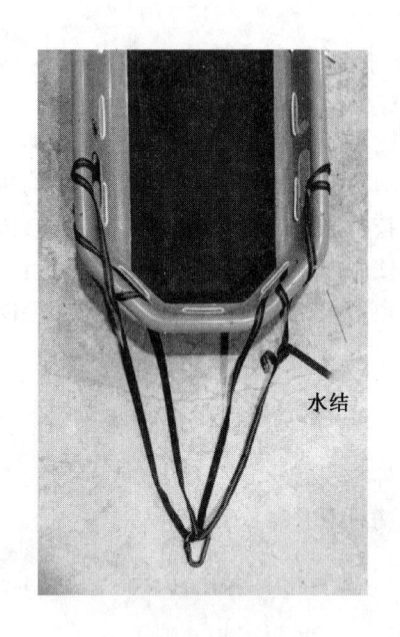

山 地 搜 救

图4-66　散扁带连接担架头部 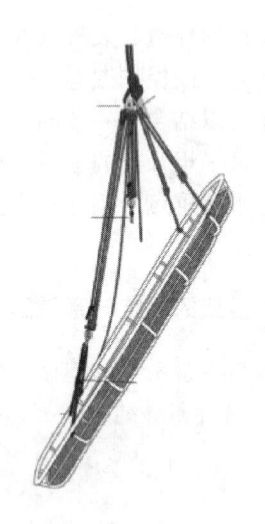　　　图4-67　内普鲁士抓结与担架连接

二、使用绳索担架搬运技术

低角度的担架搬运技术比较常用，通常在小于60°的缓坡上会用到这类技术。如果路况比较泥泞，地面环境越不利于行走，就越需要绳索技术来保护伤患以及救援人员的安全。

在有些风险较高的场景中，救援人员会使用两组绳索与担架进行连接，一组作为主要拖拽的受力主绳，另一组作为备份保护。

担架搬运人员与担架连接的方式一般采用两种方法，一种是常规的连接方法，如图4-68所示，救援人员使用扁带连接担架将担架抬起，肩部承受担架的重量，使用牛尾加抓结的方式与主绳连接作为副保护，实施担架搬运；另一种方法为使用可调节牛尾或扁带，直接将担架与担架手的保护环进行连接，担架手需要身体向后倾斜站立，将担架的重量转移到安全带上，担架手的腿承担了大部分负载。

注意事项：若使用塑料担架进行这类搬运，要确保拖拽部位不会因受到过大拉力导致担架损坏而造成伤害，如图4-69、图4-70所示。

第四章　山地搜救绳索技术

图4-68　搬运人与担架连接方法

图4-69　向山下搬运

图4-70　向山上搬运

三、高角度担架搬运技术

一般以60°为界限，大于60°的角度在救援任务中通常称为高角度救援，山地搜救任务与城市环境中的高角度救援有明显区别。城市环境下，建筑物外部通常不会有过多的障碍物，垂直面往往是90°，而且还有十分丰富的锚点可供选择使用，大量的救援装备可以很顺利地到达现场，给救援任务提供便利。而在山地搜救任务中，此类救援往往处在凹凸不平的岩壁上，大量松动的石块和肆意生长在悬崖上的灌木及树木都是救援的阻碍，向上运输担架也面临大量困难。

山地搜救中的高角度担架运输一般有两种情况，一种是水平状态下的担架运输，另一种是垂直状态下的担架运输，在溪谷或洞穴救援中往往还会运用到担架的转换技术。本节重点介绍水平状态和垂直状态下的担架运输。

担架运输一般由1名能力较强的救援队员作为担架的陪护员，陪护员与担架的位置关系可以是担架在救援人员的腿上方，也可以是救援人员在担架上方，如图4-71所示。

图4-71 两种高角度担架运输方法

根据担架陪护员的身体情况，身材较为高大的救援人员通常选择低位陪护，身材较小的一般选用高位陪护方式，这样比较方便救援人员通过双腿的支撑来调整担架与岩壁的相对位置，使担架远离岩壁。

担架陪护员的保护方法通常是使其与担架拖拽保护系统进行连接，使用一条3 m长的绳索连接到保护系统里，通过一个可以自锁的保护器来调整救援人员与担架的位置关系。担架陪护员处于合理位置，可以有效保护担架远离障碍物。

当担架需要通过岩石边缘时，可能需要多人来辅助担架通过，这时其他救援人员通过额外的绳索下降到担架两侧来辅助担架陪护员使担架通过岩角，如图 4-72 所示。

(a)　(b)

(c)　(d)

(e)

图 4-72　通过岩石边缘的搬运

山 地 搜 救

四、绳索救援系统的安全性分析

在山地搜救任务中，往往因为复杂的环境而需要使用大量的绳索救援系统。绳索救援系统将若干装备有机连接到一起，形成一个可以完成救援任务的系统。判断系统是否安全，成为一项十分重要的工作。分析系统中最薄弱的点，如果这个点发生断裂或失效，可能会导致整个系统崩溃，任务失败的后果是十分严重的。

绳索救援系统的安全性分析由危险点分析、哨声测试、白板分析三部分组成。

（1）危险点分析。在进行危险点分析时，要审视每个组件，假设该组件失效后，是否会给整个系统带来灾难性后果。如果发现危险点，要用备用组件将其替换掉或使用其他替代方法。分析时要使用分析保护系统，保护系统能为主绳索系统的大部分组件提供基础保护。危险点出问题的概率并不高，过度增加额外的保护系统，可能会导致系统过于复杂而增加整体危险性。

（2）哨声测试。在搭建好系统后，当发出指令时，所有操作人员同时释放手中的操作，这时系统不会崩溃，系统上的荷载不会因松手而下落，测试即成功。例如救援人员使用滑轮提升重物时，若单独使用滑轮提升，当拖拽人员松手时，若无额外的制停保护，重物必然会下落。在演练过程中，进行哨声测试可以有效避免不必要的损失。

（3）白板分析。该方法能判断每个部件在系统使用过程中的受力情况（图4-73）。无论是静态荷载还是动态荷载都应进行白板分析评估受力。救援系统由多个独立的部件和若干子系统构成。救援人员要学会用系统安全系数来评价系统安全性。系统安全系数是系统最薄弱环节的函数。

如图4-73所示，一个200 kg的物体悬挂在A柱子上，对绳索产生的拉力约为2 kN。通过分析可以看出，织物扁带的最小破断拉力（MBS）为21 kN，是系统中最薄弱的点。21 kN除以2 kN得到10.5，这样就得到了系统静态安全系数（SSSF）为10.5。若将扁带加固，变成两条扁带，则锚点扁带

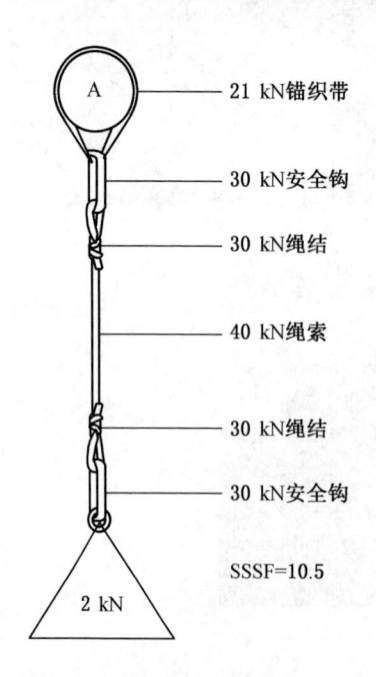

图4-73 系统不同位置的受力

的强度变为 42 kN，系统中最薄弱的环节变成 30 kN 的主锁（安全钩）以及绳结的位置，此时的 SSSF = 30 kN : 2 kN = 15。

需要注意的是，将系统中最薄弱环节的额定承载力除以重物产生的拉力（荷载）等于 SSSF，系数越大，系统安全性越高。

在安全救援领域，到底使用多大的安全系数，一直是大家争论的焦点，训练标准和救援标准是否应该一样，还是应该有所区别？到目前为止，没有任何标准指定静态安全系数（SSSF）应该是多少。CMC 救援手册中提到："多年来，山岳救援队一直使用 SSSF = 4 而且很成功。"有些救援队建议使用 5 和 10 的 SSSF。有些消防队使用 15 的 SSSF，因为美国消防协会（NFPA）在制定标准 1983 的会议草案中曾使用安全系数为 15 来作为新的通用型绳索的拉力性能要求。其实在救援系统中，绝不会采用 15 这一数值（SSSF 的数值越高，就需要更多的装备以及更复杂的系统，但在山地搜救任务中，往往不会携带大量救援装备），如果计算一下更复杂的系统则会知道，达到这个比率很难。CMC 救援学校目前选择 10 的 SSSF。

无论救援系统的 SSSF 应该是多少，要根据实际情况以及救援过程中的风险承受能力等综合因素来考虑使用什么样的系统。在救援任务中，有些高风险的操作可能会带来很高的效率，学会判断风险来源以及合理利用风险来提高救援效率，对于任何一个救援队员都是十分重要的。

在救援过程中，可能会遇到下放的荷载有 100 kg，但减去主锁、绳索保护器等物体摩擦损失时，实际下放只有 50 kg 甚至更低荷载的情况，但是当在同样的环境向上提吊 100 kg 物体时，系统的荷载可能远远超过物体本身的质量。因此，在救援任务中，要理性分析理论荷载和实际荷载，这些与保护站的夹角、滑轮使用的数量、主锁使用的方法等都有密切的关系。

第七节　现场医疗急救技术

医疗急救技能是救援人员必须掌握的技能之一。在突发事件救援现场，熟练运用医疗急救技术，可以对受伤人员开展先期医疗处置，从而能够最大限度地挽救生命、减少人员伤亡及降低致残的可能性。

一、现场检伤分类方法

（一）伤员批量快速评估及优先级分类

现场医疗救护中，要本着先救命、后治伤的原则，伤员的分类必须有利于生命抢救措施的实施。灾害致使短时间内涌现大批量伤员，这些伤员具有伤情复杂、伤情变化快、损伤部位多、生理紊乱严重、易漏诊、处理较困难等特点，而医疗条件常常不足以同时处理全部伤员，需要应用检伤分类方法快速分流伤员，决定哪些伤员应最先获得救治，并对危及生命的伤情进行同步处理。现代伤员分类是对伤员进行现场伤情判定，以及对伤员伤情的实际严重程度和可能发生的严重程度进行判断。现代伤员分类法是优先处理那些能从现场处理中获得最大医疗效果的伤员，而对那些不经处理也可存活的伤员和即使处理也会死亡的伤员则不予优先处理。运用现代伤员检伤分类法，将会使有限的医务人员和医疗力量发挥最大的作用，使大批量伤员获得最及时的救治。

目前在应急救援中，国际上使用最多的检伤分类方法是简单分类快速处置法（Simple Triage And Rapid Treatment，START）（图4-74、表4-3）。它主要依靠

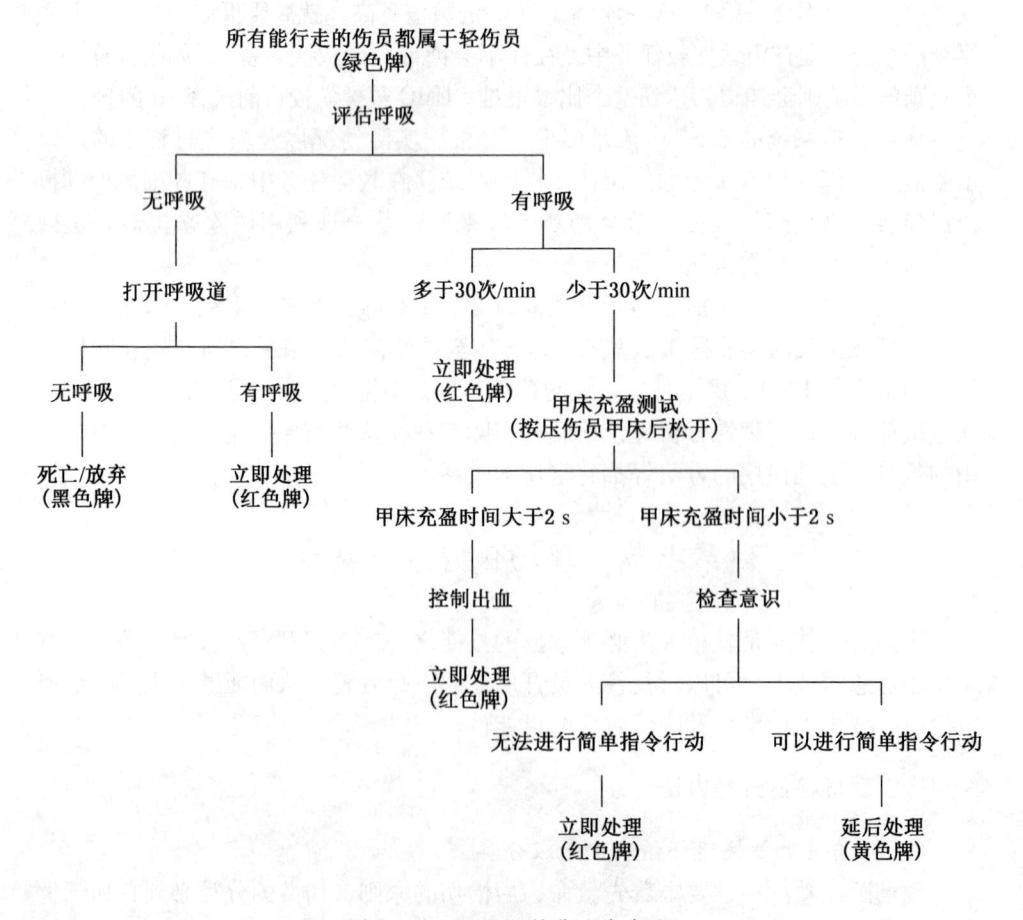

图4-74 START检伤分类步骤

第四章 山地搜救绳索技术

对行走能力、呼吸、循环系统以及意识状态的快速评估对伤情进行判断,对每名伤员的检伤不超过 30 s。

表 4-3 START 检伤分类说明

类别	优先级	标识	处置	描述
Ⅰ类	第一优先	红色	须紧急处理	严重伤员,经现场生命支持并迅速运送至适当的医院积极救治多可存活。如严重头部受伤不省人事、大量出血（>40%）、休克、颈椎受伤、腹或胸部穿破、呼吸道灼伤、严重病患（心脏病、中风、中暑等）
Ⅱ类	第二优先	黄色	可延缓处理	重伤员,伤情比Ⅰ类伤员轻,一定时间内多不致死亡。如严重烧伤、脊椎受创、清醒的头部创伤、中度失血（>15%）、多处骨折等
Ⅲ类	低优先	绿色	可自行走动,延缓处理	可步行,经处理后暂不需紧急后送的轻伤员。如小的挫伤或软组织伤、小型或简单骨折
Ⅳ类	死亡/放弃	黑色	死亡、放弃	死亡或处于濒死状态的危重伤员,脉搏停止、没有呼吸,即使优先急救和运送仍难免死亡。如特重型颅脑伤、心脏伤、胸腹腔内大血管伤

（二）伤员动态评估

伤员受到创伤后并发多脏器功能衰竭,使救治工作更加困难。迅速、准确的伤情判定对指导和制订有效的救治原则和措施甚为重要,判定时要注意处理好局部与整体、重点与全面的关系,做好紧急时的重点伤口处理和伤情稳定时的系统检查与处理。灾害事故现场对每个伤员的伤情判定,可分为初检和复检两个阶段。

1. 初检

初检要处理危及生命的或正在发展成危及生命的疾病或损伤。在这一阶段,应特别注意进行基本伤情判定。在自然灾害、重大工业和交通事故等造成大批伤员需要现场抢救的情况下,应对所有伤员的整体伤情迅速做出评价,发现生命垂危的伤员,如呼吸道阻塞、活动性大出血者应立即优先处理。现场伤员的伤情判定方法可按"A、B、C、D、E"的先后顺序进行。

（1）A（airway）——气道是否通畅。检查有无血块、异物、呕吐物阻塞,如伤员气道阻塞,但无脊柱伤,应立即将伤员侧头或转向侧卧,用手指抠出口、咽部异物。确定口腔无异物后可将伤员头后仰,头颈胸保持直线,抬颏、前推下颌打开口腔,保证气道开放,防止舌根后坠。

（2）B（breathing）——呼吸是否正常。按"望、听、感觉"的方法检查呼吸系统。望，即通过观察胸壁的运动判断呼吸；听，即用一侧耳朵接近伤员的口和鼻部听有无气体交换；感觉，即在听的同时，用脸感觉有无气流呼出。呼吸次数是呼吸窘迫的一个敏感指标，应数 10 s，再乘以 6 算出每分钟的呼吸次数。应特别注意开放性气胸或张力性气胸的存在，可由专业医疗救援人员及时判断后，采取胸部创伤封闭包扎或胸腔穿刺减压急救。

（3）C（circulation）——循环是否正常。大出血、四肢血管大出血者应直接用指压法或敷料加压包扎。测定脉率和血压时，如血压测定困难，可进行血压估计，如可触及桡、股、颈动脉搏动，收缩压一般分别在 60、80、90 mm/Hg 左右。

（4）D（disability）——神经系统障碍。观察意识状态，双侧瞳孔大小、对光反射，有无截瘫、偏瘫等。

（5）E（exposure）——暴露检查。根据天气等情况暴露全身各部以发现危及生命的重要损伤，此项检查也可以在复检时进行。

初检主要是为了将那些有生命危险、经迅速治疗后仍可抢救的伤员区分出来，迅速进行维持生命的急救，即基础生命支持。由训练有素的救护员或目击者在事发后数分钟内进行的维持生命的急救，其救生效果比专家在数小时或数天后进行的后续生命支持更有效。

2. 复检

复检强调的是在整个救治过程中需动态评估伤情，对于伤员有两个作用，一是在危及生命的损伤已被诊治，对伤员的危害已减到最低程度时，复检的目的是诊治伤员可能存在的其他较不重要的损伤。二是及时发现伤员伤情变化，如加重，则其救治和后送优先级由低级转换为高级。复检是一个连续、动态的过程。

二、创伤急救四大技术

创伤是外力因素导致的人体组织器官的破坏和功能障碍，主要包括皮肤肌肉内脏损伤、出血、骨折等。在灾难现场，创伤急救应尽快实施，从而维持伤员生命，避免继发性损伤，防止伤口污染。创伤急救四大技术最早来源于战场救护，包括止血、包扎、固定和搬运技术。

（一）止血

出血在各种意外伤害中最为常见，严重的出血（如心脏及大血管破裂所致的严重出血）可致伤员立即死亡，中等量的出血可致休克。正确及时地止血在伤害急救中对于降低伤员死亡率和致残率极为重要，并对后续治疗有非常重要的意义。内出血主要为内脏损伤导致的出血，一般难以发现；外出血主要包括皮肤、骨骼损伤导致的出血，易被肉眼观察到。

1. 出血性质的判断

（1）动脉出血。因血管内压力高，出血呈鲜红色，并与动脉搏动同步的搏动性喷射状出血。可短时间内大量失血，引起生命危险。

（2）静脉出血。呈暗红色，持续性出血，流出速度较为缓慢，一般危险性小于动脉出血。

（3）毛细血管出血。血色多为鲜红色，自创面呈点状或片状渗出，常能自行凝固止血，但如伤口较大，也可造成大量出血。

2. 出血量的估计

血液是维持生命的重要物质，血液总量约占自身体重的8%，出血量是威胁生命健康的关键因素，因此出血量的正确估计在处理大批伤员和急救时十分重要。

（1）少量失血。失血量为800 mL以内，伤员情绪稳定或稍有激动，唇色正常，四肢温度无变化，脉搏为100次/min以内，血压一般正常或稍高。

（2）中量失血。失血量为800~1600 mL，伤员情绪烦躁或抑郁，对外界反应淡漠，口唇苍白，四肢湿冷，脉搏可达140次/min，收缩压下降，可达6.7 kPa（约为50 mmHg）。

（3）大量失血。失血量为1600 mL以上，伤员反应迟钝，神志模糊不清或躁动不安，口唇灰色，发绀，四肢冰冷，脉搏极弱或不能测出，收缩压降到6.7 kPa（约为50 mmHg）以下或测不出。

3. 止血方法

止血方法主要有指压止血法、加压包扎止血法、止血带止血法、填塞止血法、屈肢加垫止血法、钳夹止血法、药物止血法等。

1）指压止血法

地震、交通创伤等导致的动脉性出血，在受伤后，手头暂时没有合适的器具、物品来有效止血时，可采取指压止血这一紧急措施。指压止血法是用手指压住出血动脉近端（近心端）经过骨骼表面的部分，以达到暂时应急止血的目的，适用于头面颈部及四肢动脉出血急救，一般只能有限地暂时性应急止血，且效果有限，不能持久。紧急情况下可先用指压止血，然后根据具体部位和伤情采用其他止血措施。

（1）头面部出血可压迫下颌骨角部的面动脉、耳前的颞浅动脉和耳后的枕动脉止血。

（2）颈部出血可压迫一侧颈总动脉达到止血目的，一般从第五颈椎横突水平向后压迫。

（3）肩部、腋部出血可在锁骨上凹处向下，向后摸到搏动的锁骨下动脉后，向后压第一肋骨可止住肩、腋部出血。

（4）上臂出血可根据伤部选择腋动脉或肱动脉压迫出血点。腋动脉压迫可从腋窝中点压向肱骨头，肱动脉压迫可以从肱二头肌内侧缘压向肱骨干。

（5）前臂出血可在肘窝部肱二头肌肌腱内侧压迫肱动脉。

（6）下肢出血可压迫股动脉，在腹股沟韧带中点下方压迫搏动的股动脉。有时为增加压力，可将一手拇指置于另一手拇指之上。

2）加压包扎止血法

加压包扎止血法对大多数体表和四肢出血是最常用、最有效、最安全的方法。具体方法是：用消毒的纱布垫（在急救情况下也可用足够厚的清洁布类）将伤口覆盖，再加以绷扎，以增强压力达到止血目的。绷扎的松紧度以能止血为宜，同时应抬高患肢以减轻静脉回流受阻导致出血量增加，如图4-75所示。

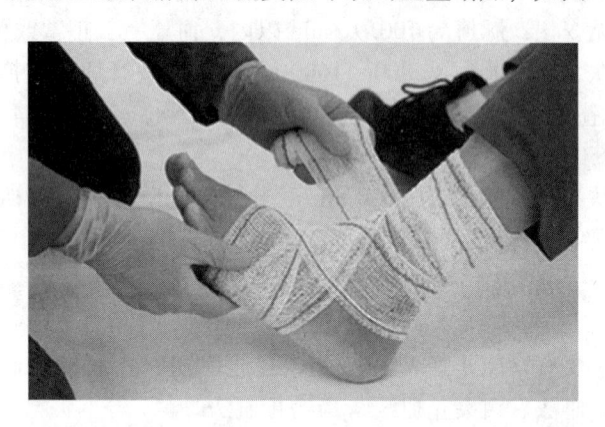

图4-75 加压包扎

3）止血带止血法

止血带一般只适用于四肢大动脉破裂出血，且在上述方法不能有效止血时才使用。如压力过大，容易损伤局部组织，因为在绑扎止血带以下部位血流被阻断，造成组织缺血，时间过长则会引起组织坏死；如压力较小，对组织损伤虽小，却达不到止血目的。因此，正确使用止血带可挽救生命，但使用不当会造成肢体缺血坏死以致截肢或止血无效以致严重出血等后果。非四肢大动脉出血或加压包扎即可止血的，均不应使用止血带止血。

（1）止血带的选择：专业的止血带有充气止血带、旋压式止血带和橡皮止血带三种。充气止血带弹性好、压力均匀、压迫面积大，可控制压力，对组织损伤小，易于定时放松及有效控制止血，较其他止血带佳；橡皮止血带易携带和发

第四章　山地搜救绳索技术

放、弹性好，易勒闭血管，但压迫面积细狭，易致组织损伤；旋压式止血带是目前院外常用的一款止血带，携带方便、使用简便。紧急情况下也可因地制宜，选用三角巾、绷带、布带等代替。

（2）上止血带的部位：止血带只适用于四肢创伤性动脉止血，原则上应在出血稍上方。但前臂和小腿因血管在双骨间通行，绑扎止血带不仅达不到止血目的，还会造成局部组织损伤，因此，一般绑扎止血带的部位是：上臂宜在上 1/3 处，大腿宜在上 1/2 处。也可掌握"高而紧"的原则，尽量靠近大腿、上臂的最上部。

（3）操作方法：上止血带前，先将患肢抬高 2 min，使血液尽量回流后，在肢体适当部位平整地裹上一块毛巾或棉布类织物，然后再上止血带。上橡皮止血带时，以左手拇指、中指和食指持住一端，右手紧拉止血带绕肢体一圈，并压住左手持的一端，然后再绕一圈，再将右手所持一端交左手食、中指夹住，并从两圈止血带拉过去，使之形成一个活结。

（4）使用止血带的注意事项：①准确记录上止血带时间。止血带是应急措施，也是危险措施。上止血带时间过长（超过 5 h）会引起肌肉坏死、神经麻痹、厌氧菌感染等。因此，只有在十分必要时才使用，准确记录上止血带时间后，紧急将伤患送往医院，尽量缩短使用止血带时间。如超过 1 h，则应每 40～50 min 放松止血带 3 min（如止血带以下部位组织已明显广泛坏死，在截肢前不宜松解止血带）；如出血量过大，则最长也不宜超过 5 h。止血带的标准压力：上肢为 33.3～40 kPa，下肢为 53.3～66.7 kPa，无压力表时以刚好止住出血为宜。②止血带不可直接缠在皮肤上，必须要有衬垫。③在松解止血带之前，要先建立静脉通道，充分补液，并准备好止血器材再松止血带。

（二）包扎

包扎法是常用的急救方法之一，伤口包扎可以压迫止血，保护伤口免受污染；还可以固定骨折以减轻转运途中的痛苦，防止继发性损伤，为伤口愈合创造条件。包扎时应将伤口全部覆盖，包扎稳妥，松紧适度。包扎常使用的材料是绷带和三角巾，在紧急情况下也可因地制宜使用干净的毛巾、其他棉织物等包扎。

1. 三角巾

三角巾应用广泛，可用于身体不同部位的包扎，包扎面积大，使用方便、灵活。急救包中的三角巾有时也会配有大、小纱布各一块作为衬垫使用。

三角巾的包扎方法较多，目前常用的有以下三种。

（1）头面部伤口包扎方法。可根据伤口位置分别选用帽式、风帽式、面具式包扎法，以及普通头部包扎法和普通面部包扎法。先在伤口上覆盖无菌纱布（所有的伤口包扎前均先覆盖无菌纱布，以下不再重复），把三角巾底边的正中放在伤员眉毛上部,顶角经头顶拉到枕部,将底边经耳上向后拉紧压住顶角,然后抓住两个底角在枕部交叉后返回额部中央打结。

(2)胸背部伤口包扎方法。将三角巾的顶角放在伤侧肩上,将底边围在背后打结,然后再拉到肩部与顶角打结而成。也可将两块三角巾顶角连接,呈蝴蝶巾,后采用蝴蝶式包扎方法。

(3)四肢伤口包扎方法。将患手或足放在三角巾上,顶角向前拉在手或足的背上,然后将底边缠绕打结固定。

2. 绷带

绷带使用方便,可根据伤口灵活运用。用适当的拉力将纱布牢牢固定可起到止血目的。

绷带用于胸腹部时,如包扎过紧可影响伤员呼吸。因此,一般多用于四肢和头面伤的包扎。绷带包扎方法很多,需掌握保护伤口、松紧适度的基本原则。

不同部位的包扎方法见表4-4。

表4-4 不同部位的包扎方法

部位	包扎方法	适用范围	具体操作
头部	三角巾帽式包扎	头顶部外伤	先在伤口上覆盖无菌纱布(所有的伤口在包扎前均须先覆盖无菌纱布,以下不再赘述),把三角巾底边的正中放在伤员眉毛上部,顶角经头顶拉到枕部,将底边经耳上向后拉紧压住顶角,然后抓住两个底角在枕部交叉后返回到额部中央打结
	三角巾面具式包扎	颜面部外伤	把三角巾一折为二,顶角打结放在头正中,两手拉住底角罩住面部,然后双手持两底角拉向枕后交叉,最后在额前打结固定。可以在眼、鼻、口处提起三角巾,用剪刀开窗洞

第四章 山地搜救绳索技术

表4-4（续）

部位	包扎方法	适用范围	具体操作
头部	双眼三角巾包扎	双眼外伤	将三角巾折叠成三指宽带状，中段放在头后枕骨上，两旁分别从耳上拉向眼前，在双眼之间交叉，再持两端分别从耳下拉向头后枕下部打结固定
	头部三角巾十字包扎	下颌、耳部、前额、颞部的小范围伤口	将三角巾折叠成三指宽带状，放在下颌敷料处，两手持带巾两底角分别经耳部向上提，长的一端绕头顶与短的一端在颞部交叉成"十"字，然后两端水平环绕头部经额、颞、耳上、枕部，与另一端打结固定
颈部	三角巾包扎	颈部受伤	使伤员健侧手臂上举，抱住头部，将三角巾折叠成带状，中段压紧覆盖的纱布，两端在健侧手臂根部打结固定
	绷带包扎	颈部受伤	方法基本与三角巾包扎相同，只是改用绷带，环绕数周后打结
胸部、背部、肩部、腋下部	胸部三角巾包扎	单侧胸部外伤	将三角巾的顶角放于肩的伤侧，使三角巾的底边正中位于伤部下侧，将底边两端绕下胸部至背后打结，然后将三角巾顶角的系带穿过三角巾的底边与其固定打结
	背部三角巾包扎	单侧背部外伤	方法与胸部包扎相似，只是前后相反

表 4-4（续）

部位	包扎方法	适用范围	具体操作
胸部、背部、肩部、腋下部	侧胸部三角巾包扎	单侧胸外伤	燕尾式三角巾的夹角正对伤侧腋窝，双手持燕尾式底边的一端，紧压在伤口的敷料上，将顶角系带环绕下胸部与另一端打结，再将两个燕尾角斜向上拉到对侧肩部打结
	肩部三角巾包扎	单侧肩部外伤	将燕尾三角巾的夹角对着伤侧颈部，巾体紧压在伤口的敷料上，燕尾底部包绕上臂根部打结，然后将两个燕尾角分别经胸、背拉到对侧腋下打结固定
	腋下三角巾包扎	单侧腋下外伤	将带状三角巾中段紧压在腋下伤口的敷料上，再将三角巾的两端向上提起，于同侧肩部交叉，最后分别经胸、背斜向对侧腋下打结固定
腹部	腹部三角巾包扎	腹部外伤	双手持三角巾的两个底角，将三角巾底边拉直放于胸腹部交界处，顶角置于会阴部，然后两底角绕至伤员腰部打结，最后顶角系带穿过会阴与底边打结固定

表4-4（续）

部位	包扎方法	适用范围	具体操作
	臀部三角巾包扎	臀部外伤	方法与侧胸外伤包扎相似。只是燕尾式三角巾的夹角对着伤侧腰部，紧压在伤口的敷料上，将顶角系带环绕伤侧大腿根部与另一端打结，再将两个燕尾角斜向上拉到对侧腰部打结
四肢	上肢、下肢绷带螺旋形包扎	上、下肢除关节部位以外的外伤	先在伤口的敷料上用绷带环绕两圈，然后从肢体远端绕向近端，每缠一圈盖住前圈的1/3~1/2，成螺旋状，最后剪掉多余的绷带，用胶布固定
	8字肘、膝关节绷带包扎	肘、膝关节及附近部位的外伤	先用绷带的一端在伤口的敷料上环绕两圈，然后斜向经过关节，绕肢体半圈，再斜向经过关节，绕起点相对应处，再绕半圆回到原处。反复缠绕，每缠绕一圈覆盖前圈的1/3~1/2，直到完全覆盖伤口
手部、脚部	手部三角巾包扎	手外伤	将带状三角巾的中段紧贴手掌，将三角巾在手背交叉，三角巾的两端绕至手腕交叉，最后在手腕绕一周打结固定

表4-4（续）

部位	包扎方法	适用范围	具体操作
手部、脚部	脚部三角巾包扎	脚外伤	方法与手部包扎相似
	手部绷带包扎	手外伤	方法与肘关节包扎相似，只是环绕腕关节8字包扎。
	脚部绷带包扎	脚外伤	方法与膝关节包扎相似，只是环绕踝关节8字包扎

（三）固定

固定是针对骨折等外伤的现场急救基本技术，其目的是防止骨折断端血管、神经及脏器受到继发性损伤，以及防止出现脊髓损伤，便于后送。自然灾害、事故灾难发生时，因外力冲击可导致颈部外伤、颈椎损伤，如果没有及时发现，后续的活动可能引起颈髓损伤，高位颈髓损伤可直接导致呼吸肌无力，甚至死亡。因此，伤员意识清楚时，一定询问受伤过程和受伤部位；而伤员意识模糊时，需要尽量检查全身，并按照可疑颈椎、脊椎外伤进行相应固定，先固定后搬运。

四肢开放性骨折若损伤主要动脉，应先止血，然后在伤口处用无菌敷料包扎后再固定。闭合性骨折若有明显成角、旋转畸形、压迫血管神经、骨折尖端顶于皮下或即将穿破形成开放性骨折时，可先顺着肢体纵轴牵引后固定。常用固定材料有夹板、石膏、绷带以及木板、竹片、树枝等就便材料。如无固定材料，也可用自体固定法。

1. 上肢骨折固定

(1) 三角巾临时固定法。对上肢的任何骨折、脱位部位进行临时固定时均可用三角巾将患肢固定于胸壁。这种固定方法简单，所需器材少，但由于胸壁有一定运动幅度，不够稳定，故只适用于急救。固定方法是：先将第一块三角巾放在躯干前面，上端经伤侧肩部搭在颈后，将伤肢肘关节屈曲90°横放于胸前，再将三角巾下端提起，搭过伤员健侧肩部，在颈后将两端绑扎，将伤肢悬吊在颈上，将第二条三角巾折叠成宽带，把伤肢上臂部固定在胸侧壁。

(2) 可塑型夹板固定法。对肩关节或肱骨骨折，可应用可塑型夹板将肩关节完全固定。将一个1 m长的可塑型夹板，用棉垫包绕后，上端从健侧肩峰开始，绕过背部、伤侧肩部和肘部的外侧到掌横纹，肩关节放在内收位，上臂贴于胸侧壁，肘关节屈曲90°，外面再用绷带或三角巾将伤肢固定于胸壁。使用短一些的可塑型夹板固定肘关节、前臂和腕关节的损伤，从肩关节开始向下固定直到掌横纹，先将上臂和前臂固定于夹板上，再将上肢固定于胸前壁。

2. 下肢骨折固定

(1) 三角巾健肢固定法。急救现场如缺乏工具时，最简单的固定方法是将伤肢固定于健肢上。先在骨突部位用棉垫隔开，后用三角巾或绷带分别在踝上部，膝上、下部及大腿根部将两腿绑扎在一起，即可达到固定目的。

(2) 简易夹板固定法。急救时可利用易于找到的木板、竹板等作为临时固定工具，对于大腿，特别是髋关节的损伤，为了固定结实，长度最好上抵腋窝，下面长出足底，用绷带或三角巾将其固定于伤肢和躯干部。

(3) 可塑型夹板固定法。可塑型夹板易于携带，因此，下肢的骨折和关节损伤也可利用可塑型夹板来固定。大腿和髋关节损伤固定时，应在其外侧用夹板从腋部开始放置直到足底作外侧固定，膝关节、小腿、踝关节和足部损伤可利用铁丝、夹板从后侧固定，下端应超过趾端，以免足趾受压。

3. 脊柱骨折固定

对怀疑有脊柱损伤的，无论有无肢体麻木，均应按脊柱骨折对待。不应做任意搬动或扭曲脊柱，搬运时应使脊柱保持伸直，顺应伤员脊柱轴线，滚身移至硬担架或平板上。一般采取仰卧位，密切观察全身情况并保持呼吸道通畅，防止休克；颈部损伤者需专人扶牵头颈部维持其轴线位后才能搬运，严禁对怀疑有脊柱脊髓损伤员实施一人抱送或二人抬肢体远端扭曲伤员搬动。

4. 骨盆骨折固定

应注意防止失血性休克和并发直肠、尿道、阴道、膀胱等脏器损伤。临时搬运时可用三角巾或被单折叠后兜吊骨盆，置担架或床板上后，两膝保持半屈位。

搬运伤员应尽可能采用担架搬运，这样做既可减少意外发生，又有利于伤员恢复健康。

在搬运过程中，尤其是危重伤员，应由医务人员陪送，随时观察伤员的表现，如呼吸、面色等，注意保暖，但也不要将头部包盖过严，影响呼吸。在搬运中，伤员戴有吸氧装置及静脉输液装置的，要注意观察吸氧管是否脱落、静脉点滴的速度等情况，若有异常及时处理。

（四）搬运

把伤员解救出来，搬运到空气流通、相对安全的地点（救护点），在现场采取相应的急救措施，并尽快准备好运载工具，将伤员转运到医院救治的过程就是搬运。搬运过程关系到伤员的安全，处理不当会前功尽弃。

搬运方法的选择，主要是根据伤员的伤情以及地形等情况来判断，不能生拉硬拽，不能只要求快。要稳，同时要注意安全，避免对伤员产生继发损伤。对于转运路程较近、病情较轻、无骨折的伤员常采用徒手搬运法，包括狭小空间内的侧身匍匐搬运法、匍匐背驮搬运法；现场环境危险，必须快速将伤患者移到安全区域时，可用拖行法。

搬运前，首先必须妥善进行伤员的早期救治，如外伤员的抗休克、止血、包扎、固定等，危重伤员须待病情相对稳定后再搬运。受现场条件限制，某些伤员必须尽快送至医院治疗，要做好防范意外的措施。脊椎骨折或损伤的伤员，在搬运前一定要固定肢体。颈部用颈托固定，胸、腰部用宽布带等固定在担架上，最好是硬板担架，有条件者可用特制的真空塑型担架。

在人员、器材未准备妥当时，切忌搬运伤员，尤其是搬运体重过重和神志不清者，途中可能因疲劳等原因而发生滚落、摔伤等意外。

搬运方法有很多，救护人员可因地因时制宜地选择适合伤员的搬运方法。最好的搬运方法是用规范化的担架搬运伤员。但是在灾害现场条件受限等情况下，如缺少担架等搬运器材，可适当运用徒手搬运方法。

1. 担架搬运法

担架搬运法最为常用，对于转运路途长、病情重的伤员尤为适合。

（1）担架的种类。担架是运送伤员最常用的工具，常见的担架有铲式担架、脊柱板、真空抽气塑型担架、自动上车担架、吊篮担架、车式复苏担架等。在紧急情况下，还可因地制宜地自制简易担架，如用帆布、绳索、被套、衣服等，加上竹竿、木棍、横木制成简易担架。

（2）担架搬运的方法。由3~4人一组，将伤员移上担架，走平路或下坡时伤员头部在后，足部向前，上坡时头朝前、足部朝后。抬担架的人脚步、行动要一致，前面的开左脚，后面的人开右脚，力求步调一致，平稳前进。向低处抬（下坡或下楼）时，前面的人要抬高，后面的人要放低，上楼或上坡时则相反，使伤员始终保持在水平位置。走在担架后面的要注意观察伤员的情况。伤员的头部一侧重量显著重于足部一侧，力气小的人尽量由两人一组举抬头部一侧，以免发生意外。

2. 徒手搬运法

当现场找不到担架及替代用品，或搬运路途又较近、病情较轻时，可适当采用徒手搬运法。但这样无论对搬运者或伤员都比较劳累。对病情重者，如骨折、胸部创伤、颅脑损伤、烧伤等伤员，不宜使用此法搬运。

三、心肺复苏

心肺复苏术（Cardiopulmonary Resuscitation，CPR）是针对骤停的心脏和呼吸采取的救命技术，目的是恢复伤员的自主呼吸和血液循环。

心搏骤停（Cardiac Arrest，CA）是指各种原因引起的、在未能预计的情况下和时间内心脏突然停止搏动，从而导致有效心泵功能和血液循环突然中止，引起全身组织细胞严重缺血、缺氧和代谢障碍，如不及时抢救，可能立刻失去生命。

心肺复苏是通过一系列操作步骤实现的。在急救现场，救援人员的动作是否正确，直接影响抢救效果。因此，尽管心肺复苏操作很简单，但动作要求应严格按照标准进行。

（一）心肺复苏的基础知识

1. 心脏复苏

（1）心脏复苏的定义。心脏复苏是通过人工胸外按压的方法，使心脏停搏的伤员重新恢复心搏功能的技术。

（2）心脏骤停的常识。心脏骤停也称循环骤停，是指各种原因引起的心脏突然停搏，可引发意外性非预期死亡，也称猝死。发生创伤、触电、溺水、窒息等情况时极易出现心脏骤停。

心脏骤停临床表现为意识丧失（常伴抽搐）、呼吸停止、心音停止及大动脉搏动消失、瞳孔散大、发绀明显。按一般规律，心脏停搏 15 s 后意识丧失，停搏 30 s 后呼吸停止，停搏 60 s 后瞳孔散大固定，停搏 4 min 后糖无氧代谢停止，停搏 5 min 后脑内能量代谢完全停止，所以缺氧 4~6 min 后脑神经元会产生不可恢复的病理改变。

（3）心脏复苏的原理。通过胸外按压，使胸骨与脊柱之间的心脏受到挤压，推进血液向前流动。松开按压时，心脏恢复舒张状态，心腔扩大产生吸引作用，促使血液回流，起到人体正常循环的作用。

2. 肺复苏

（1）肺复苏的定义。肺复苏是指在事发现场通过口对口（鼻）人工呼吸的方法，使没有自主呼吸或呼吸困难的伤员进行被动呼吸，起到模拟人体正常呼吸的作用，简单地说就是使呼吸停止的人恢复呼吸。这是一种快速有效地向伤员提供氧气的方法。

（2）肺复苏的原理。空气中含氧量约为21%，二氧化碳含量为0.04%，其余大部分为氮。经过人体呼吸，呼出的气体含氧量下降为16%，二氧化碳含量升高为4%。在实施口对口（鼻）人工呼吸时，伤员吸进救援人员的"呼出气"，虽然其中的氧浓度比空气中的略低，二氧化碳浓度较高，但在伤员心跳呼吸停止后，肺处于半塌陷状态，吹入肺内的气体能使肺扩张，气体中的氧含量足够伤员使用，少量的二氧化碳还可起到刺激伤员恢复自主呼吸的作用。

一旦发现有人倒地，在最短时间内做出正确的判断和处置，最大限度地保护伤员和救援人员的生命安全，是医疗辅助人员必须掌握的基础急救技能。

（二）徒手心肺复苏的操作流程

1. 安全评估

发现有人倒地后，为了保障自己、伤员和周边人的安全，首先要确定现场是否安全。如有必要，先将伤员移至安全平坦的地方，并维持好现场秩序，同时要做好自我防护。

2. 伤员识别

识别出维持生命的三大关键系统（神经系统、呼吸系统、循环系统）有无问题，对伤员的情况进行初步判断，包括意识、呼吸、心跳，以及是否有危及生命的大出血，对于后续抢救十分重要。三大系统中任何一个系统出现问题都是重要且紧急的，如图4-76所示。

呼吸、心跳和意识是生命体征的基本表现。如果看到一个人毫无知觉地倒在地上，通常的做法是先呼叫伤员，如无反应，再把手指放在伤员的鼻孔处，测试是否还有呼吸，再摸一下脉搏，看是否还有搏动，以此来判断有无生命迹象。

（1）识别反应。意识清醒程度是伤员识别中最重要的生命体征，意识清醒的伤员可以准确叙述自己的症状，并表达自己的意见；意识不清或者昏迷伤员可能情况危急。因此，应首先判断伤员是否有意识。

正确做法是拍打双肩或给予疼痛刺激，并大声呼唤："先生/女士，你怎么

第四章 山地搜救绳索技术

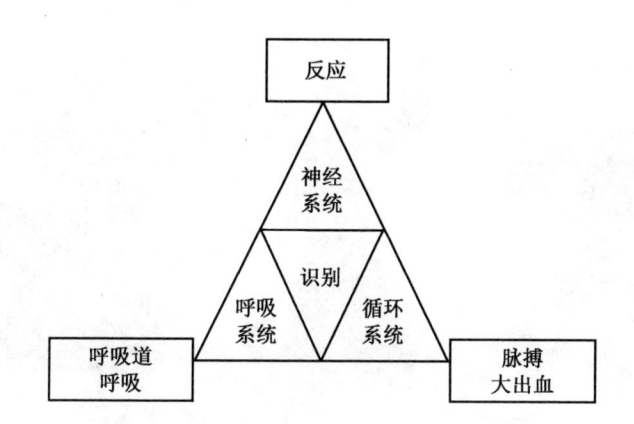

图 4-76 识别出维持生命的三大关键系统

了?"（如果是认识的人，则可以直接呼唤对方姓名）。如伤员没有反应，则观察伤员胸腹部，判断呼吸是否正常，如图 4-77 所示。

（2）对外呼救。确认伤员无反应且无呼吸或呼吸不正常时，救援人员应马上大声呼救："快来人啊救命啊，这里有人需要急救，请立即拨打急救电话 120，然后回来帮我！"如果现场只有一名救援人员，应尽早拨打 120 求救，同时立即进行心肺复苏，如图 4-78 所示。①向旁人呼救。在现场向周边大声呼救，指定人拨打急救电话，指定人留下来帮忙。②向急救中心呼救。向急救中心调度员清晰告知伤员情况、人数、时间、地点等重要信息，调度员挂电话后方可挂机，并保持电话不被占线，如有需要，多预留一个现场联系电话。如有可能，可在调度员指导下对伤员进行处置。安排人引导救护车，疏通救护通道。

（3）识别呼吸。呼吸是生命存在的象征，呼吸停止后心脏也会随之停止跳动。正常情况下成人的呼吸频率为 12~20 次/min，且节奏均匀、强度一致。若呼吸频率超过 30 次/min 或者低于 10 次/min 都是不正常的表现。正常呼吸时，胸腹部有起伏。当伤员在 5~10 s 内都没有被观察到有呼吸动作，且丧失意识时，应立即采取心肺复苏。

正确做法：以 6 s 判断伤员呼吸是否正常为例，可以默数（数 4 个音节约为 1 s）"一千零一"到"一千零六"，同时观察胸腹部是否有起伏，从而判断有无呼吸，或是否为无效呼吸，如图 4-79 所示。如果伤员无反应且无呼吸或处于濒死呼吸（即只有喘息），即可判断伤员心搏骤停，应立即实施心肺复苏。

山 地 搜 救

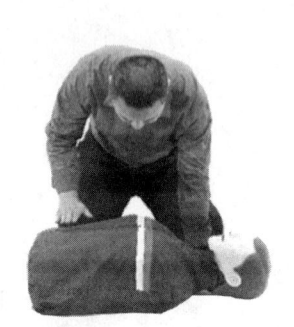

图4-77 识别反应　　图4-78 对外呼救　　图4-79 识别呼吸

注意事项：无呼吸和濒死呼吸是两种最危急的情况。检查时注意判断时间不要过短（少于5 s），也不要过长（多于10 s）。

3. 摆正体位

进行心肺复苏前，摆正体位的方法和时间根据具体情况而定。通常情况下，心脏骤停的伤员需要仰卧在坚实的平面上，伤员的头、颈、躯干平直无扭曲，双手置于两侧。如伤员是俯卧位或侧卧位，应迅速跪在伤员身体一侧，一手固定其颈后部，另一手固定其一侧腋部（适用于颈椎损伤）或髋部（适用于胸椎或腰椎损伤）。将伤员整体翻动，成为仰卧位，即头、颈、肩、腰、髋必须同在一条轴线上，同时转动，避免身体扭曲，造成脊柱脊髓损伤，如图4-80所示。

4. 胸外按压

（1）定位。救援人员跪在伤员一侧，掌根放在胸部中央、胸骨下半部（两乳头连线的中点），不要按压心脏位置，如图4-81所示。

遇到乳房缺失、乳房下垂等特殊体型时，救援人员以左手食指和中指横放在胸骨下切迹的上方（即胸骨下切迹上两横指），食指上方的胸骨正中部即为按压位置，也可将手掌虎口处顶置腋窝，掌根横行平移至胸骨。

（2）按压手势。将一只手的掌根部放置在伤员胸部中间，另一只手的掌根放在该手的手背上，掌根重叠，十指交扣，双臂绷直，垂直按压。伸直双臂，使双肩位于双手的正上方，保证每次按压的方向垂直于胸骨。以髋关节为支点，利用杠杆原理，巧用上半身的力量往下用力按压，如图4-82所示。

220

第四章　山地搜救绳索技术

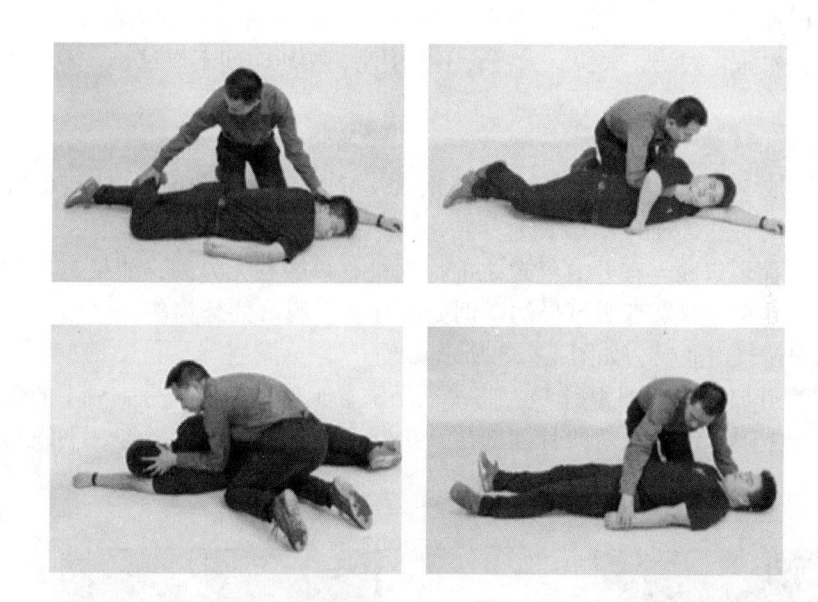

图 4-80　摆正伤员体位

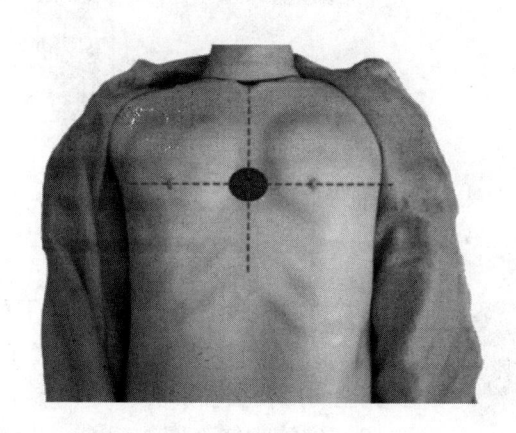

图 4-81　按压位置

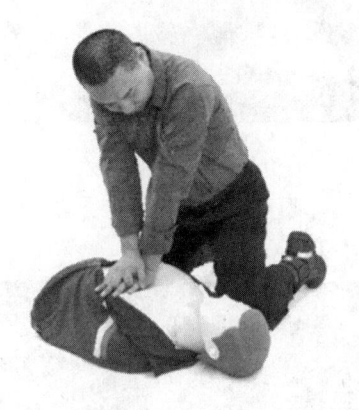

图 4-82　按压手势

（3）按压要领。按压以 100~120 次/min 的速率进行。大声计数按压次数。每次按压时始终发两个音节，如 1 次、2 次、3 次或 01、02、03。成年人每次按压的深度为 5~6 cm，即伤员胸部下陷 1/3 深度。每次按压后，让胸部充分回弹

221

到正常位置，回弹时间与按压时间大致相同；每次中断按压的时间不超过10 s。按压中忌太深、太浅、太快、太慢；不要中断，按压时间不要过长，不要冲击式按压。

5. 人工呼吸

在完成30次按压后，需要给予2次人工呼吸。人工呼吸时，当可以看到胸部隆起，说明是有效的人工呼吸。

（1）清理口腔。在开放气道之前，先检查口腔有无异物，如果有异物，先清理口腔异物。如果有明显异物，例如呕吐物、脱落的牙齿等，可以用手指抠出，以保持气道通畅，如图4-83所示。

（2）开放气道（图4-84）。将一只手掌置于伤员前额，另一只手的食指和中指置于下颌靠近下颌角的骨性部位，抬起下颌，使其头部后仰，下颌与地面垂直。

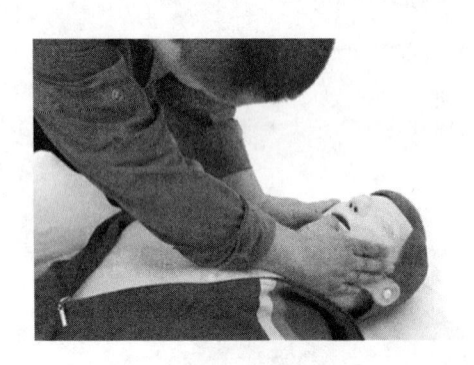

图4-83 清理口腔异物

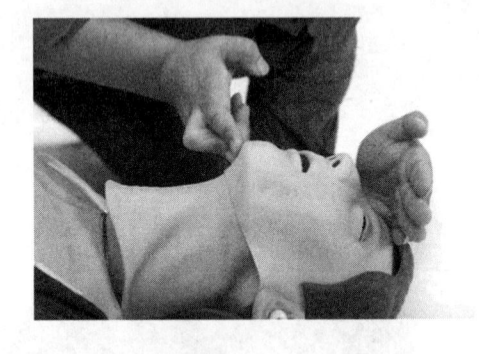

图4-84 开放气道

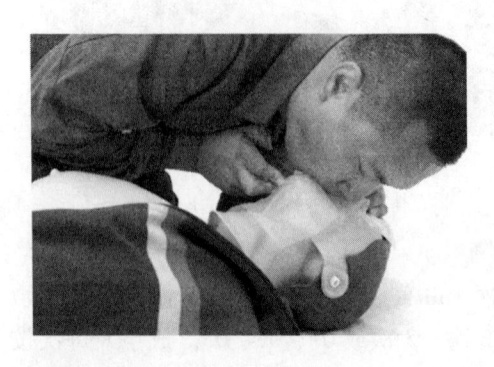

图4-85 实施吹气

注意事项：不要使劲按压颏下的软组织，因为这样可能会阻塞气道；不要完全封闭伤员嘴部。

（3）实施吹气（图4-85）。口对口人工呼吸是为伤员快速、有效地提供氧气的方法。在保持气道开放的同时，用拇指和食指捏住伤员的鼻子。正常吸一口气。用口完全密闭包住伤员的口。给予2次人工呼吸（每次吹气1 s，可以默数4个音节："一千零一"或"1001"）。每次人工呼吸后，观察伤员的胸部是否有隆起。按压中断的时间不要超过10 s。

如果救援人员不能或不愿意进行口对口人工呼吸，可以不做，但必须持续不断地进行胸外按压，即只用手实施心肺复苏而不用嘴，因为胸外按压比人工呼吸更为重要。若实施人工呼吸，需要注意个人防护，可用呼吸面膜或便携式面罩等，它可以保护救援人员不受血液、呕吐物或者传染性疾病感染。

6. 复苏体位

复苏体位是一种气道保护体位，保护意识未恢复的伤员免于气道阻塞、呕吐误吸等，防止发生窒息意外。适用于意识障碍伤员，以及心肺复苏成功但神志尚未恢复的伤员，在其等待进一步救援时可采取复苏体位。其操作步骤如下：

（1）将伤员仰面置于平面。

（2）面向伤员双膝跪地，身体中线对准伤员腰部，膝盖距伤员身体一拳远。

（3）将伤员近侧上肢上摆成直角，远侧下肢屈曲支起。

（4）一手握伤员远侧上肢，一手握伤员远侧下肢膝盖，将伤员向自己方向翻动。

（5）将远侧手掌掌心向下放置于颌下，面口稍向地面，头稍后仰，开放气道。

（6）远侧的下肢膝盖着地，起三角支撑作用，整个身体平面与地面呈45°。

（7）每5～10 min重复检测伤员的呼吸、心跳、意识、皮肤等生命体征。

7. 灾害现场心肺复苏注意事项

（1）安全原则：进行复苏时一定要注意现场环境安全，避免余震、漏电、危险气体等威胁救护者和伤员的安全。

（2）灾害伦理：当有大批量伤员时，迅速判断伤员伤情，需要将有限的医疗资源优先投入存活希望大的伤员抢救中。对于无复苏可能的濒危伤员，建议清除口腔异物后，调整伤员于恢复体位，同时开放气道，不再做后续按压操作，转为下一名伤员救治。在救护力量较充足时，对灾害现场发现的创伤性呼吸心搏骤停伤员要进行积极救治。

（3）优先原则：根据现场救治经验，对于呼吸心搏骤停、电击伤、溺水等特殊情况，积极给予心肺复苏，抢救成功会大幅提升，因此，在救援力量允许的情况下，对这类呼吸心搏骤停伤员应积极抢救。

（4）重视原发创伤的急救：将引起心脏骤停的创伤因素解除，才能提高复苏成功率，比如呼吸道梗阻、大失血、张力性气胸等伤情。

四、自动体外除颤仪

室颤是指心室肌快而微弱的颤动，不协调的收缩使心脏失去有效的泵血功能，心电图表现为不规则的颤动波形。室颤是引发心脏骤停猝死的常见因素之一。心源性猝死是21世纪人类面临的最大威胁，占猝死伤员的绝大多数。及时发现并及时电击除颤和心肺复苏可挽救相当比例猝死者的生命，除颤可提高心肺复苏的成功率达30%；从倒地至除颤，每延迟1 min，伤员生存的概率大约降低10%。自动体外除颤仪（AED）能够自动识别需要电击的异常心律并予以电击，具有以下优点。

（1）能够通过给予电击来终止异常心律（室颤或无脉性心动过速），并使心脏的正常节律得以恢复。

（2）便于操作，非专业人员和医务人员经过培训均可操作。

（3）除颤和心肺复苏一起使用能更有效提高现场复苏率。

（4）能自动识别是否需要除颤，如提示不需要除颤，则继续实施心肺复苏。

自动体外除颤仪的使用步骤如下：

（1）开机。按"开启"按钮或掀开盖子，开启自动体外除颤仪的电源，取出电极片。脱掉或剪开伤员的衣服，擦干伤员胸部的汗水，如图4-86所示。

（2）贴上电极片。撕去电极片贴膜，按照电极片上图示，将一张电极片贴于伤员右胸上部，即锁骨下方（电极片的上缘紧贴锁骨下方，侧缘紧贴胸骨右缘），另一张贴于伤员左侧胸壁（电极片上缘紧贴平乳头连线，中点在腋前线），如图4-87所示。

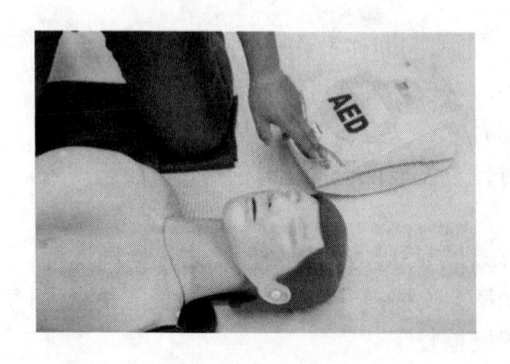

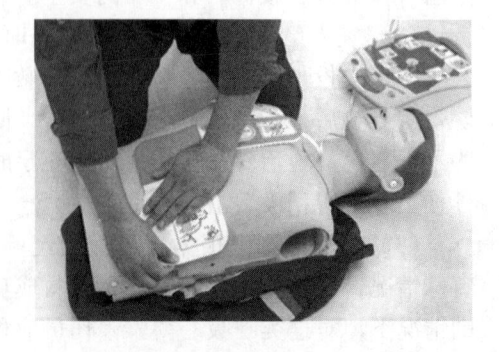

图4-86 按下开机键　　　　　图4-87 贴电极片位置

(3) 插上插头。自动体外除颤仪开始分析伤员心率时，停止按压，并确保没有其他人员接触伤员，如图4-88所示。按照自动体外除颤仪语音或屏幕提示操作。

(4) 当自动体外除颤仪充电完成后，放电键会连续闪烁，指示开始电击，操作者再次确定周围人都离开伤员，按下放电按钮，如图4-89所示。

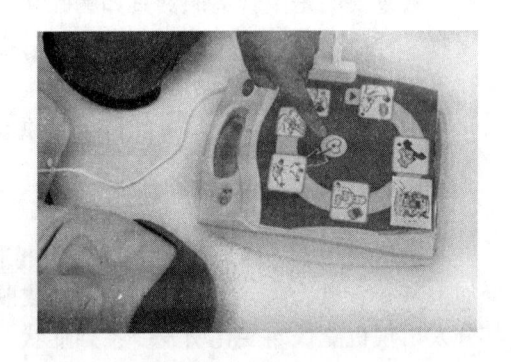

图4-88 确保不要碰触伤员　　　　　　　图4-89 放电

完成放电后，立即恢复心肺复苏，并按照语音提示，重复"分析-除颤"过程直至伤员复苏成功或急救医生抵达。

注意：若出现溺水事故，则将伤员从水中拉出后快速擦拭胸部的水；若伤员躺在雪中或小水坑中，要快速擦拭胸部汗或水后再使用AED；不要给成人使用儿童电极片；不满8岁的儿童应选用儿童电极片。

五、特殊救治事项

山地救援面临复杂地形、复杂气候的威胁，常伴有严重外伤、高原病、冻伤等情形。

(一) 危急症的识别和处置

(1) 内脏损伤出血的现场救治。需要注意，遇险人员因坠落导致内脏损伤出血的情况较多，如不能及时发现伤情并给予重视，则可能贻误救治时机。应用通用急救技术中的个体伤情判断方法，结合伤者的受伤因素、部位判断伤情。如发现脉搏细速、口渴、皮肤苍白、意识模糊等症状，需考虑休克急症。此时给予外伤包扎固定，适当补液，优先快速后送。

(2) 气胸的紧急处置。可引起生命体征恶化的气胸类型有张力性气胸和开放性气胸。张力性气胸在气管、支气管或肺损伤处形成活瓣，气体在胸膜腔内越积越多，压迫肺、纵膈和心脏，可危及生命。开放性气胸是因伤员的胸壁破裂使胸膜腔与外界相通而出现的急症。伤员快速出现呼吸急促、憋气胸闷等症状，进行性加重。对于胸部有明显贯通伤的伤员，尽早用干净、不透气的材料封住胸壁创面，给予包扎，使开放性气胸转为闭合性气胸；判断可能出现张力性气胸的伤员，最重要的是用合适的器具如胸腔穿刺针，在伤侧锁骨中线第二肋间进行胸腔穿刺，释放压力，并按危重伤员优先后送。

（二）高寒区域救治特点

山地救援中遇险人员可能位于高原或寒冷地带，低温缺氧的环境会使伤员出现一些特有病症。

1. 高原病

高原病指未经适应迅速进入 3000 m 以上高原后，由气压低导致缺氧的疾病。加上寒冷、风、雨、雪、强烈的紫外线照射等恶劣条件，以及体力负荷过重，部分人出现机能代谢变化引发一系列症状，包括急性高原病、高原性肺水肿和高原性脑水肿。高原病的自身易感因素包括精神过度紧张、疲劳、感染、营养不良等，常发生于由低海拔区域快速转移到高海拔区的救援人员。

（1）高原病的症状。大多数症状是轻微的，如眩晕、轻度头晕、乏力、头痛、恶心、呕吐、心率加快等。如不及时调整，病情可能会进一步加重。严重的高原病症状有：皮肤青紫，胸部有压迫感或胸痛，咳嗽和咯血，呼吸困难，意识模糊，协调能力降低甚至共济失调，抽搐或昏迷。

（2）高原病的急救。高原病的急救原则为：所有高原病患者都需要先向低海拔转移。在等待转运过程中，保持半卧位休息，并充分吸氧，氧流量 6 ~ 8 L/min；保暖；治疗和预防上呼吸道感染；严禁大量饮水。尽早启动专业人员急救，给予利尿、镇静等治疗。稳定病情的同时启动后送，即使是高原性肺水肿或高原性脑水肿患者，只需将其降低 300 ~ 400 m，症状就可以有明显的改善。

（3）高原病的预防。了解自身健康状态，患有严重贫血，高血压，心、肝、肺、肾等疾病者，不宜上高原。初入高原要减少体力活动，量力而行，适当吸氧，可有效地预防高原反应；保暖，避免感冒；食物要清淡，推荐食用碳水化合物，减少摄入难以消化的食品；严禁饮酒，每天保持充足水分，可观察尿量及颜色，保持清澈。

2. 低体温症

山地救援中发现幸存人员的过程通常较为漫长，因此寒冷地区的搜救行动中易见因长时间暴露在低温环境下导致的冻伤及低体温症。当伤病员身体核心温度下降到 35 ℃ 以下时，就会发生"低体温症"，也称为低温症、失温症。发病的原因主要是人体产热少，体温调节功能差，在寒冷环境中从皮肤丢失的热量多，不能使体温保持在一定的水平上。特别是老年人和婴儿，对温度的变化不那么敏感，有时即使室温相当低，也可能感觉不到，因而保温防护能力差。

（1）低体温症的症状。低体温症的表现有：寒战、心动过速和呼吸急促；共济失调，动作缓慢、手不听使唤，步伐不稳；精神错乱，言语含糊；面色苍白，嘴唇、耳朵、肢端青紫等。随着体温丢失，进一步出现如下症状，提示进入非常危险状态。包括：停止颤抖，皮肤发白、变青，瞳孔放大，肌肉发硬，心跳和呼吸频率急剧降低。

（2）低体温症的急救。判断为低体温症后，甚至在预判可能出现低体温时，应立即救助，其关键在于撤出热散失环境和复温。可采取的措施包括：降低热丢失，如尽快脱离冷环境，脱掉湿的衣物，确保身体干燥，寻求避风所，可以使用金属箔保温毯或者其他隔热物品包裹伤病员，以减少传导或对流导致的热能散失；主动补充热量，如补充食物或温热含糖饮料；外部取热，如多加外衣，烤火，安置温热水袋在伤者腋窝和腿之间，盖电热毯等，并尽快寻求医疗救治。

（3）低体温症的预防。在山区、冬季救援时要注意防护，防止低温和冻伤。寒冷天气下一定要戴帽子，多数热量通过头部丢失。知道自己的极限，避免透支。如果迷路，避免惊慌和其他消耗能量的活动。学习判断低体温症的早期症状。掌握在山区请求紧急救援的方法。

六、疾病预防控制

救援人员根据自身现实情况协助卫生健康行政主管部门和疾病预防控制机构，组织有关专业人员，配合有关单位和部门开展卫生学调查和评价、卫生执法监督等有效的预防控制措施，防止各类突发事件造成的次生或衍生公共卫生事件的发生，确保大灾之后无大疫。其具体包括如下工作：

（一）应急监测

及时报告可能构成或已发生的传染病类突发公共卫生事件的相关信息，并根据疫情防控需要开展应急监测。

（二）应急处置

（1）严格实施传染病病例的现场抢救、运送、诊断、治疗和医院感染控制（包括病例隔离、医疗垃圾和废物的处置流程），并配合疾病预防控制机构开展流行病学调查工作。

（2）根据实际情况配合卫生健康行政主管部门对被检测人员进行现场组织

和秩序维护。

（3）在卫生健康行政主管部门的统一组织下，负责病例、密切接触者或部分重点（高危）人群的健康监测、医学观察、留验、隔离等工作。

七、消毒

消毒已成为传染病预防中不可缺少的措施，尤其对于病原体尚不十分清楚的新传染病来说，优先采用消毒措施尤其重要。消毒的任务是将病原微生物消灭于外环境中，切断传染病的传播途径，阻断传染病的散布，从而达到保护人员健康的目的。

（一）消毒的基本概念

1. 消毒和灭菌的区别

消毒是指将传播媒介上的病原微生物清除或杀灭，使其达到无公害的要求，并非杀死所有的微生物，包括芽孢。灭菌是指将传播媒介上所有微生物全部清除或杀灭，特别是抵抗力最强的细菌芽孢。

2. 消毒剂和灭菌剂的区别

消毒剂和灭菌剂从杀菌效果上看是有严格区别的。消毒剂是指能杀死微生物的消毒药剂，并非一定要杀死所有的微生物，包括细菌芽孢。而灭菌剂是指那些能杀死所有微生物，包括能100%杀死细菌芽孢的高效类消毒剂。

3. 消毒剂

用于杀灭传播媒介上病原微生物，达到消毒或灭菌要求的制剂。不同的消毒剂都有一个适用的浓度范围，不同浓度所需的杀菌时间和杀菌效果是不同的。消毒剂一般分为以下三种。

（1）高效消毒剂。指可杀灭一切细菌繁殖体（包括分枝杆菌）、病毒、真菌及其孢子等，对细菌芽孢也有一定的杀灭作用，达到高水平消毒要求的制剂。如戊二醛、过氧乙酸、二氧化氯、含氯消毒剂、环氧乙烷等。

（2）中效消毒剂。指仅可杀灭分枝杆菌、真菌、病毒及细菌繁殖体等微生物，达到消毒要求的制剂。如乙醇、乙丙醇、酚、碘伏等。

（3）低效消毒剂。指仅可杀灭细菌繁殖体和亲脂病毒，达到消毒要求的制剂。如苯扎氯铵、苯扎溴铵、氯己定、氯羟基苯醚等。

（二）常用的消毒方法

1. 物理法

物理法是利用物理因素作用于病原微生物将之杀灭或清除的方法。按其在消毒中的作用可分为以下五类：

（1）具有良好灭菌作用的，如热力、微波、红外线、电离辐射等，它杀灭微生物的能力很强，可达到灭菌要求。

（2）具有一定消毒作用的，如紫外线、超声波等，可杀灭绝大部分微生物。

（3）具有自然净化作用的，如寒冷、冰冻、干燥等，它们杀灭微生物的能力有限。

（4）具有除菌作用的，如机械清除、通风与过滤除菌等，可将微生物从传染媒介物上去掉。

（5）具有辅助作用的，如真空、磁力、压力等，虽对微生物无伤害作用，但能为杀灭、抑制或清除微生物创造有利条件。

2. 化学法

（1）漂白粉。常用消毒剂，主要成分为次氯酸钙，其杀菌作用取决于次氯酸钙中有效氯的含量。由于其性质不稳定，使用时应进行测定，一般以有效氯含量不小于25%为标准，低于25%则不能使用。漂白粉有乳剂、澄清液、粉剂三种剂型。

用法：澄清液通常用500 g 粉剂加5 L 水搅匀，静置过夜，即成10%澄清液。常用浓度为0.2%。用于浸泡、清洗、擦拭、喷洒墙面（每1 cm² 地面、墙面用200~1000 mL）。对结核杆菌和肝炎病毒用5%澄清液作用1~2 h。20%乳剂用于粪、尿、痰、剩余食物的消毒。粉剂用于排泄物、分泌物等的消毒。将被消毒物的1/5~2/5 质量的干漂白粉加入后，搅拌均匀，放置1~2 h 即可。容器再用0.5%澄清液浸泡1~2 h 后清洗。粉剂还可用于潮湿地面消毒，1 cm² 用20~40 g。

漂白粉不适合对衣服、纺织品、金属品和家具进行消毒。漂白粉用于消毒剂已有100多年的历史，虽不稳定，但因其价格便宜及杀菌谱广，现仍用于饮水、污水、排泄物及污染环境消毒。

（2）过氧乙酸。无色透明液体，有刺激性酸味和腐蚀、漂白作用，是强氧化剂，杀菌能力强。0.01%溶液可杀死各种细菌，0.2%溶液可灭活各种病毒，是杀灭肝炎病毒较好的消毒剂，1%~2%溶液可杀死霉菌与芽孢。

用法：对衣物用0.04%溶液浸泡2 h；洗手用0.2%溶液；表面喷洒用0.2%~1%溶液，作用30~60 min；食具洗净后用0.5%~1%溶液浸泡30~60 min；蔬菜、水果洗净后，用0.2%溶液浸泡10~30 min。过氧乙酸也可用于熏蒸，用量1~3 g/m³，关闭门、窗，熏蒸30 min。过氧乙酸具有腐蚀性和漂白性，因此一些物品及衣物消毒后必须立即洗涤干净。

（3）乙醇。临床最常用消毒剂。可与碘酊合用于皮肤消毒。浓度为70%~

90%，能迅速杀灭细菌繁殖体，对革兰阴性菌尤为有效，但不能杀灭细菌芽孢，不得用于外科器械灭菌，对肝炎病毒也无效。

（4）甲醛。含甲醛36%的水溶液，又称福尔马林，是一种古老的消毒剂，具有刺激性臭味。主要用于熏蒸消毒。对于皮毛、衣物、污染房间均有效。有强大的杀菌作用，能杀灭芽孢，对繁殖型细菌效果更好。

用法：在一密闭房间，用 12.5～25 mL/m³（有芽孢时加倍）甲醛液，加水30 mL/m³，一起加热蒸发，提高相对湿度。无热源时，也可用高锰酸钾 30 g/m³ 加入掺水的乙醛（40 mL/m³），即可产生高热蒸发。两种方法均要防止发生火灾。蒸气发生后，操作者迅速离开房间，关好门后，再将门缝封好。12～24 h 后，打开门窗通风驱散甲醛，或用25%氨水加热蒸发或喷雾以中和甲醛（用量为福尔马林用量的一半）。

（5）碘伏消毒液。主要有效成分为碘，有效碘含量为0.45%～0.55%（W/V）。可杀灭肠道致病菌、化脓性球菌、致病性酵母菌和医院感染常见菌。适用于皮肤消毒、手术部位消毒及术前洗手消毒。使用时用原液涂抹擦拭，作用3～5 min。

（三）救援过程中洗消的注意事项

在救援过程中最怕发生污染事件，为防止应急救援人员被污染，应重视队伍营地及搜救现场的卫生防疫工作，并注意现场环境特点，如是否有体液溅洒、临时卫生间等不同的消毒要求，将该项工作纳入救援队的日常流程中。同时，所有在救援现场区域的人员都需要采取适宜的方式进行洗消。

救援过程中的洗消有如下两种基本方法。

（1）干洗消法。即去除潜在或严重污染伤员的衣物，也有使用干吹法与树脂干洗法来进行干洗消程序，此方法仅特指简单地脱去伤员被污染或残留有蒸气的衣物。干洗消法适用于受气体或气溶胶（蒸气）污染且只有轻微呼吸障碍的伤员，若伤员伴随明显的皮肤破损、黏膜刺激及灼伤，即便仅受蒸气污染，仍需接受湿洗消法。

（2）湿洗消法。即用去污剂和温水从头到脚冲洗被严重污染和（或）有临床症状的受伤人员。湿洗消法过程包括脱丢伤员衣服，用海绵或毛巾在低压、温水下淋浴（冲洗）。应避免用硬毛刷子，因为有潜在损伤皮肤的可能，应使用中性清洁剂。对于湿洗消法而言，温水非常重要，因为水太热会促进毒素的吸收，水太冷会使污染物移除效果不好，且导致体温过低。

操作流程：应从头到脚进行冲洗，首先是嘴和鼻子以及开放伤口周围，最好持续3～5 min。失去意识或不能够自我冲洗的伤员应当由2～4名穿戴适当防护装备的洗消队员用相同方法进行冲洗。使用头顶式淋浴时，水可能会进入无意识患者的气道，因此应首先洗消脸、头和颈部，在洗消过程中注意气道保护，注意凹陷和褶皱部位，如耳朵、眼睛、腋窝和腹股沟等，最后翻转伤员冲洗后背。湿洗消法对场地的要求比干洗消法更高，它需要额外的资源（水、电、冲淋设备等）和更多的人员。

在救援现场进行洗消的具体要求是：洗消应在灾难现场附近进行，由消防员或专业灾难处理人员用消防水带或便携式洗消庇护所引出的低压水进行洗消。然而，很多伤员会略过现场洗消直接到医院就诊，医院完成大量伤员洗消的理想场所应远离正常治疗区域，以避免其他伤员、工作人员和设施的污染，应选择医疗机构的下风口和下坡处作为洗消场所。如不能同时满足以上选项就必须在洗消原则与客观设备环境中做权衡。

如有大量伤员，需要 2000~4000 m^2 的洗消区域，并划分明确的污染区和清洁区。污染区用于分诊、伤员初步处理以及伤员和技术人员工作的洗消，清洁区用于伤情评估、伤员诊治及转运和登记。

八、常见病症

（一）急性冠状动脉综合征（心肌梗死）

急性冠状动脉综合征（ACS）是以冠状动脉粥样硬化斑块破裂或侵袭，继发完全或不完全闭塞性血栓形成病理基础的一组临床综合征。ACS 是一种常见的、严重的心血管疾病，是冠心病的一种严重类型，常见于老年男性及绝经后女性，吸烟者，患高血压、糖尿病、高脂血症、腹型肥胖者及有早发冠心病家族史的患者。ACS 患者常常表现为发作性胸痛、胸闷等症状，可导致心律失常、心力衰竭，甚至猝死，严重影响患者的生活质量和寿命。如及时采取恰当的治疗方式，则可大大降低病死率，并减少并发症，改善患者预后。

1. 心脏不适的识别

（1）胸痛、胸闷是心脏不适的主要表现，如图 4-90 所示。

（2）心脏不适的反射区有牙齿、下颌、心脏部位、胃、左侧上肢、肩膀、左侧肋骨、后背与心脏相对的位置。

（3）呼吸短促，可以伴随或不伴随胸部不适。

（4）出冷汗、恶心或头晕等。

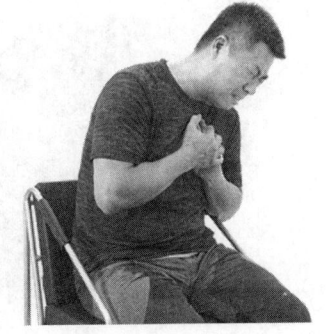

图 4-90 胸痛、胸闷

2. 典型的心绞痛表现

发作性胸骨后压榨性疼痛，可表现为胃疼、牙疼、左肩、左上肢内侧疼等，持续时间为 1~5 min，很少超过 15 min。

3. 心肌梗死的症状

（1）发作性心前区疼痛在 15 min 以上。
（2）舌下含服硝酸甘油不能缓解症状。
（3）恶心、呕吐、腹胀、面色苍白、大汗淋漓、四肢厥冷。
（4）血压突然下降。

4. 应对措施

确认现场环境安全，做好个人防护；救援人员应保持镇静，告知伤员保持冷静并使其所处环境保持安静；对于正在行动的伤员应使其立刻停下休息，就地选择舒适的体位等待救援。

（二）癫痫

癫痫是一种时犯时愈的暂时性大脑机能紊乱的病症，还可以由头部损伤、低血糖、高温所致损伤、中毒造成。

1. 癫痫发作时的表现

常不定期反复发作，发作前伤员常有头痛、心绪烦乱的症状，接着尖叫一声倒地后不省人事，四肢僵硬，全身抽搐，口吐白沫或血沫（俗称羊痫风、羊角风，如图 4-91 所示），还可能尿失禁，一般持续几分钟。癫痫发作时，如果处理不及时或不正确，可能会发生多种意外伤害。伤员在癫痫发作过程中可能会咬伤自己的舌头，可以在癫痫停止后针对这一损伤实施急救。发作过后，伤员通常会出现意识模糊或嗜睡。

图 4-91 癫痫发作时表现

2. 癫痫的应对

（1）确认现场环境安全。

（2）脱离危险环境。发作时，首先迅速脱离危险环境，移开危险物品，如桌、椅、板凳，如果方便，在伤员头底下垫一块布垫或毛巾。

（3）守护等待。一般情况下癫痫发作时间很短，平均 3~5 min，如果超过 5 min 就要及时送医，等待医护人员到来时应注意观察伤员面色和呼吸。

（4）癫痫停止后，松开衣领、围巾、领带等，将伤员的头偏向一侧保持呼吸道通畅，清除口腔分泌物，防止窒息。协助伤员侧卧休息，不要强行叫醒伤员，抬起伤员颌部，保持呼吸道通畅。

（5）确定伤员是否需要心肺复苏。

注意事项：不要按住病人，病人抽搐的力量很大，用力按住病人会使肌肉拉伤，甚至骨折。不要试图掰开病人的嘴或在牙齿间塞东西，防止被咬伤。

（三）脑卒中

脑卒中是指突然起病的一种脑血液循环障碍疾病，又称中风，包括出血性和缺血性两种。出血性的分为脑出血和蛛网膜下腔出血，缺血性的分为脑血栓和脑栓塞。院外处理的关键是迅速识别脑卒中伤员并尽快送到医院。

1. 脑卒中的识别

（1）失语或口齿不清：常伴有一侧肢体偏瘫，伴有吐字不清或不能言语。

（2）半边肢体麻木：突发一侧面部或上下肢麻木，严重者可伴有肢体乏力、步态不稳和摔倒。

（3）意识障碍：轻者烦躁不安、意识模糊，严重者可呈昏迷状态。

（4）头痛、呕吐：多发生在出血性脑卒中伤病员中，头痛剧烈程度与病情及疾病种类有关，蛛网膜下腔出血者头痛最为剧烈，常伴有喷射性呕吐。

（5）视物不清：瞬间失明或视力模糊。

2. 小中风的识别

（1）手心朝上，观察有没有一低一高。

（2）笑一笑，看有没有口歪眼斜。

（3）说一说话，听有没有口齿不清。

三种情况满足一条，都应该拨打急救电话。

3. 脑卒中现场应对

（1）确认现场环境安全，做好个人防护。

（2）不要摇晃伤员，尽量少移动伤员，尽快送医。

（3）不要给伤员吃东西、喝水，因为可能到了医院后会做手术。

（4）解开衣领，如果伤员清醒，让伤员半卧或平卧休息，如果伤员意识丧失，可将伤员摆放成侧卧位，开放气道，以保持呼吸道畅通。

（5）有假牙的，将假牙取出，及时清理伤员口中的呕吐物，防止伤病员将其吸入肺中。

（6）心肺复苏：观察生命体征，做好随时做心肺复苏的准备。

（四）烧烫伤

灾难事故中，烧伤是难免的，在逃离火场保证自身安全后，应检查自己的伤情，关注周围的伤员，对烧伤处进行简单处理。

1. 降温

伤员如果感觉烧伤处灼热、疼痛，可以浸在缓缓流动的凉水中至少 10 min，不能用物品去涂抹皮肤烧伤处，诸如防腐剂、油脂、凡士林之类。应持续降温直至感觉稳定下来，此时离开凉水疼痛感不会增加。

简单处理之后可用消毒过的干燥布块包扎受伤部位，以防感染。在包扎手指或脚趾受伤部位前，应用布条将每个指（趾）头分隔开，以防彼此粘连。

2. 保护创伤

对于烧伤后的水疱，可在低位刺破，引流排空，切忌把皮剪掉，造成感染。用无菌的或洁净的三角巾、纱布、床单等布类包扎创面，以免继续受到伤害。问题严重者，应及时送医处理。

3. 补充体液

少量多次饮用凉水，如果有条件，在 1 L 水中外加半汤匙盐或者加半勺小苏打，效果更好。如果没有盐，可以让伤员少量饮用煮沸的动物血液。

4. 休克急救

火场休克是由于严重创伤、烧伤、触电、骨折的剧烈疼痛和大出血等引起的一种威胁伤员生命的极其危险的严重综合征。救治火场休克人员应注意以下几点。

（1）确定伤情。休克的症状是目光呆滞，呼吸快而浅，有腥臭味，脉搏快而弱，出冷汗，表情淡漠，神志不清，口唇肢端发绀，身体颤抖，面色苍白，四肢冰凉。确定伤情后立即实施急救。

（2）体位。在急救过程中应使伤员平卧，将两腿架高约 30 cm，给伤员盖上毛毯或衣服用以保暖，然后大声呼唤，使其恢复意识。

（3）伤口处理。尽快包扎伤口，减少出血、污染和疼痛，要及时有效地止血。

（4）补液。对没有完全昏迷的伤员，可少量给其以姜汤、米汤、热茶水或淡盐水等饮料。

（5）送医。采取包扎、止血、人工呼吸、保暖等急救措施后，应尽快将伤员送医治疗。

（五）低血糖

低血糖是指成年人空腹血糖浓度低于 2.8 mmol/L。糖尿病患者血糖值不高于 3.9 mmol/L 即可诊断为低血糖。低血糖症是一组多种病因引起的以静脉血浆葡萄糖（简称血糖）浓度过低，临床上以交感神经兴奋和脑细胞缺氧为主要特点的综合征。低血糖的症状通常表现为出汗、饥饿、心慌、颤抖、面色苍白等，严重者还可出现精神不集中、躁动、易怒甚至昏迷等。

对于轻中度低血糖，口服糖水、含糖饮料，或进食糖果、饼干、面包、馒头等即可缓解。

（六）高血压

高血压（hypertension）是指以体循环动脉血压（收缩压和/或舒张压）增高为主要特征（收缩压不低于 140 mmHg，舒张压不低于 90 mmHg），可伴有心、脑、肾等器官的功能性或器质性损害的临床综合征。高血压是最常见的慢性病，也是心脑血管病最主要的危险因素。如患者有高血压病史，让伤员自行服用降压药即可；如急性高血压立即送医。

第五章　山地搜救演练组织与实施

第一节　山地搜救应急演练概述

一、应急演练的定义、意义与目的

应急演练是指各级人民政府及其部门、企事业单位、社会团体等（以下统称演练组织单位）组织相关单位及人员，依据有关应急预案，模拟应对突发事件的活动。演练组织者通过创造一个虚拟情境（突发事件情景）与环境（演练物理环境），使参演者通过完成突发事件应对任务及事后评估等活动，实现检验预案、锻炼队伍、优化系统，最终提升应急能力的目的。

应急演练是应急管理工作中必不可少的环节。在各类突发事件多发、频发，应对和处置越来越复杂的今天，举行必要的演练是保证人民的生命财产安全、尽可能减少突发事件危害的最有效手段之一。

应急演练的目的包括：

（1）检验预案。通过开展应急演练，查找应急预案中存在的问题，进而完善应急预案，提高应急预案的实用性和可操作性。

（2）完善准备。通过开展应急演练，检查应对突发事件所需应急队伍、物资、装备、技术等方面的准备情况，发现不足及时予以调整补充，做好应急准备工作。

（3）锻炼队伍。通过开展应急演练，增强演练组织单位、参与单位和人员等对应急预案的熟悉程度，提高其应急处置能力。

（4）磨合机制。通过开展应急演练，进一步明确相关单位和人员的职责任务，理顺工作关系，完善应急机制。

（5）科普宣教。通过开展应急演练，普及应急知识，提高公众风险防范意识和自救互救等灾害应对能力。

二、应急演练的发展趋势

演练作为一种人类活动由来已久。古代的"周幽王烽火戏诸侯"可以视作对军事联动机制的检验式演练。现代社会的应急演练通常被理解为"模拟应对突发事件的活动"，是应急准备工作中的一种重要实践活动。纵观21世纪以来的国际应急演练实践，有如下4个趋势。

（一）地位显性化

应急演练实践的显性化趋势是指其从不为人知到引人注目、从星星之火到形成燎原之势。过去，演练的频次远远没有今天这么多，规模也没有今天这么大。现在，仅北京市各类单位每年就要举办数万次种类、形式、规模不等的演练，这是过去无法想象的。过去，演练往往从属于锻炼队伍的工作。今天，演练被作为检验预案、锻炼队伍、磨合机制、科普宣教等工作的重要载体。过去，演练不像今天这样受到组织上的高度关注。现在，许多国家和地方把专门制订多年度或本年度演练计划作为一项相对独立的工作要求。归纳地说，应急演练的体量、独立性、受关注度的确大大增高，显性化趋势明显。

（二）管理制度化

应急演练管理的制度化趋势是指政府日益把这种社会性活动纳入其管制范畴的趋势。《中华人民共和国突发事件应对法》中多处对应急演练做出规定，其中第二十六条指出："县级以上人民政府应当加强专业应急救援队伍与非专业应急救援队伍的合作，联合培训、联合演练，提高合成应急、协同应急的能力。"第二十九条指出："县级人民政府及其有关部门、乡级人民政府、街道办事处应当组织开展应急知识的宣传普及活动和必要的应急演练。"通过法律的形式把应急演练作为应急管理的规定动作，使得这项实践活动有了重要的法律依据。

应急预案通常也对应急演练提出要求。例如，《国家突发公共事件总体应急预案》中要求，各地区、各部门要结合实际，有计划、有组织地对相关预案进行演练。

对政府自身的应急演练实行严格要求是制度化的直接落实。《国家突发公共事件总体应急预案》要求组织演练，许多地方都出台了《应急演练管理办法》。有关规定要求政府要对社会应急演练加强业务指导，是制度化的延伸。

总体来说，应急演练法制依据的确立、管理制度的丰富和完善等意味着其制度化趋势的加强。

（三）操作规范化

应急演练操作的规范化趋势是指社会和政府对演练行为范式的认识和实践日益趋同的趋势。

（1）演练的术语逐步趋向一致。我国过去称之为演习、演练，现在统一称为演练，国际上的术语统一尚需时日。

（2）演练程序逐步趋向统一。随着应急处置程序的统一和法制化，演练程序也日益趋向统一。

（3）演练文件逐步趋向健全。现在，每一次演练都要准备演练规划、参演人员手册、导调人员手册、评估人员手册等。其中的信息要素也日益健全。

归纳地说，应急演练术语的一致性趋势、程序的统一化趋势、文件的健全性趋势都意味着演练操作的规范化趋势明显。

（四）方法专业化

应急演练方法的专业化趋势是指其从经验性上升到专业性的趋势，表现在以下3个方面。

（1）演练指南日益完善。随着应急演练实践的丰富，应急演练的知识也日趋系统化，这就为演练规范的出台奠定了基础。

（2）演练方法日益成熟。关于演练场景的设计、演练评估指标的设计等，理论上的支撑越来越充分。

（3）人员培养的专业化。对演练的组织、设计、评估人员的培养已经从师傅带徒弟式的经验式培养演变为专门的培训。美国联邦应急管理学院的专业演练师培训需要长达6个月的培训周期。

总体来说，演练指南日益完善、演练方法日益成熟、人员培养的专业化都使演练专业化趋势日益明显。

三、应急演练的基本原则

为实现演练功能，需要明确演练工作的基本原则，即演练工作总体上以及演练设计、实施、评估、改进全过程都要遵从的原则。

（1）结合实际、合理定位。紧密结合应急管理工作实际，明确演练目的，根据资源条件确定演练方式和规模。

（2）着眼实战、讲求实效。以提高应急指挥人员的指挥协调能力、应急队伍的实战能力为着眼点，重视对演练效果及组织工作的评估、考核，总结推广好经验，及时整改存在的问题。

（3）精心组织、确保安全。围绕演练目的，精心策划演练内容，科学设计演练方案，周密组织演练活动，制订并严格遵守有关安全措施，确保演练参与人员及演练装备设施安全。

（4）统筹规划、厉行节约。统筹规划应急演练活动，适当开展跨地区、跨部门、跨行业的综合性演练，充分利用现有资源，努力提高应急演练效益。

四、应急演练的分类

(一) 按组织形式划分

按组织形式划分，应急演练可分为桌面演练和实战演练。

(1) 桌面演练。桌面演练是指参演人员利用地图、沙盘、流程图、计算机模拟、视频会议等辅助手段，针对事先假定的演练情景，讨论和推演应急决策及现场处置的过程，从而促进相关人员掌握应急预案中所规定的职责和程序，提高指挥决策和协同配合能力。桌面演练通常在室内完成。

(2) 实战演练。实战演练是指参演人员利用应急处置涉及的设备和物资，针对事先设置的突发事件情景及其后续的发展情景，通过实际决策、行动和操作，完成真实应急响应的过程，从而检验和提高相关人员的临场组织指挥、队伍调动、应急处置技能和后勤保障等应急能力。实战演练通常要在特定场所完成。

(二) 按内容划分

按内容划分，应急演练可分为单项演练和综合演练。

(1) 单项演练。单项演练是指只涉及应急预案中特定应急响应功能或现场处置方案中一系列应急响应功能的演练活动。注重针对一个或少数几个参与单位（岗位）的特定环节和功能进行检验。

(2) 综合演练。综合演练是指涉及应急预案中多项或全部应急响应功能的演练活动。注重对多个环节和功能进行检验，特别是对不同单位之间应急机制和联合应对能力的检验。

(三) 按目的与作用划分

按目的与作用划分，应急演练可分为检验性演练、示范性演练和研究性演练。

(1) 检验性演练。检验性演练是指为检验应急预案的可行性、应急准备的充分性、应急机制的协调性及相关人员的应急处置能力而组织的演练。

(2) 示范性演练。示范性演练是指为向观摩人员展示应急能力或提供示范教学，严格按照应急预案规定开展的表演性演练。

(3) 研究性演练。研究性演练是指为研究和解决突发事件应急处置的重点、难点问题，试验新方案、新技术、新装备而组织的演练。

不同类型的演练相互结合，可以形成单项桌面演练、综合桌面演练、单项实战演练、综合实战演练、示范性单项演练、示范性综合演练等。

五、应急演练规划

应急演练规划的内容包括应急演练的需求、范围、目标、组织架构、演练计划等。

(一) 应急演练需求

演练需求包括演练机构和参演者为什么要演练、需要演练什么、需要怎样演练等问题。明确应急演练需求是确定演练范围与目标、设计演练计划、实施应急演练的前提，是确保演练工作准确、及时和有效的重要环节。

(二) 应急演练范围

应急演练范围是对一个具体演练而言的。应急演练范围主要包括五个方面的要素，即演练的突发事件、演练时间与地点、演练职能或行动职责、演练参与者和演练类型。

(1) 演练的突发事件。突发事件主要包括自然灾害、事故灾难、公共卫生事件和社会安全事件四类，每类中又包括各种具体类型。要确定演练哪种突发事件，以及其严重程度或时间等级如何。通常的演练要以该事件的应对为主要线索，也可能会涉及该突发事件所涉及的次生或衍生事件。

(2) 演练时间与地点。应急演练地点可以根据需要选择应急指挥中心、会议室、操场、开阔地，以及医院、新闻发布厅等地点，当然也可以选择可能真实发生危险的地点。演练时间要根据资源和人员能力等情况选择半天、一天或几天进行。

(3) 演练职能或行动职责。突发事件应对包括领导决策、综合协调、事件处置、人员救助、危机沟通等职能，以及将这些职能进一步细化的有关行动职责。明确要演练的职能或行动职责有利于确定演练对象和目标。

(4) 演练参与者。演练参与者包括演练的组织者、参演者，以及其他相关人员。其中，参演者要包括与应急演练任务有密切联系的组织、部门中的有代表性的人物，往往是应急预案规定的相关领导和人员。

(5) 演练类型。应急演练类型是指从基本应急演练类型中选择某一种演练形式，或者借鉴基本演练形式，组合出一种新的演练形式，或者创新性地提出其他演练形式。

(三) 应急演练目标

应急演练目标是需要完成的主要演练任务及其达到的效果。一次应急演练一般有若干项演练目标，每项演练目标都应该在演练方案中有相应的事件和演练活动以具体工作指标予以体现，并在演练评估中有相应的评估标准判断该目标的实现情况。

（1）选择目标的意义。演练目标是演练组织者确定演练需求和演练目的后确定的，是对希望参演者在演练后表现出来的外在行为结果的具体明确的表述，也是落实演练目的的具体工作指标及后续演练设计和应急演练评估的重要依据。

（2）应急演练目标的维度。应急演练目标的维度包括希望达成的认识目标、技能目标、态度目标等，这些目标维度又可以分为不同的层次。

（3）应急演练目标的要素。一个完整的应急演练目标应该包括如下要素：谁在什么条件下完成什么任务，依据的标准，取得的效果等。

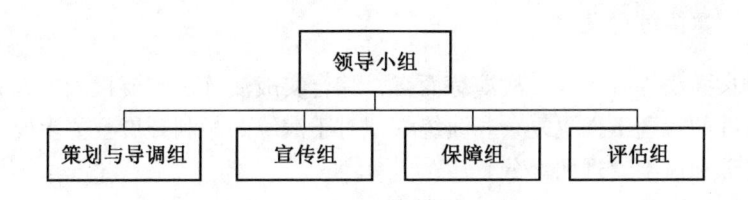

（四）应急演练组织架构

确立应急演练组织架构是实现应急演练目的的重要保证。通常应成立演练领导小组，负责指导和协调演练准备、实施和评估各项工作，审定演练工作方案、演练工作经费、演练评估总结以及其他需要决定的重要事项，根据需要下设策划与导调组、宣传组、保障组、评估组等，如图 5-1 所示。根据演练规模大小，其组织机构可进行调整。

图 5-1　应急演练组织架构

（1）策划与导调组。负责编制演练工作、演练脚本、演练安全保障方案，负责演练活动筹备、事故场景布置、演练进程控制和参演人员调度以及与相关单位、工作组的联络和协调。

（2）宣传组。负责编制演练宣传方案、整理演练信息、组织新闻媒体开展新闻发布会。

（3）保障组。负责演练的物资装备、场地、经费、安全及后勤保障。

（4）评估组。负责对演练准备、组织与实施进行全过程、全方位的跟踪评估；演练结束后，及时向演练单位、演练领导小组及其他相关专业组提出评估意见、建议，并撰写演练评估报告。

（五）制订应急演练计划

完整的应急演练计划需要由策划与导调组负责编制，报演练领导小组批准。

其主要内容包括以下4点：

（1）演练目的。明确举办应急演练的原因、演练要解决的问题和期望达到的效果等。

（2）演练需求。在对事先设定事件的风险及应急预案进行认真分析的基础上，确定需调整的演练人员、需锻炼的技能、需检验的设备、需完善的应急处置流程和需进一步明确的职责等。

（3）演练范围。根据演练需求、经费、资源和时间等条件的限制，确定演练事件类型、等级、地域、参演机构及人数、演练方式等。演练需求和演练范围往往相互影响。

（4）演练准备。演练准备包括明确演练文件编写与审定的期限、物资器材准备的期限、演练实施的日期，编制演练经费预算，演练经费筹措渠道。

演练组织单位要根据实际情况，并依据相关法律法规和应急预案的规定，制订年度应急演练规划，按照"先单项后综合、先桌面后实战、循序渐进、时空有序"等原则，合理规划应急演练的频次、规模、形式、时间、地点等。

六、应急演练管理

相对桌面演练或单项实战演练而言，综合实战演练所需要投入的人力、物力更多，演练的管理工作更复杂。演练管理对于演练的顺利开展至关重要，主要包括资源管理和风险管理两部分。

资源管理包括参演单位的内部动员、外部联动单位的协调与沟通、资金预算、物资准备、装备储备、场地搭建与协调、特殊身份人员管理与公关。

风险管理不仅包括演练的全流程安全管理，例如人员安全、环境安全、装备使用、后勤保障安全等，还包括对演练信息外溢造成的演练失效、未作演练社会公告造成的民众恐慌、社会环境和自然环境的损坏、演练相关方的心理影响等方面的管理。

第二节　山地搜救演练的准备

一、山地搜救演练设计

演练设计是具体的演练准备工作的起点。由于演练的目的、目标、准度、时长、规模不同，演练设计的工作量和设计内容也有所不同。一次简单的研讨式桌面演练可能只需要一页至数页纸的场景描述，而一次持续数日的交互式桌面演练可能需要数百条演练信息来支撑。演练设计包括事件体系设计和预期行动设计，以及在此基础上的场景设计。在此，主要介绍以检验应急预案和队伍应急能力为主要目的的山地搜救类综合型实战演练。

二、山地搜救应急演练场景设计

应急演练场景是应急演练所要处置的假设情景。根据演练需要，有的演练场景只有突发事件背景信息，即假设的风险或突发事件的某一时点上的时空条件和事件；有的演练还要设计一系列动态情景，即假设的风险或突发事件不断发展的情况。山地搜救演练的场景设计，一般会以某地发生山地户外运动安全事故作为突发事件背景信息，根据演练目标也可能会设定其他突发事件。

（一）突发事件背景信息

突发事件背景信息既是参演者进行演练的基础性信息，也是演练设计者进行设计工作的基础性信息。对于分析式桌面演练而言，突发事件背景信息可能也是唯一的演练信息。突发事件背景信息的要素包括自然环境、人员要素、突发事件要素、管理要素。其中，某些自然环境和社会环境如果对于参演者而言是无须说明的，或者在演练的背景材料里已有专门叙述，可以不再赘述。但是与突发事件直接相关的要素，在场景设计里仍要具体而详尽地陈述。

1. 自然环境

自然环境包括时间、地点、地理条件和气象条件等。

（1）时间。可以套用真实案例的时间，尽量与事件其他要素相吻合。

（2）地点。指突发事件发生地点，可以是真实的，也可以是虚构的，无论是哪一种，都要尽量与事件其他要素相吻合。例如，台风发生在沿海地区，泥石流则发生在山区。

（3）地理条件。指不同地域的海拔、地形、地势、地质条件等。

（4）气象条件。与气象密切相关的突发事件，在初始场景设计中应详细说明气象条件，尽量使用当时当地真实的气象条件，也可以根据演练需要假设气象条件。

（5）交通条件。指突发事件所在区域的交通条件、车辆能够抵达的区域、抵近路线等，可根据演练需要假定交通条件。

2. 社会环境

社会环境包括人口、人群、经济、交通等因素。

（1）人口因素。主要指人口的数量、规模、年龄、性别、学历、分布等。

（2）人群因素。主要指人群的种类、结构、分布、民族、民俗、规模等。

（3）经济因素。主要指地方总产值、产业结构和布局等。

（4）交通因素。主要指城市的道路分布、建筑分布、地下管线等。

3. 突发事件要素

突发事件要素包括突发事件类型、突发事件发展状况、突发事件影响范围与危害程度等。

（1）突发事件类型。演练设计必须首先确定演练所关注的突发事件类型。要根据当地山地户外运动所面临的风险和脆弱性分析，针对本地希望通过演练所要提升的能力，选择一种最易检验演练单位能力的危险事件。例如，台风暴雨对东南沿海的山地户外运动威胁大，降温和暴风雪对北方和西北地区的户外运动影响大等。

（2）突发事件发展状况。需要说明突发事件发展变化的速度、强度、深度、规模，为参演者做好后续分析研判提供事实依据。

（3）突发事件影响范围与危害程度。影响范围包括：对人的影响，对物的影响，对社会和环境的影响。对人的影响包括对人的心理、生理的影响和破坏。对物的影响包括对房屋、农作物、动植物、基础设施、特殊物质的影响和毁损情况。对社会和环境的影响包括对人们的工作、学习、生活、就医、消费、重大活动、特殊事件及环境、天气等的影响。

危害程度主要描述突发事件带来的破坏与毁损情况，通常要用具体数字加以描述。例如，初始场景信息中可以这样描述：台风中心距离××市××千米，××地区发生强降雨，在附近登山的户外爱好者被困，1人滑坠重伤，2人轻伤，另有3人探路下山期间失联，通往山区道路部分被破坏。

4. 管理要素

管理要素主要包括已采取的措施和救援能力。

（1）已采取的措施。山地户外运动安全事故发生后，基层群众和当地政府往往会采取一些先期处置措施并组织营救。描述事发地有关方面所采取的先期救助措施是必要的，也是符合实际的。

（2）救援能力。各地救援队伍设施配备和队伍能力不同，突发事件本身也给本地救援队伍带来一定的影响，使其部分受损或者完全失去救援能力，这些情况是参演者决策的基础条件。例如，初始场景信息中可以这样描述：受台风影响，××市应急队伍动员能力减少30%，应急资源保障能力减少40%。

（二）实战演练的具体工作场景

实战演练工作场景是指针对演练目标，设定对应的具体工作场景，例如在山地救援中，涉及管理、搜索、营救、医疗、后勤等各个环节，因此在场景设计中也要设计与之对应的工作场景。如在山地的搜索营救中，救援人员可能使用攀岩、搜索、绳索等技术以实施搜救。导调组应在演习设计环节，实地踏勘演习的山地户外场地，明确演习环节的相关科目，进行安全评估。必要时，可以将搜索环节与营救环节放在不同的场景下开展。

三、山地搜救演练文案准备

一般来说，山地搜救演练文案准备由演练总体情况说明、演练总框架、演练流程、演练进度计划、信息注入、场景设计方案、突发事件背景、演练手册编制等部分组成。完整、充足的文案准备可以使演练流程清晰化、具体化，并按计划展开。

（一）演练总体情况说明

演练总体情况说明是就演练的目标、目的、范围、时间、地点、规模、人员、活动、规则等情况的总体说明，包括介绍演练的日程安排计划、场地对照说明、平面示意图、后勤保障相关安排、组织架构等内容。其中演练组织架构应该包括参演人员组织架构、导调人员组织架构、综合保障人员组织架构、评估检测人员组织架构。

（二）演练总框架

演练总框架要尽量清晰展现整个综合实战演练的总体设计情况，用一页纸展示出包括阶段时间、参演单位、主要场景、关键动作的分布安排。

（三）演练流程

演练流程是对演练总框架的进一步分解说明，以小时为单位，进一步细化参演单位在各时间段开展的主要演练科目和关键动作。通过查阅演练流程文件可以明确特定时段相关单位正在开展的演练科目。

（四）演练进度计划

演练进度计划是以时间进度为主线的演练实施计划，包括重要时间点、关键时间段、场景编号、参演人员动作、注入信息编号、相关导调动作、检测技术编号、参演人员预期反应，也是用于指导演练工作人员按序推进演练各环节进度的工具。

演练进度计划重点是时间轴线设计，以时间进展来推动各预设场景的展开。综合实战演练需要满足多个场景同时开展不同演练科目的演练设计需求，并要求现实时间与虚拟时间不同时间轴的设计，现实时间与虚拟时间的进度比可能是等比同步进行也可能是非等比加速进行，主要依据被演练的科目或被检测的某些能力的客观时间需求。

操作技能一般从能力考察和安全等维度考虑，会更多使用现实时间与虚拟时间同步的形式，而集结、研判、会议、突发事件处置流程等场景设计，演练进度一般会比现实发展快，仅突出展示预先设定的管理要素、重要信息、问题冲突等环节。

进度计划的设计要有全盘考虑的思想，开始与结束、重点演练科目、演练热反馈等重要阶段应独立预留时间，优先分配各阶段的时间份额。对于重要演练科目的实际作业时间，导调组应事先了解和评估，并能够将复杂项目拆解，以便识别演练科目难易程度及其耗时，并做出合理的时间分配，使整体演练的时间分配科学、务实。非必要情况下，应避免某一个场景同时展示多项技术能力的多个技术级别，这既降低了演练的可观性又增加了演练的风险。进度计划可采用表格形式拟定（表5-1）。

表5-1 进度计划样表

序号	时间	场景编码	事件/关键动作	信息编号	导调组动作	评估检测编码	参演人员预期反应	备注
1								
2								

按照山地搜救的演练流程将进度分成较大的独立时间模块，以免各模块内部在发生调整时影响其他模块。因为一场综合实战演练前后环节存在交叉和联系，存在修改某一环节的同时带来多个相关环节的变更，所以进度计划的修改需要非常谨慎。如进度计划的调整将带来场景设计的改变，演练科目难易的变化，演练检测的标准变化和评估变化，同时也会带来信息注入方式及内容的调整。

总之，演练进度计划应该从全盘考虑，突出重点，按模块划分时间分配，注明不同场景、环节之间的相互关联关系。

（五）信息注入

信息注入是推动演练发展的核心，即通过网络、通信、演员、公告、场景等手段和渠道将信息传达给参演人员的过程，目的是推动参演人员开展与注入信息相对应的反馈动作，完成演练科目。一般情况下信息注入按照演练进度计划进行，以时间发展来逐步注入，需要注意：信息注入的形式不局限于文字信息，也包括演练台词脚本或者现场场景布置的信息注入，如指挥部会议通告、救援现场等。

因为注入信息的数量较大，存在不同阶段不同类型的信息，所以综合实战演练还应对注入的信息进行统一编码，制定编码说明，使用统一的信息注入模板。信息注入编号应该能够识别出该条注入信息的阶段特征、顺序编号、类型属性等信息。例如，Ⅱ-12-M 代表第二阶段的第 12 条注入信息，该信息为针对管理层注入的信息，见表 5-2。

表 5-2 信息注入样表

信息注入表	
信息编号	Ⅱ-12-M
事件	（与进度计划表一致）
时间	（与进度计划表一致）
场景	（与进度计划表一致）
涉及人员	
期望行动	
资源环境	
信息内容	
预期问题	
注入渠道/形式	
评估检测编码	

冲突是一种特殊的信息注入形式，冲突的设计应该匹配参演人员所具备的冲突处理能力，应该对已有一定演练基础的参演人员开展。冲突同样可以通过不同的渠道和方式进行注入，以冲突的形式检验和评估参演人员应变、处突等方面的能力，一般多用于管理能力的检测。

（六）场景设计方案

场景设计方案是关于模拟场景具体要素、要求、使用时间、地点的文字和图片描述，用于指导导调人员进行场景布置和向评估人员提供评估的背景信息，其包括所有场景设计的规划、具体场景的描述和介绍、场景编码对照表（表 5-3），以及场景说明样表（表 5-4）。复杂的多场景演练可以对场景的属性再次进行分类、编码，例如将评估管理能力的场景与评估技术操作的场景进行区分。

  山地搜救的场景设计，建议可以将搜索阶段和营救环节放在不同的环境下进行，即野外搜索阶段放在山地户外环境，绳索救援和医疗处置阶段可以放在训练场地或搭建场地，这样既可以提高演习的效率和安全性，也能够根据队伍能力更为合理地设置绳索救援和野外医疗科目，从而避免野外环境选点难度大的问题。

表5-3 场景编码对照表（参考示例）

序号	场地编码	虚拟场地名称	实际场地位置	场地使用时间	预计使用时长	评估能力编码	主要场地要求	模拟员要求	备注
1	M1								
2	R2	悬崖吊运场地	消防训练墙	多科目使用	—	4.2	虚拟场景布置	虚拟指挥人员	多场次使用，候场
3	M7								
4	A1								
5	A4	××训练场	1号斜楼	2天 8—10点	2小时	4.3~4.6	实体搭建	伤员1名	伤情准备

表5-4 场景说明样表

场 地 说 明 表	
场地编码	与场景编码对照表一致
场地描述	场地环境概述，伤员情况简述
使用时间	×月×日××—××点
场地位置	实际场地位置
场地要求	包括演员要求，场地布置、搭建要求
演练科目	预设演练的科目
评估标准	对应演练科目的评估考核要点
场地图片	实际场地位置图片

（七）突发事件背景

突发事件背景信息是指整场演练的基础背景介绍，是根据演练规划的目标、目的、范围、科目来进行设定的，要与被检测参演人员所具备的能力相符。突发事件背景信息应该符合实际，全面丰富，有时间发展逻辑，有一定的系统性，涉及特定人群、自然环境、通信环境、突发事件要素（山地户外安全事故救援等级）、管理要素（已开展的应急反应措施、现场的救援力量情况）。

（八）演练手册编制

演练手册的编制主要考虑不同职务和身份的人员所需要提供的信息具有差异性，同样是工作人员手册，也需要按照具体工作内容进行分类编制。一些突出检验性功能的综合实战演练希望完全检验评估参演人员的技术能力，会选择更为严格的保密要求，这一类演练的手册编制需要按级别披露演练信息。

（1）工作人员手册。导调员、模拟员和评估员手册共同的部分包括：手册的目的和作用，演练范围概述，演练的目的、目标，导调员、模拟员、评估员的角色、职责和工作流程，演练的背景，相关参演者的职责分工，相关预案或标准化操作程序，演练前对导调员、模拟员、评估员的指导与培训工作的安排，演练后热反馈、总结会和评估报告等后续工作的安排等。

（2）参演人员手册。参演者手册的内容框架包括：应急演练概要，参演者角色与行为规范，联络方式，座次分布图，相关职能部门的职责分工、相关预案或标准化操作程序等附件。

（3）观摩人员手册。观摩人员手册的具体内容可参照工作人员手册的内容确定，通常较工作人员手册更简略。其主要内容包括：手册的目的和作用，演练范围概述，演练的目的、目标，突发事件背景，演练场景信息清单，相关预案或标准化操作程序，对观摩人员行为的建议或观摩注意事项，联系方式等。

四、山地搜救演练综合保障准备

信息表达手段和演练工具是演练综合保障的重要基础。山地搜救演练综合保障准备涉及人员、场地、物资、装备、财务、宣传等多方面的保障统筹协调工作。

（一）信息表达手段和演练工具的准备

为了使应急演练最大限度地贴近现实，增强应急演练效果，需要采用一些增强演练真实感的信息表达手段。这些手段主要分为电子类、纸质类和实物类三种。电子类包括视频信息、场景信息的三维模拟展示等；纸质类包括地图、设施平面图和现状告示板、组织结构图、日志等；实物类包括沙盘、模型等。

演练工具是参演者的工作凭据和手段，主要包括操作类工具和通信类工具两类。操作类工具包括纸笔、信息展板等；通信类工具包括电话、对讲机、GPS（北斗）终端、网络通信等。

（二）实战演练的现场准备

（1）人员准备。实战演练中涉及多种角色，必须对其人数和所处位置做出详细规划和落实。

（2）场地准备。演练准备期间实地踏勘场地后，应整理场地的地图、轨迹标识等信息，同时在选择演练场地时要考虑空间的充分性和现实性。充分性要考虑是否能够容纳演练工作人员、参演者、观摩人员和车辆停放的位置。现实性要考虑在不影响安全的情况下尽可能真实，并且要模拟突发事件的真实响应地点。实战演练的演练区域可能包括一个或多个模拟的突发事件地点以及应急指挥中心。对这些区域做出明确标志很重要，既可确保参演者安全，又可以有效避免与现实世界的行动混淆。

（3）文档、物资和设备准备。分析演练场景信息有助于确定所需文档、物资和设备的种类、数量并预估成本。演练物资和设备的部署要合理、厉行节约，但又要尽可能实用、有真实感，也可向其他机构借用或获得捐赠。

（4）财务准备。在获取资源时，应计算成本（初始成本和潜在的后续成本）及可能的补偿总额。演练涉及的财务支出主要包含：场地租赁费用，专家费用，人员补贴，交通费用、设备和车辆燃料，用具和物资的采购、租用或制作费，保险费，设备损耗、维修费用等。

（5）媒体宣传。演练设计时要把媒体宣传列入演练计划与准备中，这样不仅有助于为演练赢得支持，也有助于提高演练的真实性。

（6）现场管理。现场管理涉及空间管理、现场部署和对物品的管理：①空间管理，主要解决演练空间的布局问题，包括人员位置，各类物品、设施和车辆的摆放；②现场部署，要布置一个逼真的演练现场，重点关注怎样模拟紧急事态，例如是在什么样的环境背景下发生的山地户外安全事故，谁来模拟伤员，怎样确保演员能扮演好自己的角色；③对物品的管理，需要考虑如何运输到现场，现场在哪里放置，谁来负责管理，怎样转运和归还借用的物品等。

五、山地搜救演练应急保障

在实战演练的全过程中，全体参演人员需要随时保持对安全的关注，在演练准备及演练过程中可能发生的安全问题，均需在演练计划、演练手册中提示并逐一明确保障方案和应对措施。

（一）安全措施

演练组织单位要高度重视演练组织与实施全过程的安全保障工作。大型或高风险演练活动要按规定制定专门的应急预案，采取预防措施，并对关键部位和环节可能出现的突发事件进行针对性演练，根据需要为演练人员配备个体防护装备，购买商业保险。对可能影响公众生活、易于引起公众误解和恐慌的应急演练，应提前向社会发布公告，告知演练内容、时间、地点和组织单位，并做好应对方案，避免造成负面影响。

演练现场要有必要的安保措施，必要时对演练现场进行封闭或管制，保证演练安全进行。演练出现意外情况时，演练总指挥与其他领导小组成员会商后可提前终止演练。安保后勤人员要加强应急演练现场管控，防止无关人员进入，保证现场安全。若演练涉密或有不宜公开的内容，则需要制定严格的保密措施，防止因工作不当出现泄密事件。

演练领导小组要指派专门的安全员，其主要职责是从安全角度掌控整场演练。以下所列为一些安全措施建议：

（1）把安全考虑列入演练设计中。

（2）把检验演练安全的职责分给每个演练导调组成员。

（3）识别所有的安全隐患并逐一加以解决。

（4）把安全须知作为演练前情况简介的一部分加以宣读。

（5）将安全要素列入模拟员和评估员的文件包中。

（6）演练前要检查每一演练地点，确保已排除安全隐患。

（7）确保在出现安全问题时安全官有权中止某一行动，甚至整场演练。

（8）准备真正的突发事件发生时的中止程序。

（二）演练中止

演练中，尤其是较长时间的演练中，可能会发生真正的突发事件。在某些情况下，如应急处置的人手不够或演练妨碍真正的应急处置，需要中止演练来处理真正的突发事件。每一场演练都应该有一个预先计划好的中止程序，从而能够使人员、设备迅速回到正常岗位。中止程序要包括一句约定的提示语。导调员和安全官可用这个提示语来指示以下情况：

（1）演练已经中止。

（2）所有人员应该到自己的常规职责岗位报到。

（3）所有的通信设施将恢复正常使用。

在演练之前，中止程序应当通过检测以确认可行。

（三）准备应对突发事件

要考虑到由于参与演练，可能会大大减弱参与单位应对真实突发事件的能力，为此要注意以下4点：

（1）要确保留有足够的人员和物资在真实的紧急事件发生时能够履行其职责。

（2）考虑动用后备人员替班或者寻求其他辖区或组织的帮助。

（3）考虑动用志愿者作为替班人员参与可能的突发事件应对。

（4）必要时，中止演练。

（四）法律责任

法律责任方面的问题，包括演练期间的纠纷、矛盾等，都要由律师或法律顾问协助处理。

第三节　山地搜救演练的实施

一、山地搜救应急演练的角色与职责

（1）演练组织者。一般来说，演练组织者是负责设计演练、组织实施和评估演练的人员。演练组织方往往是一种项目式组织，如演练指挥部、演练领导小组、演练控制组、演练导调组等。在应急演练实施过程中，演练组织者有导调员、导调官等。导调员是对演练进程进行导演、调控的人员，有时也被称为控制员。在实际演练中，往往由多名导调员组成一个导调组负责演练的全部组织工作。导调员作为演练的组织者，要在演练进程中不断地向参演者发出动态事件信息，调控信息流动的速度、节奏，决定根据实际情况发出的随机信息的内容。在交互式桌面演练中，导调员还要回应参演者做出的反应。导调员尤其是主导调员要有丰富的突发事件应对经验和演练组织经验。在实战演练实施中，演练组织者被称为导调官或者演练指挥者，其中的主要指挥者被称为演练总指挥。由于实战演练要确保安全与秩序，演练导调官或者演练指挥者不仅要像前述导调员那样对演练过程进行引导和控制，而且要对演练相关参与者"发号施令"，指挥演练按照既定的计划进行。

（2）演练参演者。演练参演者负责扮演角色，完成被赋予的演练任务，获得演练目标所期望的能力提高方面的收益。在演练作为培训的一部分时，演练参演者又称为参训者。在实战演练中，参演者不仅包括应急指挥部人员，还包括现场处置与救援人员。在较大规模的实战演练中，参演者可能分属总指挥部、现场

指挥部、灾害处置现场、新闻发布现场等。

（3）演练模拟员。演练模拟员是导调人员的配合者，负责扮演演练中需要参演者处置或应对的角色。一场实战演练涉及很多层面的演练模拟员，主要包括：决策者——主要决策者和部门政策制定者；管理者——应急管理部门人员；行动人员——执行指令的人员，如消防员、警察、医生、搜救队员、搜救志愿者等。

（4）演练评估员。演练评估员是负责对演练参演者的行为进行评估的人员。最简单的分析式桌面演练可以不设评估员，但复杂的演练要设庞大的评估组。多场地演练要在每个演练场地设评估员。

（5）演练观摩人员。演练观摩人员是对演练活动进行观察或学习的人员。这些人员要在不干扰参演者演练工作的前提下旁观演练过程。

二、山地搜救演练过程

应急演练的实施是一个双重过程，其显性过程是参演人员的应急处置与救援过程；其隐性过程是演练组织方引导应急演练的导调或控制过程。前一个过程是目的，后一个过程是手段。

山地搜救按时间进度划分为5个阶段：日常准备阶段、动员与响应阶段、抵达与报到阶段、搜索与营救阶段、撤离与总结阶段，如图5-2所示。社会应急力量可根据自身的资源协调和动员能力，重点针对某一阶段中的能力建设和检验开展演练，或开展全流程综合性演练。

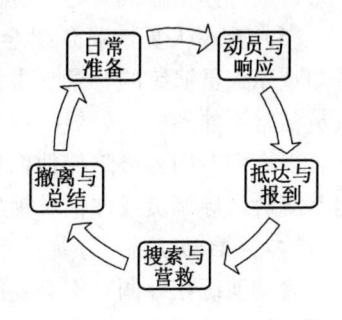

图5-2　山地搜救的5个阶段

三、山地搜救演练实施的基本方法

（一）召开演练预备会

演练预备会一般在演练举行之前召开，其主要目的是告知参加人员的职责分工。演练计划小组成员可以给有关领导、导调员和评估员、模拟人员、参演者和观察员安排单独的演练预备会，可以避免给各组不相关的材料，确保演练的设计、开发和实施与有关领导的指导一致。

（1）领导人情况介绍会。在实施前，要向相关领导人汇报演练准备情况，使演练实施计划获得批准。

（2）导调员和评估员情况介绍会。在导调员和评估员情况介绍会上，要先做演练的总体介绍，然后介绍演练的场地和区域、演练事件的时间表、主要演练场景、演练导调的理念、导调员和评估员的责任、填写演练评估指南的说明等；事项复杂时，可以对评估员额外进行培训。

（3）模拟员情况介绍会。模拟员情况介绍会应当安排在演练之前，即在模拟员到达指定地点担负起角色之前进行。负责管理模拟员的导调员主持这场介绍会，会上要介绍演练概述、演练活动时间表、扮演角色的说明、伤病号症候卡、演练中的安全问题、出现真实的紧急情况的应对程序等。在情况介绍会上，要分发身份识别的标牌和所扮演角色的症候卡等物品。

（4）参演者情况介绍会。在演练开始前，导调员要对所有的参演者召开情况介绍会，介绍每个人的职责分工、演练相关参数、安全保障、角色标牌以及演练后勤问题，应向所有参演者说明演练规则。演练规则帮助参演者理解在演练环境中的角色，理解什么是恰当的行为，明确行动和身体接触的指导原则，防止对个人造成身体伤害或对财产造成损失。

（5）观摩人员情况介绍会。一般在演练的当天举行观摩人员情况介绍会，告知观摩人员演练的背景、事件场景、事件时间表、对观摩人员的限制等。观摩人员常常不熟悉应急处置的程序，对看到的演练活动随时会产生疑问。演练指挥部可以指定专门人员陪伴他们观摩演练并及时回答问题，这样可以防止他们直接向参演者、导调员或评估员提出问题。

（二）启动演练

启动演练在导调官作必要的动员和说明后进行。启动演练既可以通过一个正式渠道的灾情信息、电台新闻、报警服务台的电话，也可以是市民热线的一个电话。

（三）演练推进

演练推进，包括以下四种。

（1）预先设计式：导调官输入预先设计的信息，如通过电话、传真等方式报告外部信息。

（2）实景模拟式：突发事件现场的实物、实景，模拟人员所展示的信息和行动。

（3）自发响应式：参演者对各种信息和行动做出自发性的响应行动。

（4）强制干预式：计划性暂停、突发性强制暂停及恢复。

在演练过程中，现场事先展示的信息和行动以及参演者的每一步响应行动不容易控制，因而预先设计的动态信息的导入就成为控制演练进程的重要手段。导调官应按照演练导调的基本原则灵活掌握动态信息导入。在研究型演练或较为复杂的长时间综合性演练推进过程中，参演人员不太熟悉整个响应流程，可将演练中设计放入暂停推进的阶段，用于参演人员思考和休整。在演练进程中若出现参演人员完全偏离了设定参演目标，演练无法正常推进的情况，导调组应强制暂停演练，将演练目标任务清晰传达后，再恢复演练推进。

（四）演练导调

1. 导调原则

（1）管理有方，协调有力。控制演练进程的演练总导调官或总指挥要对演练现场各个方面的工作按照程序严格管理，对各个方面演练导调官的行动综合协调，确保整个演练现场的管理井然有序、无安全漏洞。

（2）乱中有序，直指目标。演练必然会产生一定程度的忙乱，有时演练设计上也要制造一定的混乱景象，以最大限度地模拟真实突发事件发生时的整体图景。然而，在总导调心中，要乱中有序，形乱而神不乱。每一个场景、每一个"混乱"场面都是符合设计要求的活的信息，都要与一定的演练目标遥相呼应。

（3）随机应变，胸中有数。每一个现场场景，在其发生发展过程中都可能会发生与预想情况不是十分吻合的局面。演练导调官要因势利导，利用这些变化的新情况，提出符合演练目标需求的演练任务，引导参演者采取相应的行动。

（4）有机衔接，浑然一体。演练导调官要用全局视野不断审视判断演练进程，使演练中的各种真实事件、虚拟事件有机衔接，形成相互之间的有机联系，构成浑然一体的演练局面。

2. 演练控制与保障行动

为了防止与真实世界的沟通混淆，所有的沟通必须明确识别为与演练相关。可以在所有书面或打印的沟通材料上明确标示"仅作为演练材料"短语，在每次口头沟通时首先说明"这是一场演练"，或者演练指挥部同意的其他类似说明。

演练的导调员具有重要作用。导调员要在整个演练期间与其他导调员保持密切沟通，调派人员时要符合实际、确保安全。在一个参演小组到达集合区的时候，导调员要负责点名，确保所有参演者都到位。根据调度时间，安排参演人员的位置；由具备资质的人员对参演人员进行装备检查，装备尽可能都贴上标签，表明可以安全地应用于演练。该导调员也负责演练的后勤组织，包括各参演小组的位置安排，以及调派参演小组离开该区域。导调组或演练指挥部必须根据现实的响应情况，及时调整人员调派时间表；如果没有做到这一点，会导致演练受到影响或组织无序。必须告知演练导调员对演练安排的任何变更，以使其及时更新参演人员调派时间表。

在实战演练中，所有演练导调官都应采取适当行动以确保安全和有保障的演练环境。这些确保行动可能包括监测影响参演者和模拟员安全的情况，如高温和其他健康问题。

3. 备用程序

为了应对突发事件，演练计划小组应制定备用程序，根据需要暂停、推迟或取消演练。如果演练的实施有可能影响对真实世界的突发事件做出响应，或者出现真实的突发事件妨碍演练实施的情况，演练指挥部和导调官应立即开会研究，确定适当的行动调整方案。在最终行动方案做出后，演练指挥部应通过各种相关的沟通机制，向所有演练相关方通报这一行动方案，并予以执行。

在应急演练实施过程中，出现特殊或意外情况，短时间内不能妥善处理或解决时，应急演练总指挥应按照事先规定的程序和指令中断应急演练。

4. 应急演练的热反馈

（1）热反馈的含义、性质和意义。热反馈是指演练推进暂停期间或演练结束后，在导调人员或演练主持人的组织下，参演者对自己的参演行为进行反思的工作。热反馈通常在演练暂停时和结束后立刻进行。热反馈不是由第三方对参演者进行评估，而是由参演者进行的自我反思。热反馈为演练参加人员提供了一个反思学习的机会，在演练实施动作刚刚结束后，讨论演练的收获和待改进之处，这是参演者能够获得自我提升的有效手段。热反馈一方面能够帮助参演者互相启发、自我提升；另一方面能够帮助评估员掌握更多的评估数据，有助于使评估建立在更为坚实的数据基础之上。

（2）热反馈的工作流程。热反馈应由有经验的主持人或专家引导，以确保讨论能够简短和具有建设性。在热反馈的基础上收集的信息可以在演练评估报告中使用，演练建议也可以用于改进未来的演练。热反馈还应提供反馈表分发给参演者，参演者提交后，可以帮助评估员形成演练评估报告。

（3）热反馈的构成步骤：①演练主持人介绍热反馈的目的、意义和具体安排；②演练主持人带领大家回顾演练基本过程，必要时，可以回放演练录像；③参演人员分组讨论演练中的得失；④参演人员代表向全体人员汇报本组讨论结果，如果参演人员不多，则可以省略分组讨论，直接进入全体人员反思环节；⑤由演练主持人或有关专家进行小结。

（4）热反馈的注意事项。热反馈不是一个机械的自我批判过程，而是一个积极的反思学习过程。因此，主持人应始终维护好一个友好的、积极的讨论氛围；当出现有人指责他人或自我防卫倾向时，主持人应当及时加以催化、引导；热反馈中的意见应当加以详细记录。

第四节 山地搜救演练的评估与总结

一、演练的评估

应急演练评估主要是对照应急管理能力的要求与应急演练的目标，根据参演者完成关键任务的表现进行评估、提出具体的改进建议并予以记录。通过评估，促使参演单位与参演者改进应急管理流程，提高应急能力和水平，实现应急演练目的。所有应急演练活动都应进行评估。

评估工作的内容包括演练前的评估准备、演练中的数据收集与分析、演练后的评估报告与持续改进措施。

（一）演练评估准备

演练前的评估准备工作包括：制定评估方案；组建评估组，确定评估组组长、评估组成员，招募、培训和分配评估员，明确对评估小组的要求；开发评估员手册、应急演练评估表等评估文件；开预备会等。它是广义的演练计划和准备过程的一个组成部分，也是确保应急演练评估顺利完成的第一步。

（二）数据收集与分析

应急演练评估的价值在于它能对参演者提出建设性（正面或负面）的反馈，以改善有关机构应急响应的有效性。负责准备评估报告的人员通过分析各个评估员提供的评估结果，来分析演练活动和任务是否顺利执行，目标是否顺利实现，从而全面评价演练所反映出的应急响应能力。因此在演练实施时，评估员要善于观察演练，广泛收集数据，并且保留这些原始、准确的观察记录和笔记。这些记录将成为应急演练评估的基础和依据。

（三）评估报告与持续改进措施

召开完应急演练评估会议后，对照应急演练工作中暴露出来的问题，系统地提出改进措施。研究改进措施应当包含在评估报告的终稿中。

1. 全面改进措施

全面改进措施的内容非常广泛，主要包括以下内容。

（1）所有问题、建议及详细的改进措施。

（2）选出改进工作的负责人。

（3）提出改进时间表。

（4）确定改进行动的重点内容。

2. 不同目标周期的改进措施

改进措施既有针对短期目标的，也有针对中长期目标的。短期目标应在一个演练计划周期内完成，长期目标可能跨越多次演练或在一个多项演练的规划期内完成。因此在不同的时间段内要确定改进措施的侧重点，要强调那些投入产出效率最高的改进措施，如影响大、成本低的改进措施。

（1）短期改进措施。短期改进措施是根据当前工作的迫切需要，为解决当前实际工作中的突出问题而提出的改进内容。如果这些改进内容不加以实施，在突发事件发生时必然会给人民生命、财产安全和国家利益造成重大损失。同时这些改进措施在现有的人、财、物条件下能够保证有效落实。针对短期目标而实施的改进措施包括：完善队伍突发事件应急响应预案和处置流程，建立装备物资管理制度，加强队伍的专业技术、技能培训，提升应急处置能力等。

（2）中长期改进措施。中长期改进措施往往针对中长期目标，它是针对应急演练过程中所发现的难点问题而提出的改进办法。这些改进如果不加以实施，在突发事件发生时，可能会对人民生命、财产安全以及国家利益造成损失，但由于组织、人员、领导、培训、规划、设备、预算、法律制度等多方面因素的制约，或者整改建议包括多个步骤，或者需要获得更多的资源支持，因此不能在短时间内加以落实。这就需要制定合理、科学的改进时间表，建立长效机制，逐步落实改进。当逐步具备了人、财、物方面的资源支持，如获得专项拨款或资助、与其他单位成功签订了资源共享协议等，这些改进措施就能够加以落实。例如，应急管理人才队伍的培养机制、信息共享的数据库、救援各方协调联动制度的建立等，往往都属于中长期改进措施的范畴。

3. 改进的具体措施

具体措施是针对应急演练中暴露的问题、造成的原因等所提出的具体的整改意见、建议措施、方法。它是落实必要措施和可行性措施的具体举措，也是将短期、中长期改进目标落到实处的关键步骤。

二、演练的总结

演练的总结是演练组织者总结成绩、发现问题、形成理论并加以推广的过程。演练组织者通过梳理、系统归纳演练中的经验、教训，对后续工作提出方向性建议，形成可供分享、借鉴的书面报告，并不断提高应急演练的实用性和适用性，提升其应急演练组织能力。

演练总结包括总结报告、成果运用以及文件归档与备案工作。

（一）总结报告

演练总结报告的内容包括：演练目的、时间和地点、参演单位和人员、演练方案概要、发现的问题与原因、经验和教训，以及改进有关工作的建议等。演练总结可分为现场总结和事后总结。

（1）现场总结。在演练的一个或所有阶段结束后，由演练总指挥、总策划、专家评估组长等在演练现场有针对性地进行讲评和总结。其内容主要包括本阶段的演练目标、参演队伍及人员的表现、演练中暴露的问题、解决问题的办法等。

（2）事后总结。在演练结束后，由文案组根据演练记录、演练评估报告、应急预案、现场总结等材料，对演练进行系统和全面的总结，并形成演练总结报告。演练参与单位也可对本单位的演练情况进行总结。

（二）成果运用

对演练暴露出来的问题，演练单位应当及时采取措施予以改进，包括修改完善应急预案，有针对性地加强应急人员的教育和培训，对应急物资装备有计划地更新等，并建立改进任务表，按规定时间对改进情况进行监督检查。

（三）文件归档与备案

演练组织单位在演练结束后应将演练计划、演练方案、演练评估报告、演练总结报告等资料归档保存。

对于由上级有关部门布置或参与组织的演练，或者法律、法规、规章要求备案的演练，演练组织单位应当报有关部门备案。

附录　社会应急力量训练与考核大纲
（山地搜救）

总　则

一、训练与考核目的

为规范和指导社会应急力量的训练和考核工作，为其训练和测评提供依据，加强社会应急力量规范化、标准化建设，提高队伍理论基础、技术水平、抢险救灾的能力，实现"以人为本"科学救援的目标，根据我国社会应急力量现状和发展要求，结合其特点和训练实际，参照军队、消防救援、森林消防、矿山救护等专业队伍的训练与考核大纲，借鉴《INSARAG国际搜索与救援指南》训练与测评经验，制定《社会应急力量训练与考核大纲（山地搜救）》。

二、训练与考核原则

训练和考核要结合实际，严格落实按纲施训，按照《训练与考核大纲》的规定，课目训全、内容训实、时间训够、标准训到，坚持"以练为战"的指导思想，贯彻"依法治训、训战一致、注重效果、保证质量"的原则。通过训练和考核，参训人员能更好地掌握专业技能，熟练地使用技术装备，为我国社会应急力量的规范化、统一化、标准化建设打下坚实的基础。

三、大纲适用范围

本大纲适用于社会应急力量山地搜救类队伍开展训练、考核和测评工作；拟参与分级测评的社会应急力量亦可参考本大纲开展训练、考核工作。

四、大纲结构

本大纲依据《社会应急力量救援队伍建设规范（山地搜救）》，将训练与考核内容分为救援基础科目、救援专业科目和演练科目三个部分。训练与考核的时间分配均不同，具体内容见附表1。

附表1　社会应急力量（山地搜救）训练与考核时间分配参考表　　　h

项　目	救援基础科目	救援专业科目	演练科目	合　计
时　长	12	87	22	121

五、训练标准的基本含义

训练标准分为了解、理解、掌握、应用4个认知层次，其基本含义及可能包括的其他行为动词见附表2。

附表2　训练标准的四个层次

认知层次	基　本　含　义	可能包括的其他行为动词
了解	能够说出"是什么"。对所学内容有大致印象	说出、识别、举例、列举等
理解	能够明确"是什么"。能够记住学习过的内容要点，能够根据提供的材料辨认是什么	认识、能表示、辨认、比较、画出等
掌握	能够懂得"为什么"。能够领会和掌握基本概念和原理，能够解释和说明一些简单的问题	熟悉、解释、说明、分类、归纳等
应用	能够熟练"使用"。能够分析所学内容（知识）的联系和区别，能够运用所学内容（知识）解决问题	操作、评价、使用、检验、维修、维护等

六、训练与考核内容

考核工作以理论考试、实操考核（含实地作业）的形式开展，由社会应急力量依据本大纲自行组织实施。考核成绩、考核评定、分级测评具体内容如下。

（一）考核成绩

考核成绩分为理论考试成绩和实操考核成绩，按百分制方式计算。个人综合成绩和队伍成绩计算方式如下。

个人综合成绩＝理论考试成绩×20%＋实操考核成绩平均值×80%

队伍成绩＝所有队员的理论考试成绩平均值×20%＋所有队员的
　　　　　实操考核课目成绩平均值×80%

（二）考核评定

根据成绩进行个人和队伍评定。评定标准：成绩90分及以上为优秀，80分及以上为良好，60分及以上为及格，60分以下为不及格。

（三）分级测评

社会应急力量队伍依据本大纲进行能力考核，可自愿申请进行分级测评。测评工作由相应的专业技术委员会负责组织实施。

七、其他情况说明

本大纲未明确的问题，视情况另行规定。

第一章　山地搜救基础知识

　　山地搜救基础知识包括山地搜救的定义、特点、起源与发展、基本任务、山地搜救事故等级、山地活动中常见事故类型、山地搜救人员基本素质、山地搜救的风险管理、心理救援基础知识、体能训练等方面的内容。本章训练与考核时间分配参考附表3。

附表3　山地搜救基础知识训练与考核时间分配参考表　　　　h

科目	课目	时长
山地搜救概述	课目一：山地搜救的定义、特点、起源与发展	0.5
	课目二：山地搜救的基本任务	0.5
山地搜救事故等级、类型与人员基本素质	课目一：山地搜救事故等级	1
	课目二：山地活动中常见事故类型	1
	课目三：山地搜救人员的基本素质	0.5
山地搜救的风险管理	课目一：风险管理基本知识	1
	课目二：山地搜救风险管理手段	1
	课目三：山地搜救风险管理过程	1
山地搜救行动现场管理	课目一：山地搜救行动现场管理的目标和原则	0.5
	课目二：山地搜救行动现场管理措施	1.5
	课目三：救援现场协同通信的重要性	0.5
	课目四：救援现场通信管理的原则	1
	课目五：实现分级通信指挥的方法	2
心理救援基础知识	课目一：灾难与心理健康	0.5
	课目二：救援现场心理急救	0.5
	课目三：救援人员心理健康维护	1
体能训练	课目一：男子基础体能	5000 m 轻装跑	0.5
		俯卧撑	1
		5×10 m 折返跑	1
		平板支撑	1

262

附表3（续) h

科目	课目		时长
体能训练	课目二：女子基础体能	3000 m轻装跑	0.5
		屈腿仰卧起坐	1
		5×10 m折返跑	1
		平板支撑	1
合　　计			14

第一节　山地搜救概述

【课目一】山地搜救的定义、特点、起源与发展
对象：山地搜救队伍。
条件：救援专业训练教材；教室。
内容：1. 山地搜救的定义和特点。
　　　2. 山地搜救的起源与发展。
标准：1. 了解山地搜救基本概念。
　　　2. 了解山地搜救起源。
　　　3. 了解国内外山地搜救发展过程。
考核：理论考试，依据标准制定评分细则。

【课目二】山地搜救的基本任务
对象：山地搜救队伍。
条件：救援专业训练教材；教室。
内容：山地搜救的基本任务。
标准：1. 了解山地搜救特点形成的因素。
　　　2. 了解山地搜救的特点。
　　　3. 了解山地搜救的基本任务。
考核：理论考试，依据标准制定评分细则。

第二节　山地搜救事故等级、类型与人员基本素质

【课目一】山地搜救事故等级
对象：山地搜救队伍。

条件：救援专业训练教材；教室。
内容：1. 山地搜救事故等级划分角度。
　　　2. 山地搜救事故等级划分。
标准：熟悉山地搜救事故等级划分。
考核：理论考试，依据标准制定评分细则。

【课目二】山地活动中常见事故类型
对象：山地搜救队伍。
条件：救援专业训练教材；教室。
内容：1. 山地活动常见事故类型。
　　　2. 山地活动常见事故应对办法。
标准：1. 熟悉山地活动常见事故类型。
　　　2. 掌握山地活动常见事故应对办法。
考核：理论考试，依据标准制定评分细则。

【课目三】山地搜救人员的基本素质
对象：山地搜救队伍。
条件：救援专业训练教材；器械；室内、室外。
内容：山地搜救人员基本素质。
标准：1. 熟悉如何提高身体素质。
　　　2. 熟悉如何提高专业素质。
　　　3. 熟悉如何提高心理素质。
　　　4. 熟悉如何提高团队意识。
考核：实操＋理论考试，依据标准制定评分细则。

第三节　山地搜救的风险管理

【课目一】风险管理基本知识
对象：山地搜救队伍。
条件：救援专业训练教材；教室。
内容：1. 风险的概念。
　　　2. 风险的主要特征。
　　　3. 山地搜救中的风险因素。
标准：1. 了解风险的概念。

2. 了解风险的主要特征。
3. 熟悉山地搜救中的风险因素。

考核：理论考试，依据标准制定评分细则。

【课目二】山地搜救风险管理手段

对象：山地搜救队伍。
条件：救援专业训练教材；教室。
内容：山地搜救风险管理的手段。
标准：了解山地搜救风险管理的手段。
考核：理论考试，依据标准制定评分细则。

【课目三】山地搜救风险管理过程

对象：山地搜救队伍。
条件：救援专业训练教材；教室。
内容：山地搜救风险管理的过程。
标准：熟悉山地搜救风险管理的过程及其具体内容。
考核：理论考试，依据标准制定评分细则。

第四节 山地搜救行动现场管理

【课目一】山地搜救行动现场管理的目标和原则

对象：山地搜救队伍。
条件：救援专业训练教材；教室。
内容：山地搜救行动现场管理的目标和原则。
标准：1. 认同山地搜救行动现场管理的重要性。
   2. 理解山地搜救行动现场管理的安全性、冗余性、风险/效益原则。
考核：理论考试，依据标准制订评分细则。

【课目二】山地搜救行动现场管理措施

对象：山地搜救队伍。
条件：救援专业训练教材；教室。
内容：山地搜救行动现场管理的各项措施。
标准：1. 了解山地搜救行动现场管理的措施内容。

2. 理解山地搜救行动现场信息管理的要求。
3. 理解山地搜救行动现场报备管理的重要性。
4. 理解山地搜救现场人员管理的要求。
5. 掌握山地搜救现场搜索区域管理的方法。
6. 理解山地搜救行动搜救组现场管理的要求。
7. 了解山地搜救装备管理的要求。
8. 掌握山地搜救行动前进营地管理应遵循的准则。

考核：理论考试，依据标准制订评分细则。

【课目三】救援现场协同通信的重要性

对象：山地搜救队伍。

条件：救援专业训练教材；教室。

内容：救援现场协同通信的重要性。

标准：1. 认同防范通信失联的重要性。
   2. 理解协同行动、统一指挥调度的重要性。
   3. 初步掌握使用无线电通信设备的重要注意事项。

考核：理论考试，依据标准制订评分细则。

【课目四】救援现场通信管理的原则

对象：山地搜救队伍。

条件：救援专业训练教材；教室。

内容：1. 分级通信原则。
   2. 定时通联原则。
   3. 主备链路原则。

标准：1. 理解分级通信在位置上的分布及互不干扰的通信信道配置。
   2. 认可定时双向通联的意识及有备份通信链路的概念。

考核：理论考试，依据标准制订评分细则。

【课目五】实现分级通信指挥的方法

对象：山地搜救队伍。

条件：救援专业训练教材；教室；个人通信器材；作业场地实操。

内容：1. 建立作业信道。
   2. 建立指挥信道。

3. 建立协作信道。

标准：1. 分组演练，模拟不同角色进行通联。

2. 根据不同角色，掌握相应的通联汇报术语。

考核：实地作业，依据标准制订评分细则。

第五节 心理救援基础知识

【课目一】灾难与心理健康

对象：山地搜救队伍。

条件：救援专业训练教材；作业工具；教室。

内容：1. 灾害对个体的心理影响。

2. 灾后常见心理健康问题。

3. 灾后心理应激反应阶段。

标准：1. 了解灾害对受灾人员的心理影响。

2. 了解灾后心理健康的常见问题。

3. 熟悉灾后心理应激反应的三个阶段。

考核：理论考试，依据标准制定评分细则。

【课目二】救援现场心理急救

对象：山地搜救队伍。

条件：救援专业训练教材；作业工具；教室。

内容：1. 现场心理急救的基本内容。

2. 现场心理急救的基本要求。

3. 现场心理急救的方法。

4. 现场心理急救的程序。

标准：1. 了解现场心理急救的基本内容。

2. 了解现场心理急救的基本要求。

3. 熟悉现场心理急救的方法。

4. 掌握现场心理急救的程序。

考核：理论考试，依据标准制定评分细则。

【课目三】救援人员心理健康维护

对象：山地搜救队伍。

条件：救援专业训练教材；作业工具；教室。

内容：1. 灾难救援现场心理调适。

2. 救灾结束后心理健康维护。

标准：1. 了解救援人员在灾难现场的心理反应。

2. 了解救援结束后救援人员心理健康维护的方法。

考核：理论考试，依据标准制定评分细则。

第六节 体 能 训 练

【课目一】男子基础体能

对象：山地搜救队伍。

条件：救援专业训练教材；器械；室内、室外。

内容：1. 5000 m 轻装跑。

2. 俯卧撑。

3. 5×10 m 折返跑。

4. 平板支撑。

考核：实操考核，依据标准制定评分细则，见附表4。

附表4 男子基础体能考核项目及标准参考表

项　　目	24岁及以下	25~29岁	30~34岁	35~39岁	40岁以上
5000 m 轻装跑/min	27.5	28.5	30.5	31.5	32.5
2 min 俯卧撑/次	40	36	32	28	20
5×10 m 折返跑/s	30	32	35	38	42
平板支撑/min	5	4	3.5	3	2.5

【课目二】女子基础体能

对象：山地搜救队伍。

条件：救援专业训练教材；器械；室内、室外。

内容：1. 3000 m 轻装跑。

2. 屈腿仰卧起坐。

3. 5×10 m 折返跑。

4. 平板支撑。

考核：实操考核，依据标准制定评分细则，见附表5。

附表5 女子基础体能考核项目及标准参考表

项　　目	25岁以下	25~29岁	30~34岁	35~39岁	40岁以上
3000 m 轻装跑/min	18	18.5	19.5	20.5	22
2 min 屈腿仰卧起坐/次	20	18	15	12	10
5×10 m 折返跑/s	32	35	40	45	50
平板支撑/min	4	3.5	3	2.5	2

第二章　山地搜救技术装备

山地搜救装备与器材包括个人与营地装备、绳索、伤患保护及搬运类装备、搜索辅助工具类等类型。本章训练与考核时间分配参考附表6。

附表6 山地搜救技术装备训练与考核时间分配参考表　　　　　h

科　目	课　　目	时　长
个人与营地装备	课目一：山地搜救服装的特殊性	0.5
	课目二：个人基础装备	0.5
	课目三：营地装备	0.5
绳索技术装备	课目一：绳索的使用与管理	0.5
	课目二：绳索	1
	课目三：扁带	0.5
	课目四：安全带	0.5
	课目五：主锁	0.5
	课目六：下降保护器	0.5
	课目七：机械上升器	0.5
	课目八：滑轮	0.5
	课目九：头盔	0.5
	课目十：其他类	0.5
	课目十一：人工锚点装备器材	1
伤患类装备	课目一：个人安全防护类	0.5
	课目二：担架	1
辅助装备	课目一：生命探测仪器	0.5
	课目二：无人机	0.5
	课目三：通信与导航器材	0.5
合　　计		11

山 地 搜 救

第一节 个人与营地装备

【课目一】山地搜救服装的特殊性

对象：山地搜救队伍。

条件：救援专业训练教材；教室。

内容：1. 山地搜救服装的规范性。
　　　2. 山地搜救服装的识别性。
　　　3. 山地搜救服装的安全性。
　　　4. 山地搜救服装的运动性。

标准：1. 熟悉山地搜救服装的规范性和识别性的作用。
　　　2. 了解山地搜救服装的安全性与运动性的特点。

考核：理论考试，依据标准制定评分细则。

【课目二】个人基础装备

对象：山地搜救队伍。

条件：救援专业训练教材；教室。

内容：1. 服装类。
　　　2. 行走类。
　　　3. 导航与通信类。
　　　4. 装载类。
　　　5. 照明类。
　　　6. 防护与工具类。

标准：1. 了熟悉热能丧失的 4 种途径及三层着装法。
　　　2. 熟悉登山杖的功能。
　　　3. 熟悉背包的装填方法。
　　　4. 熟悉导航与通信器材的使用。
　　　5. 了解个人基础装备的配置和维护保养知识。

考核：理论考试，依据标准制定评分细则。

【课目三】营地装备

对象：山地搜救队伍。

条件：救援专业训练教材；教室。

内容：1. 营帐类。

2. 炊事类。

3. 照明与通信类。

标准：了解营帐类、炊事类及照明与通信类装备。

考核：理论考试，依据标准制定评分细则。

第二节　绳索技术装备

【课目一】绳索的使用与管理

对象：山地搜救队伍。

条件：救援专业训练教材；教室。

内容：1. 熟悉绳索技术装备使用的安全原则：合格的装备、正确的操作、丰富的经验。

2. 绳索的检查、保养、维护与报废的通用原则。

标准：1. 了解绳索的通用认证标准。

2. 了解何为 PPE。

3. 了解装备的各种标识。

4. 熟悉金属类装备的性能检查、保养、维护、报废的通用原则。

5. 熟悉织物类装备的性能检查、保养、维护、报废的通用原则。

6. 掌握个人 PPE 的穿戴规范（实操）。

考核：理论考试，依据标准制定评分细则。

【课目二】绳索

对象：山地搜救队伍。

条件：救援专业训练教材；教室。

内容：1. 动力绳。

2. 静力绳。

3. 辅绳。

4. 牛尾。

5. 绳索管理。

标准：1. 了解绳索的结构、常用材质与特点。

2. 熟悉动力绳的性能、技术指标与用途。

3. 了解冲坠系数。

4. 熟悉静力绳的性能、技术指标与用途。

5. 了解辅绳的用途。

  6. 熟悉牛尾的类别与用途
  7. 熟悉绳索管理的安全原则。
考核：理论考试，依据标准制定评分细则。

【课目三】扁带
对象：山地搜救队伍。
条件：救援专业训练教材；教室。
内容：1. 机缝成型扁带。
   2. 手工打结扁带。
标准：1. 熟悉扁带的用途。
   2. 熟悉扁带的材质。
   3. 熟悉扁带的结构、技术指标与分类。
   4. 熟悉扁带使用注意事项。
考核：理论考试，依据标准制定评分细则。

【课目四】安全带
对象：山地搜救队伍。
条件：救援专业训练教材；教室。
内容：1. 坐式安全带。
   2. 全身式安全带。
标准：1. 熟悉安全带的用途。
   2. 熟悉安全带的材质。
   3. 了解安全带的分类。
   4. 熟悉坐式安全带的结构、技术指标和使用注意事项。
   5. 了解胸式安全带及全身式安全带的结构和使用注意事项。
考核：理论考试，依据标准制定评分细则。

【课目五】主锁
对象：山地搜救队伍。
条件：救援专业训练教材；教室。
内容：1. H型（梨形）锁。
   2. D形锁。
   3. X型（O形）锁。

4. 梅陇锁。

标准：1. 熟悉主锁的用途。

2. 了解主锁的材质。

3. 熟悉主锁的结构和技术指标。

4. 熟悉 H 型、D 形、O 形主锁的特点与用途。

5. 了解不同锁门上锁方式的优缺点。

6. 熟悉主锁的使用注意事项。

考核：理论考试，依据标准制定评分细则。

【课目六】下降保护器

对象：山地搜救队伍。

条件：救援专业训练教材；教室。

内容：1. 板状下降保护器。

2. 管状下降保护器。

3. 辅助止停下降保护器。

4. 自锁下降保护器。

标准：1. 熟悉下降保护器的工作原理与用途。

2. 了解各类下降保护器的材质和结构。

3. 熟悉各类下降保护器的技术指标、运用场景、优缺点和局限性。

4. 熟悉各类下降保护器的使用注意事项。

考核：理论考试，依据标准制定评分细则。

【课目七】机械上升器

对象：山地搜救队伍。

条件：救援专业训练教材；教室。

内容：1. 手持式上升器。

2. 胸式上升器。

3. 凸轮挤压类上升器。

标准：1. 熟悉上升器的用途和工作原理。

2. 熟悉上升器的材质、结构和技术指标。

3. 熟悉手持式上升器和配件的安装。

4. 熟悉胸式上升器和配件的安装。

5. 了解凸轮挤压类上升器的结构和安装。

6. 熟悉上升器的使用注意事项。

考核：理论考试，依据标准制定评分细则。

【课目八】滑轮

对象：山地搜救队伍。

条件：救援专业训练教材；教室。

内容：1. 单滑轮。

2. 双滑轮（并列式和串列式）。

3. 过结滑轮。

标准：1. 了解滑轮的用途和工作原理。

2. 了解滑轮的材质、结构、分类和技术指标。

3. 熟悉滑轮的使用注意事项。

考核：理论考试，依据标准制定评分细则。

【课目九】头盔

对象：山地搜救队伍。

条件：救援专业训练教材；教室。

内容：1. 混合型头盔。

2. 抗冲击型头盔。

标准：1. 了解头盔的用途和结构。

2. 了解头盔的材质、分类和技术指标。

3. 熟悉头盔的使用注意事项。

4. 熟悉头盔的正确佩戴和安全检查（实操）。

考核：理论考试，依据标准制定评分细则。

【课目十】其他类

对象：山地搜救队伍。

条件：救援专业训练教材；教室。

内容：1. 分力板。

2. 万向节。

3. 护绳套。

4. 关节式护绳架。

5. 手投投掷袋。

　　　　6. 救生抛投枪。

标准：1. 了解分力板的用途和技术指标、使用注意事项。

　　　　2. 了解万向节的用途和技术指标、使用注意事项。

　　　　3. 了解各种护绳器材的运用场景和使用方法。

　　　　4. 了解各类抛投器材的运用场景和使用方法。

考核：理论考试，依据标准制定评分细则。

【课目十一】人工锚点装备器材

对象：山地搜救队伍。

条件：救援专业训练教材；教室。

内容：1. 挂片。

　　　　2. 膨胀螺栓。

　　　　3. 电锤和钻头。

　　　　4. 岩锤和扳手。

　　　　5. 三脚架。

标准：1. 了解人工岩面锚点的分类和运用场景。

　　　　2. 熟悉岩面锚点套装的配置和技术指标。

　　　　3. 了解人工支架锚点的分类和运用场景。

考核：理论考试，依据标准制定评分细则。

第三节　伤患类装备

【课目一】个人安全防护类

对象：山地搜救队伍。

条件：救援专业训练教材；教室。

内容：1. 头盔。

　　　　2. 三角吊带。

　　　　3. 护目镜。

标准：1. 了解伤患穿戴的个人安全装备的分类。

　　　　2. 了解三角吊带的穿戴方法和使用注意事项。

考核：理论考试，实地作业，依据标准制定评分细则。

【课目二】担架

对象：山地搜救队伍。

条件：救援专业训练教材；作业工具；作业场地。
内容：1. 脊椎固定板。
      2. 铲式担架。
      3. 卷式担架。
      4. 篮式担架。
      5. 简易担架。
      6. 头部固定器。
      7. 防护面罩。
      8. 挂接带。
      9. 捆绑固定带。
      10. 背夫带。
标准：1. 了解担架的分类、材质特点和运用场景。
      2. 熟悉担架和配件的结构与性能。
考核：理论考试，依据标准制定评分细则。

第四节　辅　助　装　备

【课目一】生命探测仪器
对象：山地搜救队伍。
条件：救援专业训练教材；器械；室内、室外。
内容：热成像仪。
标准：1. 了解热成像仪的结构和运用场景。
      2. 熟悉热成像仪的使用。
考核：实操考核，依据标准制定评分细则。

【课目二】无人机
对象：山地搜救队伍。
条件：救援专业训练教材；器械；室内、室外。
内容：无人机。
标准：1. 了解无人机的运用场景。
      2. 熟悉无人机的使用。
      3. 了解无人机飞行条例。
考核：实操考核，依据标准制定评分细则。

【课目三】通信与导航器材

对象：山地搜救队伍。

条件：救援专业训练教材；器械；室内、室外。

内容：1. 手持无线对讲机。

2. 无线中继台。

3. 手持卫星导航仪。

4. 卫星电话。

标准：1. 了解各类通信与导航器材的性能参数及运用场景。

2. 熟悉各类通信与导航器材的使用。

考核：实操考核，依据标准制定评分细则。

第三章 山地搜救现场作业

在山地搜救中，实施解救的前提是运用熟练的搜索技术，在可用的资源下，将发现目标的机会率增至最高，将搜索时间减至最少，最快速完成拯救生命的任务。因此，掌握搜索理论知识对于山地搜救队员来说非常重要。搜索技术基础理论由搜索概念、搜索目标与搜索范围、搜索方式与搜索管理、搜索定位与导航几大板块内容组成。本章训练与考核时间分配参考附表7。

附表7 山地搜救现场作业训练与考核时间分配参考表　　　　　　h

科 目	课 目	时 长
搜索技术基本知识	课目一：搜索的概念	0.5
	课目二：成功搜索的基本要素	0.5
	课目三：搜索成功的概率	1
搜索目标与搜索范围	课目一：搜索目标	1
	课目二：搜索范围（区域）	1
搜索方式与搜索管理	课目一：搜索方式	1
	课目二：搜索管理	1
搜索定位与导航	课目一：地图导航	2
	课目二：卫星导航与定位	2
合 计		10

山 地 搜 救

第一节 搜索技术基本知识

【课目一】搜索的概念

对象：山地搜救队伍。

条件：救援专业训练教材；教室。

内容：1. 搜索的定义。

2. 搜索的四个阶段。

标准：1. 了解"搜索"一词的定义和概念。

2. 熟悉山地搜救搜索的四个阶段（L、A、S、T）。

考核：理论考试，依据标准制定评分细则。

【课目二】成功搜索的基本要素

对象：山地搜救队伍。

条件：救援专业训练教材；教室。

内容：1. 在正确的地方搜索。

2. 以正确的方式发现要搜索的目标。

标准：1. 了解山地搜索面临的环境以及可能仍在移动的目标。

2. 了解山地搜索中基于被困者的行为分析和山野活动能力评估。

3. 熟悉成功搜索的基本要素（可以概括为在正确的地方搜索、以正确的搜索方式发现要搜索的目标）。

考核：理论考试，依据标准制定评分细则。

【课目三】搜索成功的概率

对象：山地搜救队伍。

条件：救援专业训练教材；教室。

内容：1. 区域概率。

2. 发现概率。

3. 成功概率。

标准：1. 熟悉何为区域概率（POA）。

2. 熟悉何为发现概率（POD）。

3. 熟悉何为成功概率（POS = POA × POD）。

考核：理论考试，依据标准制定评分细则。

第二节　搜索目标与搜索范围

【课目一】搜索目标

对象：山地搜救队伍。

条件：救援专业训练教材；教室。

内容：搜索目标：人员、物品、痕迹。

标准：1. 熟悉搜索目标的三大类别。

　　　2. 熟悉失踪人员的行为分析和调整搜索计划的因素。

　　　3. 熟悉搜索中物证的搜集、保存、保护以及甄别。

　　　4. 熟悉搜索中痕迹的发现、甄别、研判。

考核：理论考试，依据标准制定评分细则。

【课目二】搜索范围（区域）

对象：山地搜救队伍。

条件：救援专业训练教材；教室。

内容：1. 搜索起点和终点。

　　　2. 搜索区域（路线）的确定及划分。

标准：1. 熟悉搜索的起点和终点以及几个关键参考点的定义（SP、EP、PLS、LKP、IPP）。

　　　2. 熟悉搜索范围的确定方法，了解何为可以搜索、何为可能搜索。

　　　3. 了解采用拿史密夫定律测算搜索时间的方法。

考核：理论考试，依据标准制定评分细则。

第三节　搜索方式与搜索管理

【课目一】搜索方式

对象：山地搜救队伍。

条件：救援专业训练教材；教室。

内容：1. 搜索类型。

　　　2. 搜索队形。

　　　3. 搜索策略。

标准：1. 了解按搜索主体划分的搜索类型。

　　　2. 了解按搜索场地划分的搜索类型。

　　　3. 了解按时间划分的搜索类型。

4. 掌握常用搜索队形（印第安式、并行式、等高线式）的运用和搜索小队角色分工。
5. 了解扩大正方形式搜索队形。
6. 熟悉搜索策略的分级（快速、有效、彻底）。
7. 熟悉快速搜索的技巧。
8. 熟悉有效搜索的技巧。
9. 熟悉彻底搜索的技巧。

考核：理论考试，实地作业，依据标准制定评分细则。

【课目二】搜索管理

对象：山地搜救队伍。
条件：救援专业训练教材；作业工具；作业场地。
内容：1. 搜索管理的定义。
   2. 信息收集管理。
   3. 搜索队伍的协同。
   4. 通信覆盖。
   5. 搜索小组的实时管理。
   6. 搜索区域的管理。
   7. 搜索工具。
标准：1. 了解搜索管理的定义。
   2. 熟悉搜索中信息收集管理的几个要点（失踪者状况评估、客观环境评估、通信条件评估、搜救队伍构成及信息等）。
   3. 熟悉根据搜索方案，协调多支搜索队伍做好分工和协同。
   4. 熟悉对搜索区域的通信状况做出合理的评估和预判，并通过技术手段实现通信覆盖。
   5. 熟悉对搜索小组进行覆盖管理，掌握其实时位置、工作进展、人员动态，根据实际情况执行技术支援、撤离或终止任务。
   6. 熟悉对搜索区域的划分和有效的覆盖管理。
   7. 熟悉搜索中通信、导航、标识等工具的运用。
考核：理论考试，实地作业，依据标准制定评分细则。

第四节　搜索定位与导航

【课目一】地图导航

对象：山地搜救队伍。

条件：救援专业训练教材；器械；室内、室外。

内容：1. 地形图基本知识。

2. 等高线与地貌识别。

3. 方位角。

4. 指北针。

5. 地图判读与运用。

标准：1. 熟悉地图三要素（比例尺、方向、图例）。

2. 掌握比例尺的计算方法。

3. 了解坐标系统。

4. 熟悉等高线的种类和特点，掌握高程和高差的计算方法。

5. 熟悉等高线地形图中常见地貌的识别。

6. 了解方位角知识，掌握图上和实地测量方位角的操作方法。

7. 掌握标定地图和确定站立点的操作方法。

8. 了解西维氏三步法的操作方法。

考核：理论考试，实地作业，依据标准制定评分细则。

【课目二】卫星导航与定位

对象：山地搜救队伍。

条件：救援专业训练教材；器械；室内、室外。

内容：1. 卫星定位系统。

2. 手持卫星导航仪。

3. 移动终端（手机）卫星导航 App。

标准：1. 了解全球几大卫星定位系统。

2. 熟悉手持卫星导航仪的功能和使用。

3. 掌握移动终端的常用操作（手机卫星导航 App 的航迹记录、导入和发送、位置记录和发送、根据坐标导航等）。

考核：实操考核，依据标准制定评分细则。

第四章　山地搜救绳索技术

山地搜救绳索技术专业训练包括个人技术、团队技术和现场医疗急救技术科目，通过训练提高绳索营救行动中的技术能力、团队协同作业能力，提高队伍整体的专业水平。本章训练与考核时间分配参考信息见附表8。

附表8 山地搜救绳索技术训练与考核时间分配参考表　　　　h

科 目	课 目	时 长
个人技术	课目一：常用绳结	3
	课目二：保护站技术	3
	课目三：简易安全带的制作	2
	课目四：基础下降技术	3
	课目五：基础上升转换下降技术	3
	课目六：通过绳结与绳索转换	3
	课目七：绳上一对一救援	3
	课目八：陪护下降技术	2
	课目九：基本保护技术	3
	课目十：陡坡横切技术	3
	课目十一：陡坡上升技术	3
团队技术	课目一：倍力系统	4
	课目二：基础提吊技术	4
	课目三：横渡技术	4
	课目四：T形吊运技术	3
	课目五：V形吊运技术	3
	课目六：担架固定技术	3
	课目七：担架搬运技术	3
现场医疗急救技术	课目一：现场检伤分类方法	1
	课目二：创伤急救四大技术	2
	课目三：心肺复苏	3
	课目四：自动体外除颤仪	0.5
	课目五：山地救援中的特殊救治事项	1
	课目六：疾病预防控制	1
	课目七：消毒	0.5
	课目八：常见病症	2
合　计		66

第一节 个 人 技 术

【课目一】常用绳结
对象：山地搜救队伍。
条件：救援专业训练教材；作业工具；作业场地。
内容：1. 绳结理论常识。
　　　2. 常用绳结打法。
　　　3. 常用绳结使用范围。
标准：1. 熟悉绳结的基本要求、注意事项和绳结性能。
　　　2. 掌握常用绳结的打法。
　　　3. 掌握常用绳结的使用范围。
考核：实地作业，依据标准制定评分细则。

【课目二】保护站技术
对象：山地搜救队伍。
条件：救援专业训练教材；作业工具；作业场地。
内容：1. 锚点。
　　　2. 保护站。
标准：1. 掌握锚点的选择方法和注意事项。
　　　2. 掌握保护站的设置原则。
　　　3. 掌握单点保护站的多种设置方法。
　　　4. 掌握两点保护站的多种设置方法。
　　　5. 掌握两种三点保护站的设置方法。
考核：实地作业，依据标准制定评分细则。

【课目三】简易安全带的制作
对象：山地搜救队伍。
条件：救援专业训练教材；作业工具；作业场地。
内容：简易安全带。
标准：掌握用扁带制作简易安全带的方法。
考核：实地作业，依据标准制定评分细则。

【课目四】基础下降技术

对象：山地搜救队伍。

条件：救援专业训练教材；作业工具；作业场地。

内容：1. 管状下降器带抓结下降。

　　　2. 管状下降器带抓结延长下降。

　　　3. 自动及辅助止停下降器下降。

　　　4. 背绳延长下降。

　　　5. 挂包下降。

标准：1. 掌握各种下降方法的操作。

　　　2. 掌握各种下降方法的应用场景。

　　　3. 掌握各种下降方法的注意事项。

考核：实地作业，依据标准制定评分细则。

【课目五】基础上升转换下降技术

对象：山地搜救队伍。

条件：救援专业训练教材；作业工具；作业场地。

内容：1. 器械上升。

　　　2. 器械上升转下降。

　　　3. 抓结上升与下降。

　　　4. 抓结上升转管状保护器下降。

标准：1. 掌握上升方法的原理。

　　　2. 掌握各种上升及转下降方法的操作。

　　　3. 掌握各种上升及转下降方法的注意事项。

考核：实地作业，依据标准制定评分细则。

【课目六】通过绳结与绳索转换

对象：山地搜救队伍。

条件：救援专业训练教材；作业工具；作业场地。

内容：1. 上升通过绳结。

　　　2. 下降通过绳结。

　　　3. 上升通过偏离点。

　　　4. 下降通过偏离点。

　　　5. 绳索转换。

　　　6. 上升通过中途锚点。

附录 社会应急力量训练与考核大纲（山地搜救）

　　　　7. 下降通过中途锚点。
标准：1. 掌握通过绳结的操作方法。
　　　2. 掌握通过绳结的注意事项。
　　　3. 掌握通过偏离点的操作方法。
　　　4. 掌握通过偏离点的注意事项。
　　　5. 掌握绳索转换的操作方法。
　　　6. 掌握绳索转换的注意事项。
　　　7. 转换过程中主绳夹角不超过120°。
　　　8. 掌握通过中途锚点的操作方法。
　　　9. 掌握通过中途锚点的注意事项。
考核：实地作业，依据标准制定评分细则。

【课目七】绳上一对一救援
对象：山地搜救队伍。
条件：救援专业训练教材；作业工具；作业场地。
内容：1. 伤员处于下降状态时的救援。
　　　2. 伤员处于上升状态时的救援。
标准：1. 掌握一对一救援的操作方法。
　　　2. 掌握救援过程中的注意事项。
　　　3. 掌握救援全程对伤员的保护和处置。
考核：实地作业，依据标准制定评分细则。

【课目八】陪护下降技术
对象：山地搜救队伍。
条件：救援专业训练教材；作业工具；作业场地。
内容：陪护下降操作方法。
标准：掌握陪护下降技术。
考核：实地作业，依据标准制定评分细则。

【课目九】基本保护技术
对象：山地搜救队伍。
条件：救援专业训练教材；器材；训练场。
内容：1. 常用的保护方法。

285

　　　　2. 常见保护的注意事项。

标准：1. 熟悉常用的保护方法。

　　　　2. 熟悉保护的注意事项。

考核：实践考试，依据标准制定评分细则。

【课目十】陡坡横切技术

对象：山地搜救队伍。

条件：救援专业训练教材；器材；训练场。

内容：1. 陡坡横切装备。

　　　　2. 陡坡横切的操作步骤。

　　　　3. 陡坡横切的注意事项。

标准：1. 了解陡坡横切装备。

　　　　2. 掌握陡坡横切的操作步骤。

　　　　3. 熟悉陡坡横切的注意事项。

考核：实践考试，依据标准制定评分细则。

【课目十一】陡坡上升技术

对象：山地搜救队伍。

条件：救援专业训练教材；器材；训练场。

内容：1. 陡坡上升装备。

　　　　2. 陡坡上升的操作步骤。

　　　　3. 陡坡上升的注意事项。

标准：1. 了解陡坡上升装备。

　　　　2. 掌握陡坡上升的操作步骤。

　　　　3. 熟悉陡坡上升的注意事项。

考核：实践考试，依据标准制定评分细则。

第二节　团　队　技　术

【课目一】倍力系统

对象：山地搜救队伍。

条件：救援专业训练教材；器材；训练场。

内容：1. 滑轮和滑轮组的定义与作用。

　　　　2. 张力追踪。

3. 1/2 滑轮组。
4. 1/3 滑轮组。
5. 1/4 滑轮组。
6. 1/5 滑轮组。

标准：1. 熟悉滑轮的定义和作用。
2. 了解滑轮组装备的选择。
3. 熟悉张力追踪计算方法。
4. 了解 1/2、1/4 滑轮组的架设方法。
5. 熟悉 1/3、1/5 滑轮组的架设方法。

考核：实践考试，依据标准制定评分细则。

【课目二】基础提吊技术
对象：山地搜救队伍。
条件：救援专业训练教材；器材；训练场。
内容：1. 基础提吊技术的使用场景。
2. 悬崖提吊技术分工和操作步骤。

标准：1. 了解基础提吊技术的使用场景。
2. 掌握悬崖提吊技术的操作步骤。
3. 熟悉悬崖提吊技术的注意事项。

考核：实践考试，依据标准制定评分细则。

【课目三】横渡技术
对象：山地搜救队伍。
条件：救援专业训练教材；器材；训练场。
内容：1. 横渡技术的使用场景。
2. 横渡系统搭建分工和操作步骤。

标准：1. 了解横渡技术的使用场景。
2. 掌握横渡系统搭建的操作步骤。
3. 了解横渡系统搭建的安全系数。

考核：实践考试，依据标准制定评分细则。

【课目四】T 形吊运技术
对象：山地搜救队伍。

条件：救援专业训练教材；器材；训练场。
内容：1. T形吊运系统架设。
　　　2. 系统安全分析。
标准：1. 熟悉T形吊运技术运用场景、场地风险评估。
　　　2. 熟悉T形吊运技术运用装备的选择和准备。
　　　3. 熟悉T形吊运中各绳索的功能和操作方法。
　　　4. 了解断轴保护。
　　　5. 熟悉绳索和其他装备的安全管理。
考核：实践考试，依据标准制定评分细则。

【课目五】V形吊运技术
对象：山地搜救队伍。
条件：救援专业训练教材；器材；训练场。
内容：1. V形吊运系统架设。
　　　2. 系统安全分析。
标准：1. 熟悉V形吊运技术运用场景、场地风险评估。
　　　2. 熟悉V形吊运技术运用装备的选择和准备。
　　　3. 熟悉V形吊运中各绳索的功能和操作方法。
　　　4. 熟悉绳索和其他装备的安全管理。
考核：实践考试，依据标准制定评分细则。

【课目六】担架固定技术
对象：山地搜救队伍。
条件：救援专业训练教材；器材；训练场。
内容：1. 担架的组装。
　　　2. 伤患在担架上的捆绑固定。
　　　3. 担架与保护系统的连接。
标准：1. 熟悉担架的主体和配件组装。
　　　2. 熟悉伤患在担架上的捆绑固定方法。
　　　3. 熟悉使用担架专用连接带、主绳盘绕布林结、散扁带手工打结等方法，以及将担架与绳索保护系统进行安全连接的操作。
　　　4. 熟悉担架连接的安全检查。
考核：实践考试，依据标准制定评分细则。

【课目七】担架搬运技术

对象：山地搜救队伍。

条件：救援专业训练教材；器材；训练场。

内容：1. 无保护绳下的担架搬运技术。

　　　2. 保护绳辅助保护下的担架搬运技术。

　　　3. 保护绳保护下的担架提吊技术。

标准：1. 熟悉低角度情况、无保护绳下，担架的搬运技术、人员岗位和分工。

　　　2. 熟悉在低角度复杂地形中，保护绳辅助保护下的担架与系统连接操作，担架手与担架和保护系统的连接操作。

　　　3. 熟悉高角度垂直、水平、T形、V形提吊时，担架与系统的安全连接操作。

　　　4. 熟悉高角度各种提吊时，担架手与系统和担架的连接操作。

　　　5. 熟悉担架系统的风险评估和安全管理。

考核：实践考试，依据标准制定评分细则。

第三节　现场医疗急救技术

【课目一】现场检伤分类方法

对象：山地搜救队伍。

条件：救援专业训练教材；作业工具；教室。

内容：1. 伤员批量快速评估及优先级分类。

　　　2. 伤员动态评估的初检、复检。

标准：1. 掌握伤员批量快速评估及优先级分类。

　　　2. 掌握伤员动态评估的初检、复检方法和流程。

　　　3. 了解 START 检伤分类步骤。

考核：实地作业，依据标准制定评分细则。

【课目二】创伤急救四大技术

对象：山地搜救队伍。

条件：救援专业训练教材；作业工具；作业场地。

内容：1. 出血性质的判断。

　　　2. 出血量的估计。

　　　3. 止血方法。

　　　4. 三角巾的使用方法。

5. 绷带的使用方法。

6. 固定的方法。

7. 搬运的方法。

标准：1. 了解出血的基本知识。

2. 掌握指压止血法的使用时机和技术要点。

3. 掌握加压包扎止血法的使用时机和技术要点。

4. 掌握止血带止血法的使用时机和技术要点。

5. 掌握三角巾头面部伤口包扎方法。

6. 掌握三角巾胸背部伤口包扎方法。

7. 掌握三角巾四肢伤口包扎方法。

8. 掌握绷带的包扎方法。

9. 掌握上肢骨折固定的方法。

10. 掌握下肢骨折固定的方法。

11. 了解脊柱骨折固定的方法及注意事项。

12. 了解骨盆骨折固定的方法及注意事项。

13. 了解担架的种类及运用环境。

14. 掌握担架搬运伤员的方法及注意事项。

15. 掌握徒手搬运伤员的方法及注意事项。

考核：实操考核，依据标准制定评分细则。

【课目三】心肺复苏

对象：山地搜救队伍。

条件：救援专业训练教材；作业工具；作业场地。

内容：1. 心肺复苏的基础知识。

2. 徒手心肺复苏的操作流程。

3. 自动体外除颤仪（AED）。

4. 溺水者心肺复苏。

标准：1. 了解心肺复苏的概念及原理。

2. 熟悉安全评估的技术要点。

3. 能够准确识别患者的反应。

4. 能够准确识别患者的呼吸。

5. 熟练掌握对外呼救的方法。

6. 了解心肺复苏的体位。

　　　　7. 熟练掌握胸外按压的技术要点。

　　　　8. 掌握人工呼吸的操作方法。

　　　　9. 掌握心肺复苏的操作流程。

　　　　10. 了解灾害现场心肺复苏的注意事项。

考核：实操考核，依据标准制定评分细则。

【课目四】自动体外除颤仪

对象：山地搜救队伍。

条件：救援专业训练教材；相关器材；作业场地。

内容：1. 自动体外除颤仪（AED）的特点。

　　　　2. 自动体外除颤仪的使用步骤。

标准：1. 能够掌握自动体外除颤仪（AED）的特点。

　　　　2. 能够正确使用自动体外除颤仪。

考核：实操考核，依据标准制定评分细则。

【课目五】山地救援中的特殊救治事项

对象：山地搜救队伍。

条件：救援专业训练教材；相关器材；作业场地。

内容：1. 危急症的识别和处置。

　　　　2. 高寒区域救治特点。

标准：1. 能够掌握内脏损伤出血的现场救治事项。

　　　　2. 能够掌握气胸的紧急处置事项。

　　　　3. 了解高原病的症状、急救方法及预防措施。

　　　　4. 了解低体温症的症状、急救方法及预防措施。

考核：理论考试，依据标准制定评分细则。

【课目六】疾病预防控制

对象：山地搜救队伍。

条件：救援专业训练教材；相关器材；作业场地。

内容：1. 应急监测。

　　　　2. 应急处置。

标准：1. 能够根据疫情防控开展应急监测。

　　　　2. 了解传染病现场处置的流程。

考核：理论考试，依据标准制定评分细则。

【课目七】消毒
对象：山地搜救队伍。
条件：救援专业训练教材；相关器材；教室。
内容：1. 消毒的基本概念。
　　　2. 常用的消毒方法。
　　　3. 救援过程中洗消的注意事项。
标准：1. 了解消毒和灭菌的区别及消毒剂的种类。
　　　2. 了解常用的消毒方法。
　　　3. 掌握救援过程中洗消的注意事项。
考核：理论考试，依据标准制定评分细则。

【课目八】常见病症
对象：山地搜救队伍。
条件：救援专业训练教材；相关器材；作业场地。
内容：1. 急性冠状动脉综合征（心肌梗死）。
　　　2. 癫痫。
　　　3. 脑卒中。
　　　4. 烧烫伤。
　　　5. 低血糖。
　　　6. 高血压。
标准：1. 能够识别心脏不适的症状表现及熟悉应对措施。
　　　2. 了解癫痫发作时的表现及应对原则。
　　　3. 能够掌握脑卒中、小中风的识别及应对措施。
　　　4. 了解烧烫伤的处理方法及休克急救的原则。
　　　5. 了解低血糖处理的方法。
　　　6. 了解高血压处理的方法。
考核：理论考试，依据标准制定评分细则。

第五章　山地搜救演练组织与实施

社会应急力量（山地搜救类）搜救演练的组织实施，包括应急演练概述、山地搜救演练的准备、山地搜救演练的实施以及山地搜救演练的评估与总结4个模块内容。通过课堂学习、模拟作业、实践操作的方式，队伍的管理人员可以了解应急演练的原理和要点，并通过模拟和实践开展山地搜救演练，检验、提升队伍整体专业能力，演练组织与实施分配参见附表9。

附表9 山地搜救演练组织与实施训练与考核时间分配参考表　　　　h

科目	课目	时长
山地搜救应急演练概述	课目一：应急演练的定义、意义、目的、发展趋势、基本原则和分类	0.5
	课目二：应急演练的规划和管理	1
山地搜救演练的准备	课目一：山地搜救应急演练场景设计	4
	课目二：山地搜救演练文案准备	3
	课目三：山地搜救演练综合保障准备	4
	课目四：山地搜救演练应急保障	0.5
山地搜救演练的实施	课目一：山地搜救应急演练的角色与职责	0.5
	课目二：山地搜救演练过程	6
山地搜救演练的评估与总结	课目一：山地搜救演练的评估	2
	课目二：山地搜救演练的总结	0.5
合计		22

说明：社会应急力量队伍可根据自身队伍发展阶段，在学习演练组织过程中采用实践操作的形式以演代学，推荐课时仅供参考。

第一节　山地搜救应急演练概述

【课目一】应急演练的定义、意义、目的、发展趋势、基本原则和分类

对象：山地搜救队伍。

条件：救援专业训练教材；教室。

内容：1. 应急演练的定义、意义与目的。

2. 应急演练的发展趋势。

3. 应急演练的基本原则。

4. 应急演练的分类。

标准：了解应急演练的定义、意义与目的、发展趋势、基本原则和分类。

考核：理论考试，依据标准制定评分细则。

【课目二】应急演练的规划和管理
对象：山地搜救队伍。
条件：救援专业训练教材；教室。
内容：1. 应急演练需求。
　　　2. 应急演练范围。
　　　3. 应急演练目标。
　　　4. 应急演练组织架构。
　　　5. 应急演练计划。
　　　6. 应急演练管理。
标准：1. 熟悉应急演练规划的内容和要点。
　　　2. 能够根据要求制定一个简单的应急演练计划方案。
　　　3. 了解应急演练管理的关注要点。
考核：理论考试、实践评核，依据标准制定评分细则。

第二节　山地搜救演练的准备

【课目一】山地搜救应急演练场景设计
对象：山地搜救队伍。
条件：救援专业训练教材；教室、实地环境。
内容：1. 突发事件背景信息。
　　　2. 实战演练的工作场景。
　　　3. 山地搜救演练场地安全评估要点（实地）。
标准：1. 熟悉山地搜救演练场景设计中突发事件背景设计的4个要素。
　　　2. 能够通过团队完成一个山地搜救演练场景类型的突发事件背景设计。
　　　3. 能够根据要求合理完成单一山地搜救技术运用工作场景的设计。
　　　4. 能够根据科目需求完成山地搜救演练场地的选点分析。
考核：理论考试、实践评核，依据标准制定评分细则。

【课目二】山地搜救演练文案准备
对象：山地搜救队伍。
条件：救援专业训练教材；教室。
内容：1. 演练总体情况说明与演练总体框架。
　　　2. 演练流程和进度计划。

3. 信息注入。

4. 场景说明文件。

5. 演练手册编制。

标准：1. 了解演练总体情况说明与总体框架的内容。

2. 掌握使用表格制定演练流程、演练进度计划的方法。

3. 了解信息注入不同方式，掌握对注入信息进行编码管理的方法。

4. 熟悉场景说明文件的内容，掌握对场景进行编码管理的方法。

5. 熟悉演练手册的编制原则、主要内容。

考核：理论考试、实践评核，依据标准制定评分细则。

【课目三】山地搜救演练综合保障准备

对象：山地搜救队伍。

条件：救援专业训练教材；教室；制作物耗材；作业场地。

内容：1. 信息表达手段和演练工具的准备。

2. 实战演练的现场准备。

3. 山地搜救的通信保障。

标准：1. 了解应急演练信息表达手段和演练工具的形式作用。

2. 熟悉山地搜救实战演练现场准备的6个要素。

3. 能够根据设定的山地搜救演练场景制定一个现场管理方案。

4. 能够根据设定的山地搜救现场制定通信保障方案。

考核：场地实操、实践评核，依据标准制定评分细则。

【课目四】山地搜救演练应急保障

对象：山地搜救队伍。

条件：救援专业训练教材；教室。

内容：1. 安全措施。

2. 演练中止程序。

3. 突发事件应对预案。

4. 法律责任。

标准：1. 掌握应急演练中安全措施的要点。

2. 熟悉演练中止程序的流程。

3. 能够制定一个演练的应急预案。

4. 了解应急演练的法律处置原则。

考核：理论考试、模拟作业、实践评核，依据标准制定评分细则。

第三节　山地搜救演练的实施

【课目一】山地搜救应急演练的角色与职责
对象：山地搜救队伍。
条件：救援专业训练教材；教室。
内容：1. 演练组织者。
　　　2. 演练参演者。
　　　3. 演练模拟员。
　　　4. 演练评估员。
　　　5. 演练观摩员。
标准：1. 熟悉应急演练的角色分类与职责分工。
　　　2. 能够完成一次山地搜救类综合型实战演练的人员组织及分工。
考核：模拟作业、实践评核，依据标准制定评分细则。

【课目二】山地搜救演练过程
对象：山地搜救队伍。
条件：救援专业训练教材；教室；制作物耗材；作业场地。
内容：1. 演练预备会。
　　　2. 启动演练、模拟动员阶段。
　　　3. 模拟抵达报备阶段。
　　　4. 模拟搜救阶段。
　　　5. 模拟撤离节点。
标准：1. 掌握应急演练参演人员与演练组织方双重过程同时进行的方法。
　　　2. 掌握演练推进的不同方式。
　　　3. 能够根据山地搜救演练不同阶段的工作任务合理推动演练开展。
　　　4. 能够合理利用演练暂停和演练热反馈等方式推动参演者形成小结。
考核：模拟作业、实践评核，依据标准制定评分细则。

第四节　山地搜救演练的评估与总结

【课目一】山地搜救演练的评估
对象：山地搜救队伍。
条件：救援专业训练教材；教室。

内容：1. 演练评估的准备。
　　　2. 演练中的数据收集与分析。
　　　3. 演练评估报告与持续改进措施。
标准：1. 能够根据具体应急演练的目标要求拟定评估表格。
　　　2. 能够在应急演练过程中根据评估表格完成数据收集与分析工作。
　　　3. 能够在演练结束后根据评估记录的情况，提出具体的改进措施和意见。
考核：模拟作业、实践评核，依据标准制定评分细则。

【课目二】山地搜救演练的总结
对象：山地搜救队伍。
条件：救援专业训练教材；教室。
内容：1. 总结报告。
　　　2. 成果运用。
　　　3. 文件归档与备案。
标准：1. 了解应急演练总结工作的内容和意义。
　　　2. 熟悉总结报告的结构。
考核：模拟作业、实践评核，依据标准制定评分细则。

参 考 文 献

[1] 应急管理部紧急救援促进中心（紧急救援职业技能鉴定中心）.应急救援员（五级）[M].北京：应急管理出版社，2020.
[2] 中共中央办公厅印发关于加强社会组织党的建设工作的意见（试行）[N].人民日报，2015–09–29（11）.
[3] 王恩福.地震灾害救援手册 [M].北京：地震出版社，2011.
[4] 皮特·希尔.国际登山技术手册 [M].3版.北京：人民邮电出版社，2013.
[5] 史蒂芬·考斯，克里斯·佛萨斯.登山圣经 [M].7版.汕头：汕头大学出版社，2007.
[6] 国家体育总局职业技能鉴定指导中心.户外运动 [M].北京：高等教育出版社，2012.
[7] 中国登山协会.登山户外安全手册 [M].北京：人民体育出版社，2018.
[8] 詹姆斯·A·弗兰克.CMC绳索救援手册 [M].北京：人民日报出版社，2018.
[9] 刘钧.风险管理概论 [M].北京：清华大学出版社，2008.
[10] 国家体育总局职业技能鉴定指导中心.高山探险 [M].北京：高等教育出版社，2012.

后　　记

　　本教材由应急管理部救援协调和预案管理局组织有关单位和专业人士共同编写，凝聚了山地搜救、应急医疗救援等方面专家、学者的集体智慧，是用于指导社会应急力量开展救援技能培训的专业书籍。教材编写过程中，我们充分征求了社会各有关方面的意见，尤其是吸收了部分社会应急救援队伍的建议，着力增强教材的针对性、实用性。

　　参加本教材编写工作的有（按姓氏笔画排序）邓挺、石欣、冯轶、刘亚华、次落、江旭辉、孙飞翔、李小燕、李泊瑗、陈剑明、杨传奇、杨谦、张俊文、尚荣文、罗秋、周彤、周明、袁复栋、贾贵廷、姬颖、曹晨、梁岗、彭新远等同志，在此表示衷心感谢。同时，感谢中国地震应急搜救中心、应急管理部紧急救援促进中心、应急管理出版社、中国登山协会等单位对教材编写出版给予的大力支持。

　　由于时间仓促，书中疏漏在所难免，欢迎广大读者批评指正。

应急管理部救援协调和预案管理局
2022 年 8 月